U0175883

海洋工程科技中长期发展战略研究报告

主　编　潘云鹤　唐启升

海洋出版社

2020年·北京

内 容 简 介

本书是中国工程院海洋工程科技项目组的主要研究成果，全书共分九章，包含内容为：大洋海底资源探采与保护区建设领域中长期科技发展战略研究；海洋运输装备领域中长期科技发展战略研究；海洋能源领域中长期科技发展战略研究；海洋生物资源产业领域中长期科技发展战略研究；海岸带生态健康保护与恢复领域中长期科技发展战略研究；"海上丝绸之路"中长期海洋科技合作发展战略研究；海洋安全保障领域中长期科技发展战略研究；海陆关联领域中长期科技发展战略研究；主要项目建议。

本书可为我国海洋相关的各级政府部门制定战略规划提供重要参考；同时可供相关的科技界、教育界、企业界以及社会公众等了解我国海洋强国建设战略与知识做参考。

图书在版编目（CIP）数据

海洋工程科技中长期发展战略研究报告/潘云鹤，唐启升主编. —北京：海洋出版社，2020.10

ISBN 978-7-5210-0643-8

Ⅰ.①海… Ⅱ.①潘… ②唐… Ⅲ.①海洋工程-发展战略-研究报告-中国 Ⅳ.①P75

中国版本图书馆 CIP 数据核字（2020）第 166960 号

策划编辑：方 菁
责任编辑：鹿 源
责任印制：赵麟苏

海洋出版社 出版发行

http://www.oceanpress.com.cn
北京市海淀区大慧寺路 8 号 邮编：100081
北京朝阳印刷厂有限责任公司印刷 新华书店北京发行所经销
2020 年 10 月第 1 版 2020 年 10 月第 1 次印刷
开本：787mm×1092mm 1/16 印张：15
字数：250 千字 定价：120.00 元
发行部：62132549 邮购部：68038093

《海洋工程科技中长期发展战略研究报告》编辑委员会

前 言

“海洋是高质量发展战略要地”，是我国经济社会发展的重要战略空间，是党和国家高度重视的重大战略利益和发展目标区。“建设海洋强国”和“坚持陆海统筹，加快建设海洋强国”是党的十八大和十九大确定的大政方针。

2020年，是我国“十四五规划”和“中长期发展规划”的重要制定期，为了贯彻落实党的十八大和十九大确定的重大战略决策和应对国家新需求，中国工程院“海洋强国战略研究2035”重大咨询项目组自2019年5月开始，先后组织有关院士、专家开展了海洋工程科技中长期发展战略研究工作，旨在为我国有关政府部门制定战略规划提出建议和提供参考。

经过大家的共同努力，目前已经完成了大洋海底资源探采与保护区建设领域中长期科技发展战略研究、海洋运输装备领域中长期科技发展战略研究、海洋能源领域中长期科技发展战略研究、海洋生物资源产业领域中长期科技发展战略研究、海岸带生态健康保护与恢复领域中长期科技发展战略研究、“海上丝绸之路”中长期海洋科技合作发展战略研究、海洋安全保障领域中长期科技发展战略研究、海陆关联领域中长期科技发展战略研究8个研究报告和主要项目建议。并分别提出如下建议。

重点突破深海采矿国家重大工程技术，包括瞄准商业化开采，攻克深海大规模重载、多平台协同、绿色循环采矿作业技术，以及原位、实时、立体多要素的深海采矿环境监测等关键技术。

加快研发极地航行船舶技术，船舶智能制造技术，航海与能源智能管理技术，船舶信息与智能系统技术，船舶优化节能技术，船舶推进装置设计技术，减振降噪与舒适性技术，船舶关键材料技术等。

重点突破近海非常规油气资源高效开发技术与工程装备，深水油气田勘探开发技术与装备体系，水合物勘探开发技术与装备，海洋能综合利用技术与工程装备等。

积极发展规模化生态健康养殖技术与新生产模式，突破近海渔业资源养护与限额管理技术，生态效果评价技术，水产养殖现代装备与深远海养殖技术。构建极地海洋和深海生物资源、生物基因资源探查与开发技术，创新海洋药物与新型海洋生物制品研发与装备等。

构建完善的海岸带湿地退化评估指标体系，建立陆海协同的生态环境监测网络，加强海岸带生境监测核心装备研发。研发快速、灵敏、高选择性的海岸带典型污染物新型传感器技术，实现环境多参数的原位、在线、一体化监测，研发智能管理信息系统。

开展海洋渔业科技、海洋能源淡水开发、极区海洋工程技术、海洋观测探测技术、海洋生态环境科技、防灾减灾技术等领域合作。设立“南海粮仓”专项；设立小岛国海水淡化示范工程；“冰上丝绸之路海洋防灾减灾”工程。

加快发展信息数据融合与标准化技术、维权软武器技术、水下小目标监测技术、深远海装备避台抗台技术、深远海高效能源技术。加大信息资源统筹整合的力度，推进维权船舶平台有序化和体系化发展，重点解决水下监控以及防御能力弱等问题。

重点推进深水港建设，加快重大跨海通道建设进程，设立国家海岛基金，实施海岛生态修复和环境保护试点工程，加快建立海岛防御工程、海洋权益维护工程和海上通道与海洋安全保障工程体系。突破一批沿海重大工程防灾减灾技术和海洋污染控制工程技术。

此外，项目组的院士专家们在海洋各重要领域中长期发展战略研究的基础上，又针对具有共性特点、“卡脖子”的关键技术、能够夯实建设海洋强国关键基础的海洋工程科技中长期发展等问题进行了综合研究，并提出了4条建议：一是加快攻克海洋传感器器件研发与产业化难题；二是大力发展海洋资源开发技术与装备；三是系统研发深海运载潜器技术与装备；四是大力发展海洋信息网络化、智能化技术及装备。并希望以上“建议”能够纳入国家中长期发展规划。

同时，在上述研究的基础上进行了综合研究，于2020年6月初，通过中国工程院向国家发展改革委员会报送了“夯实关键基础，加快建设海洋强国”的院士建议。现将这些研究成果编撰成册与读者见面。

本书的出版，无疑是众多院士和数十名专家教授、工程技术人员和政府管理者历时1年多辛勤劳动与共同努力的结果，为此，特向他们表示衷心的感谢。

希望本书的出版，对推动海洋强国建设、对各级政府部门制定中长期科技战略规划提供重要参考。同时，可供相关的科技界、教育界、企业界以及社会公众等了解我国的海洋强国建设中长期科技战略发展与知识做参考。

由于海洋涉及的专业领域多、范围广，加之时间所限，我们只选取了一些重要领域进行了分析研究，不当或疏漏之处在所难免，敬请读者批评指正。

编者

2020年5月

目　录

第一章　大洋海底资源探采与保护区建设领域中长期科技发展战略研究

深海蕴藏着人类远未认知和开发的丰富资源。习近平总书记提出了“深海进入、深海探测、深海开发”的深海技术发展阶段三步曲。目前，我国正从“深海进入和深海探测”迈向“深海开发”。开发利用深海矿产资源，加快推进深海采矿装备技术体系发展，形成深海高技术装备产业集群，是拓展我国深海活动能力和利益空间、实现海洋强国战略的重要标志。

公海约占地球表面面积的64%，是国际海洋治理的重点区域，也是各国竞相拓展国家利益的战略新疆域。近年来，设立公海保护区养护海洋生物多样性已成为国际海洋事务的热点和国家间合作的重要议题。国家管辖范围以外区域海洋生物多样性（以下简称BBNJ）国际协定谈判正快速推进，公海保护区的全球性法律制度出台在即，我国面临着应对公海保护区圈划的严峻形势，也必将深刻影响我国的深海探测与深海开发活动。

围绕保障我国战略资源安全、拓展我国深海战略新疆域的现实需求，本研究分析了优先解决严苛海洋环境下深海采矿及环境评价相关的关键科学与工程技术问题，提出了2035年需形成完备的深海矿产资源开发技术体系，使我国成为首批进入深海矿产资源商业开发的国家，从而为加快建设深海资源开发强国奠定坚实的基础。在保护区建设领域，需率先解决支撑保护区选划和长期监测的关键科学和“卡脖子”技术问题，并通过持续调查和数据积累提出公海利益攸关海域的海洋保护区选划技术方案，全面提升我国参与全球海洋治理的能力。

一、世界大洋海底资源探采与公海保护区建设需求及发展现状

（一）战略需求

矿产资源是社会生存和发展的重要物质基础，是国家经济发展的重要支撑。随着我国社会的高速发展，对各种资源的需求日益增加，资源对外

依存度逐步提高，金属矿产资源自给率持续处于低位，资源安全形势十分严峻。我国已成为世界最大的铜、钴、镍、锰消费国。2018 年，我国铜、镍、钴、锰的消费量分别为 1 117 万 t、119 万 t、6.5 万 t 和 1 246 万 t，矿产资源对外的依存度已经分别达到 75%、91%、96%和 90%。此外，新能源是中国高质量发展的一个战略高地，但支撑新能源材料的是铜、钴、镍、锰等极为短缺的战略金属。但我国陆地钴的储量仅为 8 万 t（据美国地质调查局 2019 年数据），这远远满足不了新能源汽车发展的需求。因此，我们做好深海海底矿产资源的开采准备是十分必要的。

公海生态系统拥有极高的生物多样性，同时深海生物一般均具有寿命长、成熟年龄晚、种群恢复慢的特点，很容易受到过度捕捞及污染等人为因素的影响，属于“脆弱的生态系统”。由于公海通常离岸远、探勘不易，因此缺乏了解，又属于“未知的生态系统”。因此，在科学知识严重不足且最容易受威胁的情况下，最好采取“预警原则”，亦即以保护为优先来拟定政策。近年来，国际社会要求加强设立公海保护区，保护海洋生物多样性的呼声日益高涨，建立公海保护区作为公海环境保护与生物资源养护的新兴手段，已成为国际海洋事务的热点。

当前，国际海底区域（以下简称“区域”）资源开发制度和公海保护区制度发展正处于关键期。“区域”矿产资源活动正处在由勘探向开发过渡的重要阶段，开发规章的制定对于“确保承包者有法可依地从勘探转向开采”具有重要意义。开发规章的制定工作进入关键阶段，在各方的推动下开发规章有望在近几年出台。开发规章是“区域”资源商业开采阶段的重要制度导则，直接关乎承包者的商业利益，对担保国的国家利益有重要影响。作为拥有“区域”勘探矿区最多、矿种最全的国家，我国应在开发规章制定方面发挥更大作用，并应确保在将来国际海底资源商业开发时机来临时，能够成为全球深海采矿时代的首批进入者。

面对当前海洋环境问题，划设海洋保护区已经成为保护公海生态多样性和体现一国存在的不可或缺的一种手段。BBNJ 的国际谈判进入深水期，谈判涉及的海洋遗传资源法律属性与利益分享、划区管理工具、环境影响评价、能力建设以及海洋技术转让等诸多问题，也将给深海国际制度带来深远影响。提高公海保护区的选划与管理水平，开展科学有效的监测、管制、监督与评估，是提升我国 BBNJ 新协定谈判与未来协定执行能力的关键所在，也可为我国全面参与公海国际规则制定与治理提供有力的理论支持和决策建议。因此，中国亟须明确战略定位，以公海保护区法律制度谈判为契机，在《联合国海洋法公约》（以下简称《公约》）框架之下积极参与公海海洋保护区建设，迎头赶上西方发达国家，维护和拓展我国深海战略利益。

（二）大洋海底资源探采发展现状

截至目前，国际海底区域已发现的多金属结核、富钴结壳、多金属硫化物、深海稀土等资源蕴藏量巨大。据估计，多金属结核资源量可达 700 亿 t，富钴铁锰结壳约为 210 亿 t，被誉为“工业的维生素”的稀土含量是陆地的 800 倍。被认为具有商业开采前景的主要有多金属结核、多金属硫化物和富钴结壳。近年来，海底稀土资源也引起了人们的关注。其中，多金属结核和多金属硫化物最有可能成为人类最先进行商业开采的资源类型。

国际社会早期对“区域”资源的勘探，主要集中在多金属结核。1873 年英国“挑战者”号科学考察船在进行环球考察时，在大西洋首先发现了多金属结核，但直到 20 世纪 60 年代，由于美国学者 Mero 指出了其潜在的经济价值，加上战后经济复苏，金属价格上涨，人们才注意到多金属结核的经济潜力。此后，以美国公司为主体的一些跨国财团开展了大规模的海上探矿活动。从 1962 年开始，美国肯尼科特铜业公司、萨玛公司、深海探险公司和海洋资源公司在东太平洋海盆进行多金属结核资源调查、勘探和采矿试验。1972 年，Horn 在纽约主持召开了第一次国际多金属结核主题研讨会，发表了《世界锰结核分布图》和《大洋锰、铁、铜、钴和镍含量分布图》，提出北太平洋介于克拉里昂和克里帕顿断裂带之间的地区（以下简称“CC 区”）为多金属结核富集带。1975 年，美国国家海洋与大气管理局在东太平洋 CC 区实施“深海采矿环境研究计划”。到 20 世纪 70 年代末，第一代具有商业开发远景的多金属结核矿区基本确定，其开采技术研发也取得重大进展。

苏联 1987 年第一个向联合国国际海底管理局提出多金属结核矿区申请。对太平洋多金属 CC 区的探测、勘探与区域圈定，掀起了世界各国对海底固体矿产资源探测的第一浪潮，世界多个国家都圈定本国的矿区，并与国际海底管理局签订了勘探合同。目前，已有 18 个承包者签署了海底多金属结核勘探合同，5 个承包者签署了海底富钴结壳勘探合同；7 个承包者签署了海底热液硫化物勘探合同。但由于深海采矿前景不明朗，跨国公司放缓了“区域”活动的步伐，以政府资助的实体为主的活动逐步取代了跨国财团的活动。

海底资源勘查及开发已上升为世界海洋强国的国家战略，各发达国家将国际海底矿产资源探测从单一的多金属结核探测走向多样化，拓展到富钴结壳、多金属硫化物以及深海磷矿等。发达国家利用对国际海底管理局的主导权，制订各种矿产资源勘探的规章制度，利用国际规则来保障各国在国际海底矿产资源权益上的最大化。俄罗斯 1998 年率先向国际海底管理局提出制订深海资源法律制度的动议。国际海底管理局理事会分别于 2000 年、2010 年和 2013 年通过《“区域”内多金属结核探矿和勘探规章》《“区域”内多金属硫化物探矿和勘探规章》和《“区域”内富钴结壳探矿和勘探规章》，但目前关于上述矿产资源的开发规章尚未出台。

2005 年，鹦鹉螺矿业公司（Nautilus Minerals INC.）率先对巴布亚新几内亚专属经济区内的硫化物资源进行了商业勘探。海底硫化物资源的商业勘探在一定程度上推动了国际海底区域内硫化物资源调查的发展，一些海洋强国正在加紧深海技术储备，迎接真正的商业开采时代的来临。

（三）公海保护区建设发展现状

近年来，公海保护区问题在许多国际组织及其会议上进行了讨论，产生了大量的全球性和区域性相关法律文书，形成了国际社会的有关公海保护区的管理原则、目标和标准，提出了建立公海保护区需综合考虑的因素以及国际社会的优选区域等。到目前为止，在全球范围内共建立了 4 个公海保护区，分别为：地中海派拉格斯海洋保护区、南奥克尼群岛南大陆架海洋保护区、大西洋公海海洋保护区网络和南极罗斯海公海保护区。

1. 地中海派拉格斯（Pelagos）海洋保护区

该保护区是根据 1999 年 11 月法国、意大利和摩纳哥在罗马签署，2002 年生效的《建立地中海海洋哺乳动物保护区的条约》，由法国、意大利和摩纳哥共同建立的。保护区面积 87 000 km^2，包含法国、摩纳哥和意大利的内水（15%）和领海（32%）以及邻近的公海海域（53%），主要保护动物为长须鲸。尽管在如此大面积区域和这样的过度开发环境下对鲸类种群给予保护是艰巨的任务，但派拉格斯保护区产生了大量的积极成果。包括：提高公众的认识；采取必要的步骤为该地区建立和实施管理计划；由三国政府积极努力，以尽量减少对区域内环境的影响，为作为整个生态社区保护“伞”的物种保护利用提供示范样板。但近年来，由于相关方政治意愿削减、管理机构面临挑战和管理方法存在问题等，使管理计划缺乏有效实施。

2. 南奥克尼群岛南大陆架公海保护区

2009 年 11 月，南极生物资源养护委员会（以下简称 CCAMLR）第 28 届年会通过了建立南奥克尼南部大陆架公海保护区的决定，2010 年 5 月正式建立。该保护区是一个凹形区域，保护区覆盖了南大洋的大片区域，在南奥克尼群岛以南的英国大西洋领地内，它是《南极生物资源养护公约》区域内最大的保护区，而且是世界上第一个完全位于国家管辖外海域的公海保护区，保护区面积约 94 000 km^2。这一公海保护区将保护独特的海洋学特征和信天翁、海燕、企鹅的重要觅食区，以及对独特海洋学前沿系统具有关键意义的区域。《南极条约》体系为该保护区的建立与管理提供了一系列制度规范，CCAMLR 也通过了专门的养护措施。它的建立对相关国家的远洋渔业、科学研究以及航行自由等都会产生一定的影响，但影响程度还有待观察。

3. 大西洋公海保护区网络

2010 年 9 月，在挪威卑尔根召开的《保护东北大西洋海洋环境公约》（以下简称奥斯巴，OSPAR）部长级会议上，奥斯巴缔约方商定，制定了 6 个保护区；2012 年 6 月，在德国波恩召开的部长级会议上，达成了建立查理·吉布斯北部保护区决议，由此，组成了大西洋第一个国家管辖海域外公海保护区网络。这些区域位于东北大西洋沿岸国家管辖范围外海域，主要是亚速尔群岛西部和爱尔兰西部，保护区面积达 286 200 km^2。在这个区域，生活着珊瑚、海绵等生物，同时还有鲸类、鲨鱼和其他多种鱼类，冷暖水流的交汇还使得此地成为浮游生物的乐园。这个公海保护区网络主要保护大西洋中脊的海山、脆弱的深海物种以及生物栖息地。但该区域的海底在冰岛提交给联合国大陆架界限委员会的外大陆架界限内。奥斯巴委员会已通过了保护区网络的管理建议，与其他相关机构组织共同合作，促进保护区的协同管理。由于保护区网络建立时间较短，相应的科学资料尚缺乏，目前还无法评估其管理成效。

4. 南极罗斯海公海保护区

2012年，在CCAMLR第31届大会上，南极罗斯海公海保护区的建议被首次提出，之后在历年大会上数次讨论，最终在2016年召开的CCAMLR第35届大会上获得通过。该保护区旨在养护海洋生物资源、维持生态系统结构和功能，保护重要生态系统进程及具有生态重要性区域等。罗斯海公海保护区面积约155万km^2，这是目前全球最大的海洋保护区。值得一提的是，CCAMLR是采取“一致同意制”的，即只要有国家对大会议案持否定态度，那么该议案就无法通过。在对罗斯海公海保护区的多轮审议中，在科学、法律等方面都存在着争论，但经过5届大会的讨论和审议，最终还是获得了批准。

（四）海底资源开发与保护区建设法律制度发展现状

经过20多年的发展，“区域”法律制度日趋完善。国际海底管理局就“区域”内的3种矿产资源，即多金属结核、多金属硫化物和富钴铁锰结壳，先后通过了3个勘探规章。此外，国际海底管理局还颁布了一系列程序、标准和建议。当前“区域”内活动迈向由勘探向开发过渡的关键阶段，在多方合力推动下，“区域”矿产资源开发规章及配套标准和指南制定进程明显加快。国际海底管理局认为开发规章的制定对于“确保承包者有法可依地从勘探转向开采”具有重要意义，试图推动开发规章早日出台，以推动承包者尽早进入国际海底资源开发阶段。各国对制定开发规章普遍支持，英国、德国、荷兰、比利时、日本和韩国等在开发制度研究、采矿技术和环境标准等方面具有优势，积极参与开发规章谈判，希望尽早出台开发规章，以申请开发合同并率先进入商业开发。美国虽不是《公约》的缔约国也非国际海底管理局的成员国，但对开发规章的制定也高度重视，其国内专家参与了开发规章缴费机制等核心问题的研究工作，美国政府作为观察员也积极派员参加国际海底管理局届会。非洲集团和拉美集团等无力从事国际海底资源开发的发展中国家，希望通过出台开发规章敦促承包者尽早进入开发阶段，以坐享人类共同继承财产的收益。经过多年的讨论，开发规章的制定取得了诸多进展，但仍有不少重大事项，如“区域”资源开发涉及的各方的权利义务的平衡、缴费机制、环境问题、企业部相关问题、标准和指南的制定、决策和检查机制等，需要继续研究。但从开发规章制定的总体态势来看，有关国际海底资源开发国际规则的各项制度设计已逐渐成形，随着谈判的深入，开发规章草案将进入逐条审议阶段，开发规章在未来几年出台存在较大的可能性。

关于公海保护区建设和管理尚没有专门的全球性国际条约，一些国际性法律文件对公海保护做出原则性的规定，相关条款也大多停留在指导和倡议的层面。相比较而言，一些区域性的法律文件对公海的保护更具有针对性，但由于各层级的法律文件对公海保护的方式、适用范围、保护主体和目标等不同，相关法律文件规定以及在执行过程中会存在一定的冲突。除缺乏广泛适用的关于公海保护区的法律依据外，公海保护区与现行公海法律制度的协调，也是其面临的问题。公海保护区的优势在于能够有针对性地和科学地采取保护手段，提高公海管理的功效，其所需要采取的养护和管理措施因设立目的的不同而大相径庭。现有的单纯保护海洋环境与资源的条约制度并不能满足这种特定区域保护模式的需要。正在进行的 BBNJ 国际协定谈判，将为设立公海保护区提供法律依据。BBNJ 国际协定主要内容将涵盖海洋遗传资源获取及其惠益分享，包括海洋保护区在内的划区管理工具、环境影响评价、能力建设和技术转让等多方面。其中，包括海洋保护区在内的划区管理工具、环境影响评价等问题，将对公海环境保护，特别是未来的公海保护区划设产生重大影响。各方对公海保护区设立的程序及管理、确定保护区的标准、沿海国对“毗邻区域”的权利、环评规则、环评的启动门槛、环评程序和环评报告等问题尚存在分歧。BBNJ 国际文书谈判已历经 15 年，随着谈判的深入，关于公海保护区的各项制度设计将日趋明朗。

二、世界大洋海底资源探采与公海保护区建设技术发展趋势

（一）大洋海底资源勘探技术与装备全球发展现状

随着世界深海勘探技术的不断发展，面向大洋海底多金属结核、富钴结壳、多金属硫化物 3 种矿产资源勘探的总体技术瓶颈已经基本得到解决。目前，正逐步向高效率、高可靠性、低成本方向发展，可以预见，未来市场机制将会在常规深海海底矿产资源勘探工作中逐步发挥主导作用。开发高效、低成本、高可靠性的勘探技术装备将是未来深海海底资源勘探技术的主要方向。以多金属结核资源勘探为例，通常采用光学视像拖曳方式进

行多金属结核覆盖率调查，再辅以箱式或多管取样的方式进行丰度调查。采用该方法，不仅拖曳速度、视像幅度大大受到限制，而且视像与取样位置的重合度也很难匹配。通过采用船载多波束后向散射技术，并辅以箱式或多管取样进行验证，大大提高了多金属结核勘探的效率。鹦鹉螺矿业公司称，通过利用此技术，两个航段即完成了符合国际海底管理局要求的，约 7.5 万 km^2 矿区的勘探工作。大洋海底资源勘探技术主要包括以下几个方面。

1. 海底钻探技术

海底钻探主要通过专业钻探船直接钻探和通过海底钻机进行钻探两种方式。钻探船钻探主要经历了深海钻探计划（DSDP）—大洋钻探计划（ODP）—21 世纪综合海洋钻探（IODP）—国际大洋发现计划（IODP）的发展过程。美国先后以“挑战者”号和“决心”号投入其中，始终占据了大洋钻探的重要位置。从综合大洋钻探阶段开始，日本投入“地球号”钻探船，成为全球深海研究中的重要力量，与美国共享大洋钻探的领导权。自 1968—2003 年的 35 年的钻探中，DSDP 和 ODP 的钻井遍布全球各大洋区，钻井 3 000 余口，取芯近 17 万 m。为海底扩张和板块构造学说的验证、海底地壳热液成矿和流体循环理论、海山演化、海底微生物、古海洋学和古气候学等一大批科学研究提供了技术支撑，成就了地学革命。

受海洋环境载荷的影响，钻探船的取芯效率、取芯率、取芯质量等随着海水深度的增加而降低，且所需的钻探时间、成本、配套钻井液数量都将急剧增加。与此同时，现有钻探船的测井设备所携带的传感器类型和数量已基本固定，测试数据传输速度较低。为此，未来的钻探船取芯技术将在现有钻探船取芯技术与设备的基础上朝着以下两方面发展：①钻探船取芯技术更加智能化，包括钻探管的接卸、岩芯管的下放和打捞、复杂地层自动识别与预测、钻进参数等均可以根据海况以及海底复杂底质的变化自动调整，形成面向复杂地层的高效高可靠取芯专用钻具和钻探取芯工艺。②基于测井传感器的模块化组合技术，实现随钻测井、随钻测压、近钻头伽马成像、随钻声波、随钻核磁、随钻方位电阻率、随钻电阻率成像、随钻地层压力探测等多功能组合，形成抗高温、耐高压，数据传输速度快、高可靠性的新型多功能测井技术与装备。

海底钻机是海洋地质钻探技术的重要发展方向，与传统海洋钻探船技术相比，海底钻机主要在深海海底 200~300 m 以浅地层的地质取芯钻探中，在成本、效率和取芯质量等方面都有着巨大的优势。世界首台海底钻机于 1986 年在华盛顿大学诞生，钻探能力为 3 m。1996 年，日本研发了 BMS 海底中深孔钻机，钻探能力有了长足的进步，能达到海底以下 20 m。2003 年，澳大利亚研发的 PROD 海底深孔钻机，最大钻深能力 125 m，钻探能力大为增强。目前，澳大利亚、德国、加拿大、美国和中国等国家都已经有了具备钻杆接卸功能、海底钻孔深度 50 m 及以上、采用绳索取芯技术的海底钻机。基于海底钻机的孔内探测技术是在钻孔内增加原位探测仪，通过海底钻机进给机构提供驱动力，对海底地层进行原位探测，从而获取最真实的海底原位地层信息，包括锥尖阻力、侧壁摩擦力、孔隙水压力、温度、电阻率和地质视频等。

未来海底钻机的发展方向是将现有大型钻井平台搬到海底，总的来说，就是朝更大的孔深、更大的钻孔直径、更多孔内探测功能方向发展。为解决系统的布放回收问题，拟采用模块化设计、海底组装技术。英国和挪威等发达国家正在开展相关预研，我国科技部也计划资助相关科研项目。

2. 海底矿产资源快速精准物化探技术

基于多载体平台的海底矿产资源快速精准物化探技术是利用海洋地球物理/化学探矿方法中的声学、光学、电学、重力、磁力、化学等勘探技术开展海底地形精密探测、地球物理场和地球化学场中成矿异常探测、矿体空间形态维度与分布探测、矿物成分与品位分析，进而进行资源丰度与储量评价的重要技术手段。

由于声学频率较低，在水中衰减速度慢，传播距离远，在海洋探测中得到广泛应用。目前，应用较多的主要有单波束测深仪/声学高度计、多波束声呐系统、侧扫声呐系统、浅地层剖面探测系统。多波束测深声呐产品主要包括挪威 EM 系列、德国 SeaBeam 系列、丹麦 Seabat 系列、美国 SONIC 系列、德国 Fansweep 系列和 Hydrosweep 系列等。世界较先进的侧扫声呐产品主要包括美国 L3Klein 公司的 Klein 系列（如 Klein3900、Klein5000V2 和 Klein5900 等）以及美国 EdgeTech 公司的 EdgeTech4200-MP 和 EdgeTech4215P 等。按照声学换能器安装位置的不同，浅地层剖面仪可分为船载型和拖体型两种类型：①船载型浅地层剖面仪产品主要有挪威 Kongsberg 公司的 TOPAS PS18 和美国 Sy Qwest 公司的 Bathy2010；其中 TOPAS PS18 的性能和稳定性在同类产品中较领先，可实现全海深探测，已配装在我国“大洋一号”“向阳红 01”“向阳红 03”“向阳红 14”“嘉庚”“东方红 3”号和“科学”号等科考船，Bathy2010 已配装在“向阳红 09”科考船。②拖体型浅地层剖面仪产品主要有美国 Edge Tech 公司的 EdgeTech3200XS 和 EdgeTech3100P、挪威 Kongsberg 公司的 TOPAS120 和 TOPAS40 以及 Benthos 公司的 Chirp Ⅲ 等。声学中地震法是向海底输入地震波，测量波进入海底矿床和岩石边界折射或反射的响应。随着深海耐压材料工艺的突破和海上高分辨精细地震勘探技术的发展，海底地震勘探方法逐渐成为海洋勘探的必要手段。目前，主要有 OBS 海底地震仪、PASISAR 混合型深拖地震系统和 DTAGS 深拖地震系统。

海底光学图像系统主要包括配有闪光灯的静态和通过光缆或同轴缆实时传输图像的电视摄像系统。这些系统均配有声学定位系统，并通过多台摄像机组成立体摄像系统，可以生成立体地形图。目前，海底光学图像系统主要用于对海底微地形、热液烟囱和多金属结核分布等的观测和测量。

重力法和磁力法是利用重力仪和磁力仪获取某区域海底重力和磁力的异常数据并进行分析对比，探索区域地质特征，广泛应用在海底多金属硫化物勘探中为寻找矿藏提供依据。目前，典型代表为美国 L&R S 型重力仪、BGM-3、BGM-5 型两类海洋重力仪和德国 Gss-2 型重力仪（后改称 KSS 型）KSS-31 型、美国 Geometrics 公司的 G880 磁力仪、加拿大 SeaSpy 磁力仪等。

海洋电磁法探矿是通过在海上或海底测量人工发射或天然发生的电磁场分布规律探测海底以下的地质结构和矿产资源分布的情况。主要包括海洋大地电磁法（MMT）和海洋可控源电磁法（MCSEM 或 CSEM）。海洋可控源电磁法又可分为海洋可控源频率域电磁法（MCSFEM）和海洋可控源时间域电磁法（MCSTEM）。目前，做得最好的是加拿大的凤凰公司 V-8 系统、美国的 Zonge 公司 GDP-32 系统和德国的 GSM07 系统。

地球化学探矿技术主要包括气体浓度检测与传感器技术、离子浓度检测与传感器技术、海洋沉积物中磷化氢气体溶度检测、海底天然气水合物中甲烷原位检测、海洋无机碳酸盐体系中溶解二氧化碳气体浓度检测等，主要利用电感耦合等离子体发射光谱法、电感耦合等离子体质谱法、原子吸收法、中子活化分析和 X 射线荧光光谱法等。

由于现有的基于多载体平台的海底矿产资源快速精准物化探装备大多功能单一，为了勘探不同种海洋矿产资源，船舶上必须配备多种勘探仪器，这不仅占用大量的船舶存储空间，而且还降低了多套勘探装备协同作业的可能性和船舶利用效率。同时，现有勘探仪器的勘探精度和分辨率也有待进一步提高。未来的发展趋势是：①高精度和高分辨率综合物化探技术。为了快速精确地确定海底特征特别是矿床特征，使用一种集成多种仪器设备的综合探测托体，由船上绞车系统放入水中离海底一定高度拖曳，同时按照顺序获取若干种资料，通过光纤或同轴缆实时向船上传输数据。根据需要可以装备照相、摄像、侧扫声呐、多波束声呐、浅地层剖面仪、高精度磁力仪、X 光快速分析仪、各种化学传感器等仪器设备。②自航式三维高精度和高分辨率的富钴结壳声学测厚技术，基于大洋近底电法、重磁、地震等物探技术和化学传感器的海底多金属硫化物勘探技术，基于声学及化学传感器的深海稀土勘探技术等，实现海底矿产资源地形高效、精密探测、获取高精度和高分辨率的矿体空间形态三维分布信息。

3. 多金属结核勘探技术

在深海中绘制多金属结核的常见方法依赖于基于船舶的水声背向散射和深度扫描声呐数据集。这些技术可以监测大区域，但缺乏足够高的分辨率来识别结核密度的变化，结核密度是控制资源的最重要参数，在局部范围（数百米）内，结核密度可能会有 0~30 kg/m^2的变化。海底实况通常通过拖曳的海底仪器进行，并使用箱式取芯器或类似装置进行点采样。但这两种方法仅能提供有限的空间覆盖，并且可能不代表较大的区域。此外，最近的图片调查显示，在 CC 区的某些区域，多金属结核之间出现了分米级别的火山岩块，这些区块可能会阻碍采矿活动。在船舶或深拖曳的勘测数据中无法识别这些区块。这要求勘探技术具有更高的分辨率和更大的面积，从而更好地了解动物群落的面积分布，这使得照片调查成为首选工具。由于潜水器和 ROV 很慢且面积覆盖范围有限，因此，目前只有 AUV 照片调查能够提供如此大规模的覆盖范围。最近在 CC 区和秘鲁盆地的 AUV 调查使用了新开发的相机和 LED 照明系统，以便能更高和更快地进行调查。在这些调查中，每次航行都能获得约 10 万张图像资料，并使用处理大量图像所需的新开发的图像分析软件进行镶嵌。

从使用基于水声仪器背向散射的区域绘图技术到使用深拖曳侧扫声呐

的局部勘探技术，到基于 AUV 照片调查的自动图像分析和海底采样技术法，可以生成结核资源的资源预测图。然而，为了提供更有意义的全球资源估算，勘探需要覆盖海底的广大区域。最近对沉积物深海盆地多金属结核形成的全球预测区域的估计表明，需要勘探 3 800 万 km^2。这是基于水深、沉积厚度、沉积速率、地形和下伏地壳年龄的综合判断。可靠的全球资源估算肯定需要增加 CC 区以外的勘探活动，最有可能同时使用 AUV 集群进行测绘，以便有效地覆盖更大的区域。需要开发新技术来延长电池寿命并在 AUV 之间进行通信，以进一步加强勘探。

4. 多金属硫化物勘探技术

目前的地球化学勘探技术主要用于寻找活动的热液系统（如热液喷口和相关的黑烟囱），这些系统可以通过水柱中的物理和化学异常（温度；元素的化学变化，如锰、铁；氧化还原电位或水柱中的颗粒浓度）而被追踪。这种羽流调查一直是勘探海底多金属硫化物的主要手段，但它们只能识别活动的系统，因此主要是年轻和小型的热液系统。最近的海底调查显示，在远离脊轴的地方发现了更大，但不活动的或停止生长的硫化物（eSMS）矿床，热液流体长期沿着稳定的断层系统流动，允许长期积聚硫化物。发现远离洋中脊轴线的灭绝硫化物矿床的潜力开辟了海底的广阔区域，以供将来勘探。因为整个海底都形成于洋中脊并且很可能在整个时间内形成 SMS 矿床，所以真正的 SMS 矿床全球资源潜力可能很大。

目前还缺乏有关硫化物矿床的区域和局部空间控制的知识。这在很大程度上反映了远离扩张中心缺乏高分辨率的调查。然而，在过去几年中发现了大量无活性矿床，特别是在缓慢扩张的山脊中。在水柱中寻找地球化学或地球物理示踪剂的传统勘探技术无法找到这些已灭绝的地点。俄罗斯科学家已开始使用耗时的深拖曳平台进行勘探。但是目前仍然缺乏在区域范围内经济而快速有效地识别此类矿床的技术。基于高分辨率 AUV 的水深测量与相关磁场和自身电位传感器的映射似乎是快速，高效和廉价地探测更大区域的唯一方法。与多金属结核类似，AUV 集群编队作业似乎是合适的选择。此外，目前还缺乏识别埋藏矿床（在几米深的沉积物或熔岩之下）的能力，从而进一步低估了勘探区域的资源潜力。这也是目前限制进一步勘探离轴硫化物矿床的原因。

虽然沉积物地球化学成为海洋地质学的一个标准工具已有 1 个多世纪，

但很少有此类现代技术适用于寻找海洋矿物。这与寻找陆地上的矿床形成鲜明对比，勘探地球化学已经达到了高度复杂程度，包括应用超灵敏示踪剂，如移动金属离子和孔隙流体气体。沉积物中金属的深度剖面可用于估算源的年龄（可能的距离，基于扩散速率），但很少有已经经过测试的灵敏的矿物学，地球化学或同位素载体，可以追溯到距离采样核心超过 1~2 km 深度的金属源。重力取心和基于船舶的分析（例如，便携式 XRF、PIMA、便携式 XRD）与基于 AUV 的高分辨率自然电位，磁性和水深数据的结构解释相结合，可能为勘探技术开辟新的前沿。

SMS 矿床是三维体，因此任何资源估计必须建立在深度信息上。钻井是目前唯一提供 SMS 矿床深度信息的技术。但钻井非常昂贵，所以仅在少量矿床中应用过。对大多数 SMS 矿床的内部知之甚少，因此迫切需要开发或修改现有技术以获得矿床的地下信息。为了防止缺乏目标金属（铜、锌）的岩石或硫化物的取芯，需要及时终止钻孔以降低评估成本。地震和海洋电磁（EM）等地球物理工具也可以提供有关内部信息。由于粗糙的形态反射，在海面上聚集的地震数据将受到侧面回波和衍射事件的严重干扰。来自海底地震计（OBS）的折射地震事件可用于进一步改善反射地震图像。迄今为止，这些技术主要应用于地壳尺度研究，未来还需要对其研究 eSMS 矿床的潜力进行进一步的发展。

5. 富钴结壳勘探技术

在富钴结壳勘探方面，俄罗斯、日本、韩国和中国等国家目前仍在开展富钴结壳调查活动。对富钴结壳进行综合调查的常用手段有海底钻机浅层岩心取样、海底拖网、地质取样、多波束水深测量、浅地层声学探测、水下机器人、重力、磁力、海底摄像、声学深拖、水文环境调查、高频声呐探测、电磁探测、伽马射线探测等方法。目前，大洋海底钻探技术是评估富钴结壳厚度最常规但也是最直接的手段。但是通常海底浅钻设备本身较为笨重，作业难度较高，且作业过程较为复杂，单个钻孔作业耗时较长，效率较低，无法进行大规模应用。海洋电磁和声学等地球物理方法也能在一定程度上对其深度进行评估，也已经有了一些试验性应用，但总体而言，目前技术尚不完全成熟。

6. 数据融合与资源评价技术

深海矿产资源勘查多平台多尺度数据融合与资源评价技术是深海资源

勘查工作中进行远景区圈划、矿体边界识别、勘查工程间距设计、资源量/储量估算的核心技术。它包括：多来源、多类型、多时空尺度勘查数据的融合、勘查数据的分析与决策、勘查成果的估算3方面高度关联技术。

目前，深海矿产资源勘查多平台多尺度数据融合与资源评价技术主要是基于调查船或AUV为载体的声学数据、光学数据和地质数据，通过利用成熟的商业软件如Arcgis、Micromine对各项数据进行融合、处理和集成，形成地质统计分析和资源评价报告。为深海结核、硫化物及稀土等矿产资源的定性或定量评价及矿区圈定等工作提供依据。

随着海底矿产资源勘查数据量的越来越大，形成的海量多来源、多类型、多时空尺度勘查数据，如何快速高效地在海量的勘查数据中提取有效的信息，为勘查数据的分析与决策，勘查成果的估算等提供技术支持变得异常关键。未来随着专家决策系统、大数据技术和人工智能技术的引入，将形成深海矿产资源勘查新一代信息处理技术与资源评价技术、深海矿产资源勘查与开采工程方案智能化设计技术和基于人工智能的深海矿产资源勘查和资源评价技术系统，形成对海量海底矿产资源数据的高效管理和快速应用处理能力，引领深海矿产勘查数据处理和资源评价技术的用户从专业人员向非专业人员过渡，技术的维护由专业人员向人工智能过渡。

（二）大洋海底矿产资源开采技术全球发展现状

20世纪70年代以来，国际上陆续开展了不同程度的深海海底矿产资源开发试验，初步验证了深海采矿的基本技术原理。当前，深海矿产资源开发技术能力方面亟待取得突破，无论是单体采矿车采集技术，还是全采矿系统采矿技术能力方面，距离商业开发规模仍有不小差距。多金属结核和多金属硫化物已经初步完成了技术原理验证，但是采集规模只有商业规模的1/15～1/20。面向试开采和商业开采规模的试验至今仍未开展。虽然鹦鹉螺矿业公司开发了成套的多金属硫化物商业开采装备，但至今仍未经过任何海上试验，其技术可行性和有效性也仍待验证。从原理验证到试开采或商业规模开发，仍须突破商业开发技术模式、大规模单体采矿技术、大功率能源供给技术、大功率矿浆输送技术、长作业周期平台支撑保障技术、矿物储藏与预处理技术、水下导航定位与大数据融合技术、水下重载作业技术、低成本高可靠性提升技术等诸多关键技术。

大洋矿产资源开采技术研发的第一阶段，始于20世纪70年代，主要以多金属结核的开采为研究对象，进行了大量的具有一定规模的深海开采试验，以美国为首的西方国家占据了绝对优势，出现过多种技术原型和样机。

1970 年 OMA（Ocean Mining Associates，美国、比利时、意大利联合公司）在 1 000 m 水深的大西洋 BLAKE，采用“Deepsea Miner”号货轮、拖曳式水力式集矿机和气力提升进行了第一次结核采矿原型试验，1978 年采用同样的系统在太平洋 CC 区进行了 5 500 m 水深中试。1978 年 OMCO（Ocean Mineral Co.，美国）在加利福尼亚岸外水深 1 800 m 处进行多次试验，1979 年进行了 5 500 m 水深采矿试验，采用的是“Glomar Explorer”打捞船和阿基米德螺旋驱动自行式集矿机。1978 年 OMI（Ocean Management Inc.，美国、日本、加拿大和德国联合体）在太平洋克拉里昂—克里帕顿地区，进行 5 500 m 水深采矿试验，系统构成为“SEDCO 445”动力系统钻探船、采用水力—机械采集头的拖曳式集矿机，加上气力与水力管道提升，德国 KSB 泵业公司为此次海试研制了两台六级混流式深潜电泵，此次海试成功获取了近千吨锰结核。

这阶段通过一系列的深海采矿系统海试，验证了深海采矿技术上的可行性，打通了采矿系统的流程，形成了海底集矿机采集，管道输送和水面采矿船组成了主流深海矿产资源开采系统。这些系统离工业应用还有一段距离，采矿系统的可靠性、稳定性均得不到保障。

第二阶段从 20 世纪 80 年代到 21 世纪初期，深海采矿活动步入了平淡期。西方国家已基本停滞了结核采矿系统的海上试采试验，转而进行新发现矿物（硫化物和富钴结壳）的采集技术、关键技术和设备研究，以及矿产资源评价体系和海洋环境保护研究。随着越来越多国家对深海资源勘探的重视和对海底矿产开采环境问题的担忧，国际海底管理局先后制订了一系列的勘探规章和制度，使得深海矿产资源的勘探工作从单一的多金属结核资源，发展到富钴结壳、多金属硫化物等多种资源。很多新兴国家出于长远考虑，也纷纷加大了对深海矿产资源的研究工作，以便在新一轮的蓝色圈地运动中，获取更多利益。

美国夏威夷地球物理研究所、科罗拉多矿业学院等一大批院校、研究院所和公司，在政府的组织下进行了富钴结壳资源的勘查、开采系统和冶炼方案研究。科罗拉多矿业学院的 John E. Halkyard 1985 年提出了由履带式集矿机、水力管道运输系统和水面采矿船构成的富钴结壳采矿系统技术方案。日本于 1990 年采用耙削、盘刀切削、滚筒式切削等多种方式对富钴结壳样品进行了破碎对比试验，证明上述方法对富钴结壳破碎均是有效的。

20 世纪 90 年代初，日本利用多种技术手段开展了海底热液硫化物的调查和研究工作。2012 年 11 月和 2017 年 9 月，日本两次在冲绳附近 1 600 m 水深海域进行了多金属硫化物的试采试验，通过潜水电泵将矿物提升至水面船舶，收集的矿石量和运营的盈利能力尚无报道。日本还计划在 2020 年中期左右实现海底矿产的商业化开采。

韩国的采矿技术研究工作由其国家“深海采矿技术开发与深海环境保护”项目支持，多金属结核采矿系统上采用 OMA 系统为原型的管道输送系统。2009 年 6 月以韩国海洋开发研究院（KORDI）为主，在韩国东海 Hupo 海港附近进行了 100 m 浅海试验。2012 年进行 1 000 m 水深采矿试验，2013 年 7 月在浦项东南 130 km 处海面以下 1 380 m 处测试一个名为“Minero”的深海矿产资源采矿机器人，2015 年进行了 2 000 m 水深采矿试验。

印度拥有一个预算庞大的深海资源开发研究计划，在采矿技术研究方面，通过与德国 Siegen 大学合作，采用全软管输送，已研制了一种海底采矿车，于 2000 年和 2006 年分别进行了 410 m 和 500 m 水深的海上试验，于 2009 年在印度洋使用内径 100 mm 的软管，完成 500 m 水深的扬矿试验。在接下来的 10 年中，印度政府还计划投入超过 10 亿美元用于开发和测试深海技术，如水下机器人和载人潜艇等。此外，印度还计划 2020 前在印度洋开展 6 000 m 水深海试，在 2022 年前进行 5 500 m 深度的试采。

近年来，在深海矿产资源开发领域，越来越多的国际商业公司积极参与其中。特别是加拿大鹦鹉螺矿业公司、比利时 GSR 公司和澳大利亚 DeepGreen 公司都是商业化运作的企业，这些公司以深海矿产资源商业化开发为目标，积极推进深海矿产资源勘探开发活动。加拿大鹦鹉螺矿业公司是最有希望成为世界上第一家合法的深海采矿运营的商业公司。2017 年实施了 3 台海底硫化物采矿设备的海岸调试，计划开展 1 700 m 多金属硫化物商业试开采，开采规模为 150 万 t/a，遗憾的是该项目不仅技术未得到水下充分验证，而且项目商业可行性存在很大问题，且由于资金链断裂，过去 8 年开展的深海商业采矿业务已于 2019 年 2 月被迫停滞。

比利时 GSR 公司自 2012 年以来就在研究多金属结核开采。2013 年，国际海底管理局和 GSR 签署了一份为期 15 年的多金属结核探矿和勘探合同，并组织了4次勘探活动。该公司于2017年1月推出了第一辆能够达到超过4 500 m水深运行的海底履带式机器人“Patania Ⅰ”并在中太平洋考察期间成功进行了测试。为了应对在恶劣和偏远的深海环境中操作的技术挑战，2018年9月推出将“Patania Ⅰ”原型的结核收集和驱动组件整合的“Patania Ⅱ”，其具有轻质铝制框架，4个独立驱动的轨道和后部的转向系统，可在海底实现均等的载荷分配和最佳机动性。它还具有牵引能力，使其能够在脆弱的海床上行驶。全尺寸车辆将配备16 m宽的采集器，用于从海底拾取多金属结核，同时仅去除表层沉积层。2018年8月，由西班牙研究船“Sarmiento de Gamboa”在马拉加湾进行的为期两周的试航，“Apollo Ⅱ”总共行驶了10 km余，其技术性能和环境影响已经成功通过测试。该项目计划2019年完成1 000 m多金属结核的采矿海试。但2019年3月，在拟议的“Patania Ⅱ”——GSR推出的功能测试期间，发现专门设计的结核收集器原型会造成关键电缆的损坏，从而导致电源故障，所以需要将“Patania Ⅱ”的试验推迟数月。

目前，所有拟议的海底矿物采矿作业都基于类似的概念，均采用海底资源集矿与导航定位系统，水下输送系统和涉及海上加工与运输的水面支持系统。大多数拟议的海底集矿系统都是设想使用远程操作的采矿车，采矿车使用机械和水射流方式从海床中提取矿石。

从数千米的大洋盆地开采多金属结核是一项重大的技术挑战。欧盟资助的MIDAS（2013—2016），Blue Mining（2014—2018）和Blue Nodules（2016—2020）拟议的采矿系统由一个或两个自行履带式海底采矿工具和不同类型的水下运载工具组成。自动或远程操作的机器人（AUV / ROV）将被要求执行特定任务，例如，设备的打捞，维修和维护以及勘探和环境的监测。在指定区域规划进行采矿，采用条状采矿模式，其中采矿支持平台遵循自行履带式海底采矿工具的采矿路线。自行履带式海底采矿工具拾取多金属结核，从沉积物中挑选出尺寸合适的结核。用较少量的细沉淀物稀释，然后将矿石破碎与海水混合通过采矿支持平台实现液力提升。然后浆料被脱水，捣碎并输送到载货船上进行运输。脱水过程中海水和残余颗粒被泵送回海底表面，以减少载有颗粒的羽状物的扩散，从而减少环境影响。

获得海底块状硫化物开采许可的有Nautilus矿业公司和Diamond Fields International公司，其中由于法律纠纷，Diamondis Ⅱ项目已于2016年暂停。

而由于资金链断裂，Nautilus 矿业公司也于 2019 年停滞。Nautilus 矿业公司 Solwara 1 项目是目前最接近商业化开采的水下硫化物采矿项目。该项目旨在从位于俾斯麦海的 1 500~2 000 m 深处的海底块状硫化物矿床中提取高品位的铜和金。2009 年，巴布亚新几内亚授予该公司为期 25 年的环境许可证，并在 2011 年授予该公司第一个占地约 59 km^2 的采矿租约，预计每年能从该区域提取 130 万 t 矿石。拟议的采矿程序是通过两台大型机器人在海底将硫化物分解，这些机器人通过连续切割工艺挖掘矿石。第一台辅助切割机是一种预备机器，可以处理崎岖的地形并为其他机器创建工作面。它将在轨道上运行并具有悬臂安装的切割头以实现灵活作业。第二台是批量切割机，其具有更高的切割能力，但仅限于在辅助切割机产生的平坦区域和工作面上工作。两台机器都将切割的矿石留在海底的临时位置，以便由第三台收集机进行收集。收集机也是一台大型机器人，采用内部泵将切割的矿石和海水吸入并将其通过柔性管道推入提升系统来收集矿石。提升系统包括一个大型泵和一组刚性立管，将浆料输送到海面。输送泵悬挂在垂直立管上。矿浆在生产支持母船的甲板上会被脱水。脱水后的矿物暂时储存在生产支持母船的船体中，然后转运到停泊在旁边的运输船上。矿浆脱水过滤后的尾矿水通过立管泵送回海底，以降低对整个水柱的影响和混合，最大限度地减少操作对环境的影响。

富钴结壳的开采技术是大洋矿产资源中最具有挑战性的，因为它们牢固地附着在通常陡峭和不平坦的岩石表面上。目前，还不清楚未来如何大量开采富钴结壳。到目前为止，只提出了概念性计划并进行了实验室实验。工程师正在研究的概念包括类似履带式车辆，用一种切削机构将结壳从石头上剥离下来，并通过特殊的软管将它们泵送到海面的船上。专家估计，必须提取超过 100 万 t 的富钴结壳才能使采矿变得有利可图。据估计只有结壳的厚度超过 4 cm 才能实现这一目标。此外，采矿机械还必须能够在海山斜坡崎岖的地形上工作。富钴结壳采矿将矿石从海底输送到水面船舶，与多金属结核采矿基本一致。目前，世界上已经有相关研究机构开发了富钴结壳采矿试验样机，并进行了一定的海上试验，但距离商业化规模开发尚有较大的距离。

（三）公海保护区建设技术全球发展现状

1. 基于应用生态遥感手段的海洋保护区监测与评估技术

海洋保护区的大面积调查与长时间序列监测往往需要投入高昂的人力和物力成本，而基于卫星数据的遥感监测与评估手段则具有成本低廉、时效性高且能够较容易获得长时间序列数据的显著优势。近年来，基于遥感分析与传统的海洋生物多样性调查评估相结合而发展起来的一系列新技术已经证明基于遥感手段的海洋保护区监测与评估技术是未来开展海洋保护区监测，特别是大尺度、长时间序列监测分析的基础性技术。例如，Suryan等（2012）利用叶绿素遥感数据与海上实际调查获得海鸟多样性与数量分布数据，建立了一套利用遥感数据预测海鸟物种多样性热点区的方法。

2. 基于高分辨视像监视手段的海洋保护区监测与评估技术

深海底栖生物群落是建设深海大洋公海保护区的重要保护目标。针对这些底栖生物类群，视像监测技术是一种主要和关键的监测与评估技术。目前对于底栖生物群落的视像监测大致可以分为3类：第一类是基于定点观测平台的视像监测，如Lander系统、海底观测网系统等；第二类是基于船载平台的视像监测，如深海光学摄像拖体系统等；第三类是基于深海潜水器平台的视像监测，如HOV/ROV/AUV等。

3. 基于海洋生物声学技术的海洋保护区监测与评估技术

声学监测技术用于海洋保护区监测与评估包括了两个方面的内容：①很多种海洋动物都能主动发出声音，这种生物发声对于其个体间交流/繁殖/捕食活动等都十分重要。不同海洋动物以及同一物种的不同个体之间发出的声音都有所差别，因此可以通过监听和记录这些动物发声来研究其物种多样性、数量分布与个体行为。这些数据对于公海保护区的选划、监测与评估都很有价值。②人类的海上活动在海洋中产生了显著的噪声。这些活动产生的噪声频段和很多海洋动物的听力范围重合，特别是会对鱼类和鲸豚类产生严重影响。水文观测设备、钻井平台、超大货轮、军用声呐等的声源强度明显超过了大部分鱼类和海洋哺乳动物可耐受的声压阈值，势必对海洋生物的生存、生长产生一定的影响。有些人为活动如水下爆破、打桩和油气勘探等产生的高强度噪声（冲击波））会对鱼类的听力系统造成永久性伤害或直接导致死亡，而长期存在的低强度船舶噪声可能会导致鱼类和海洋哺乳类等海洋生物间的交流、繁殖能力降低。因此，进行海洋环境噪声来源和强度的监测与研究，对于公海保护区的选划、监测与评估都具有重要意义。

4. 基于生态系统声–光学联合探测的海洋保护区监测与评估技术

在大洋水体生态系统中，公海保护区建设的直接保护对象主要是捕食性鱼类、海洋哺乳动物、爬行类和海鸟等海洋动物。在海洋水体生态系统中，一般存在着浮游植物—浮游动物—小型滤食性鱼类—大型捕食性鱼类—顶级肉食者的食物链。与陆地生态系统调查所不同，海洋中光线的穿透能力很弱，因而光学工具无法进行大范围调查。而声波在水体中的传播距离则要比可见光远得多。此外，不同频率声波遇到不同粒径大小、不同身体结构类型的生物都会产生不同的反射/散射模式，因此就可以通过建立对应的分析模型来反演获得重要的生态学信息。

5. 基于水下滑翔机和无人船等无人平台海洋保护区监测与评估技术

在远离陆地的公海保护区开展长期监测往往要花费高昂的成本，尤其是期望获得长时间序列、大空间尺度的数据时更是如此。而近年来，基于水下滑翔机、波浪滑翔机和无人船等低功耗无人平台技术的进步与成熟，为开展低成本的公海保护区长期监测提供了可能。通过在这些无人平台上安装不同类型的传感器，就可以满足多学科的数据获取需求。

6. 基于高分辨地形地貌测定的海洋保护区监测与评估技术

长期以来，海底地形地貌的精细化调查与研究多采用各种多波束探测技术。这类近底的多波束探测技术可以获得亚米级的立体分辨率，但是对于深海底栖生物调查，特别是对于保护区建设至关重要的冷水珊瑚群落的调查来说，亚米级的立体分辨率尚不足以获得有意义的科学数据。近5年来，立体影像匹配三维重建技术（Structure-From-Motion，SFM），即从一系列包含视觉运动信息的多幅二维图像序列中估计三维结构的技术，被运用到了深海生态学调查中。这一技术有两项显著优势：①由于其数据来源是高精度的光学照片，因此，该技术最终成图的立体分辨率可达厘米级甚至毫米级，能够很好地满足冷水珊瑚等巨型底栖群落调查的需求；②该技术得到的图像包含了原位的色彩，这对于生物学家开展进一步的分析研究极为有利。

三、我国大洋海底资源探采与保护区建设发展现状

（一）大洋海底资源探采发展现状

我国深海矿产资源勘探活动最早始于20世纪70年代末期。1978年4月，我国“向阳红05”考察船在进行太平洋特定海区综合调查过程中首次从4 784 m水深的地质取样中获取到多金属结核。1981年，针对联合国第三次海洋法会议期间围绕先驱投资者资格的斗争，我国政府声明我国已具备了国际海底先驱投资者的资格。

“八五”到“十二五”期间，国内研发了重力仪、RS-YGB6A型磁力仪、JS08-BJ57G856T型高精度质子磁力仪、海底电磁采集站（OBEM）、MTEM-08海洋瞬变电磁探测系统、Bathy-2010PChirp浅地层剖面仪和测深仪、深水高分辨率多道地震探测系统、浙江大学脉冲等离子体震源、激光痕量气体和碳同位素分析仪、激光痕量气体分析仪等大批海底矿产资源物化探勘探设备与仪器，并在海底矿产资源勘探中应用，取得了丰硕的勘探成果。

以“大洋一号”“向阳红09”“向阳红10”“海洋六号”等船舶为调查平台，我国海底矿产资源勘查技术装备了包括高精度多波束测深系统、长程超短基线定位系统、6 000 m水深高分辨率测深侧扫声呐系统、超宽频海底剖面仪、富钴结壳浅钻、彩色数字摄像系统和电视抓斗、大洋固体矿产资源环境及海底异常条件探测系统、海底热液保真取样器技术等，并以“大洋一号”科考船为平台，进行了矿产资源探测技术系统集成，构成了一个相对完整的大洋固体矿产资源立体探测体系。

通过多年努力，成功研发了“蛟龙”和“深海勇士”号载人潜水器、“潜龙”系列自主潜水器、“海龙”系列遥控潜水器等深海运载作业平台，作业深度达到7 000 m。“十三五”期间，国家重点研发计划更是部署了万米载人潜水器、万米遥控潜水器等深海运载器的研发工作。预计“十三五”末，我国将总体上掌握全海深“深海进入”技术，为大洋海底资源勘探提供重要的抵近平台。

我国海洋探测技术与装备经过多年的发展，已有了突破性的进展，但总体水平与世界先进水平相比，仍存在一定的差距。

具体来说，在深海固体矿产探测方面，基本上保持与国际上同步发展

水平，不过受制于海底探测基础理论、探测技术、调查和评价方法研究基础薄弱，致使深海资源评价技术存在发展瓶颈。在海洋观测仪器、无人潜水器与海洋观测网方面，整体落后国际先进水平 10 年以上。海洋传感器、观测装备仪器与设备研究相对落后，在探测与作业范围和精度，使用的长期稳定性和可靠性等方面与国际先进水平差距还很大；同时，我国目前正在建设海洋观测网系统，关键技术处于探索研发阶段。深海通用技术大多处于样机阶段，没有形成标准化和系列化的深海通用技术产品，关键通用部件或设备主要依靠外购。

在大洋海底资源开发技术与装备方面，我国在“八五”期间开始了深海多金属结核资源的开采研究工作。开展了水力式和复合式两种集矿方式，水力提升与气力提升两种扬矿方式的试验研究，取得了集矿与扬矿机理、工艺和参数方面的一系列研究成果与经验。“九五”期间，在前期研究的基础上通过改进与完善，研制了千米级采矿设备，完成了湖上试验，研制了千米履带自行水力复合式集矿机，并于 2001 年夏季在云南抚仙湖进行了部分采矿系统 135 m 水深的综合湖试。

“十五”期间，我国深海采矿技术研究以 1 000 m 海试为目标，完成了“1 000 m 海试总体设计”和集矿、扬矿、水声、水面支持等各子系统的详细设计，研制了两级高比转速深潜模型泵，采用虚拟样机技术对 1 000 m 海试系统动力学特性进行了较为系统的分析。同期，结合国际海底区域活动发展趋势，中国大洋协会组织开展了钴结壳采集关键技术及模型机研究，进行了截齿螺旋滚筒切削破碎、振动掘削破碎、机械水力复合式破碎 3 种采集方法实验研究和履带式、轮式、步行式、ROV 式 4 种行走方式的仿真研究。“十一五”期间进行了 230 m 水深的矿井提升试验，虚拟实验等工作，研制了模拟运动平台。

“十二五”期间，科技部 863 计划支持了深海多金属结核和富钴结壳采掘与输运关键技术及装备研制工作，2016 年完成了输送系统的海上试验，海试管道长度 650 m，水深 314 m，验证了管道和泵的粗颗粒输送性能。同期，中国大洋矿产资源研究开发协会（以下简称中国大洋协会）支持开展了大洋多金属结核和富钴结壳集矿车的研制和海试工作，2018 年，“鲲龙 500”采矿样机在南海成功完成了 514 m 水深的自行式集矿试验，标志着我国深海采矿技术正式走向海上试验验证阶段。同年，由中国大洋协会支持研制的富钴结壳规模取样装置在西太平洋富钴结壳海山区开展了试验，成功获得了 100 kg 余样品，实现了富钴结壳采矿技术从实验室测试向海上大规模采样的跨越。

“十三五”期间，国家重点研发计划支持了“深海多金属结核采矿试验工程”。该项目由中国大洋协会牵头，联合中国五矿集团公司下属长沙矿山院、长沙矿冶院，中国中车下属株洲时代电气公司，国家深海基地管理中心以及国内众多研究机构和高校共同承担，本项目计划 5 年内完成 1 000 米级的多金属结核全采矿系统海上联动试验，推动我国深海采矿技术从实验室、浅海和单系统技术试验，走向深海和全采矿系统联动试验的转变。

（二）公海保护区建设发展现状

最近 10 年，因 BBNJ 谈判和深海采矿环境保护的需要，我国才开展了公海保护区相关的跟踪研究，公海保护区的建设工作最近几年在我国才引起重视，从 2020 年开始将启动专项调查。

（三）海底资源开发与保护区建设法律制度发展现状

海底资源开发与保护区建设国际规则制定话语权有所提升。我国多年来积极开展“区域”和公海资源的开发利用活动，积极参与国际海底和公海事务，在促进“区域”和保护区建设法律制度发展方面发挥了重要作用。从 2001 年国际海底管理局第 7 届会议讨论制定多金属硫化物和富钴结壳勘探规章起，中国在国际海底管理局的历届会议上多次表达自己的立场和观点，就两部勘探规章制定中的原则政策、环境保护、技术性条款等方面提出的建议，为勘探规章的出台做出重要贡献。我国高度重视开发规章的制定，深入参加了有关开发规章的制定工作，多次就开发规章草案提交了书面评论意见，积极就开发规章涉及的缴费机制，标准、指南和关键概念，独立专家，监管机制，决策问题，企业部问题以及区域环境管理计划等重大事项表达立场，贡献中国智慧。在促进公海法律制度发展方面，我国较为全面地加入了各类国际海事、生物多样性养护、渔业、海洋环境保护等方面的条约和国际及区域性组织，在相关条约和机制框架下，为促进公海资源的可持续利用和环境保护发挥了重要作用。我国积极参加 BBNJ 国际协定谈判，自 2006 年起即派代表团参加 BBNJ 问题非正式特别工作组会议，并参加了此后的谈判筹委会和政府间大会等会议，积极提交书面意见，就划区管理工具、环境影响评价等重要问题提出中国的立场和方案。

海底资源开发与保护区建设国内法律制度初步建立。2016 年 2 月 26 日，第十二届全国人大常委会第十九次会议审议通过《中华人民共和国深海海底区域资源勘探开发法》（以下简称《深海法》），该法于 2016 年 5 月 1 日正式实施。《深海法》是首部调整中国公民、法人或者其他组织在国家管辖范围以外海域从事资源勘探、开发相关活动的法律，对于规范和促进深海资源利用与保护具有重要意义。2017 年国务院海洋主管部门制定了《深海海底区域资源勘探开发许可管理办法》《深海海底区域资源勘探开发样品管理暂行办法》《深海海底区域资源勘探开发资料管理暂行办法》等《深海法》配套行政措施。我国颁布实施的《中华人民共和国海洋环境保护法》《海洋自然护区管理办法》《海洋特别保护区管理办法》等法律法规为构建国内海洋保护区建设法律制度初步体系也奠定了坚实的基础。

四、我国大洋海底资源探采与公海保护区建设面临的主要问题与挑战

（一）海底采矿技术基础研究薄弱

当前，我国深海采矿技术总体上还处在前期试验和技术积累阶段，尚缺乏成熟和安全的采矿技术储备。即使是最早投入勘探开发的多金属结核，现有技术研发规模也小，并缺乏系统全面的产业布局。最新研发的国产“鲲龙 500”深海采矿车，作业产能不到商业化规模的 7%，无法实现多台同步作业，达不到商业化开发要求。同时，与水下采矿系统相匹配的输送和水面处理系统也尚未按照商业化开发的规模全面系统研究和开发。在即将到来的深海采矿时代，现有的技术研发水平根本无法满足深海采矿产业的需求，难以支撑我国在国际海底矿区实施商业化开发活动，极有可能使我国错失成为首批国际海底矿产商业开发者的战略机遇。

（二）商业开采实践及其环境影响评估完全缺失

作为深海采矿工程的重要组成部分，环境影响评价受到国际社会、学术界，尤其是非政府组织的高度关注，“无环评、不采矿”理念逐渐形成国际共识。采矿前的环境调查与评价、采矿中的环境监测与评估、采矿后的环境修复与治理正成为深海采矿的国际新规则。在第一批承包者中我国是

唯一未开展深海采矿环境影响评估的国家，对深海采矿潜在环境影响的科学认识不到位。发展与深海环境监测评价相关的技术装备体系，提高深海采矿潜在环境影响评估能力，是保障我国未来深海商业化采矿活动的重要科技支撑。与此同时，随着环境保护门槛的不断提高，与深海环境监测评价相关的技术装备体系将是未来深海装备产业发展的一个重要方向。

（三）基础原件与通用技术相对落后

海洋传感器与通用技术制约了我国深海资源探测与作业水平的提高。传感器是海洋探测装备的灵魂，虽然我国在海底探测装备集成方面有了突破性的进展，但是在核心传感器方面严重依赖进口。另外，在深海通用技术与材料方面，如浮力材料、能源供给、线缆与水密连接件、液压控制技术、水下驱动与推进单元、信号无线传输等，在探测与作业范围、精度，集成化程度和功率，操作的灵活性、精确性和方便性，使用的长期稳定性和可靠性等方面，差距都还很大。这种情况制约着我国深海探测与作业装备的发展，继而影响资源勘查和开发利用活动的开展，限制了我国深海海上作业的整体水平的提高。

（四）体制机制不适应发展需求

海底资源开发与保护区建设缺乏国家层面的顶层设计。顶层设计的缺失导致海底资源开发与保护区建设总体战略目标不清晰，参与国际谈判总体上处于被动防守的局面，深海开发和保护区建设技术发展路径不明确。一旦开发规章和公海保护区国际法律制度如期出台，我国将面临诸多法律、技术、环保、体制机制等困难和障碍。

2016 年，我国出台了《中华人民共和国深海海底区域资源勘探开发法》，为我国从事国际海底资源勘探开发活动提供了法律依据。然而，与深海采矿技术体系发展相关的配套制度还未全面制定，深海采矿技术体系发展路径不明确，未来发展重点不突出，这与我国国际海底矿区勘探大国的地位和未来深海矿业强国的愿景不匹配。在研究项目的安排上，急需制定深海采矿技术与装备工程系统发展的国家规划。目前，我国在海洋采矿技术与装备方面还没有出台国家层面的发展规划，缺乏顶层设计。各部门独立制定发展规划，部分方面重叠，甚至出现在低层次方面重复性建设严重，不利于长远发展。缺乏海洋采矿技术与装备工程的国家或行业技术标准。

在深海采矿技术与工程装备方面，尚没有制定国家统一标准。一方面不利于研发成果向产品转化，不利于产业化进程；另一方面，工程样机技术水平参差不齐，数据接口与格式互不兼容，难以获取高质量可靠的海洋数据。科学研究机构和产业部门之间的关系联系不紧密，致使很多研究成果难以真正形成生产力。研发力量大多集中在高校及科研院所，未能将技术研发与市场机制有效结合。国外有很多技术成熟的产品和专业的生产公司，能够很好地将科研成果转化为产品，通过产品产生的利益来促进科研的发展，形成了良性循环。这一问题在我国现阶段体现得尤为突出，国内缺乏专门从事深海通用技术产品的企业。

（五）保护区建设存在科学认识不足和技术短板

当前欧美国家过分偏重于公海环保而非资源的可持续利用，不仅推动设立了一系列公海保护区，而且还提高了资源开发活动的环保门槛，并试图凭借领先的环保技术抢占深海资源开发的先机。采矿前的环境调查与评价、采矿中的环境监测与评估、采矿后的环境修复与治理正成为深海开采规章的主要条款。这势必极大限制我国享有的公海航行自由、公海渔业捕捞自由和矿产资源勘探开发等权利，对我国深海战略极为不利。

在保护区建设方面面临的主要挑战有：①重点海域生态系统和生物多样性科学认识严重不足。我国深海调查研究起步晚、调查技术装备相对落后，自 2013 年“蛟龙”号载人潜水器试验性应用以后，才具备采集高质量深海生物样品与资料的技术能力。目前，我国对公海生态系统和生物多样性缺乏长期资料积累和系统的科学认识，甚至在我国周边的西北太平洋和北印度洋公海都缺乏针对深海特殊生境、底栖生物及大型哺乳动物的系统调查。②公海保护区调查与监测技术存在短板。在海洋动物生态声学探测、生态遥感、高分辨视像监视、近底高分辨地形探测、声学–光学联合探测和低功耗传感器等方面，存在诸多“卡脖子”技术。例如，欧美发达国家长期对我国禁售用于海洋动物发声和环境噪声监测的水听器等设备。

（六）海底资源开发与保护区建设法律制度国际话语权不足

海底资源开发国际规则制定话语权部分“缺失”。开发规章及配套标准和准则是国际海底矿产资源商业开发阶段的重要制度导则，各方对深海矿产资源开发国际规则涉及的资源开发准入、环境保护、缴费机制、标准和准则的制定等方面话语权的争夺十分激烈，要不断提高开发的技术和环保门槛。①申请开发合同门槛不断提高，对勘探合同承包者开发能力提出更高的要求。②国际海底资源开发环保要求愈加严苛，开发利用国际海底资源面临较高的“绿色壁垒”。③承包者进行商业开发面临较高的经济成本，对开发技术和效率提出更高的要求。④各方力推制定有强制性的开发配套标准，对承包者开发技术发展路径和技术体系构建提出更高的要求。我国在深海开发技术装备、环境保护能力与发达国家还存在一定差距，在相关规则制定方面话语权仍显不足。

公海保护区规章制定的话语权缺失。现有公海保护区的科学理论、设立原则和标准、程序和管理制度等基本由欧美发达国家主导。同时，欧美发达国家已逐步为全球范围圈划公海保护区做好了科学、技术、人才、制度设计等方面的储备。我国目前公海保护区建设顶层设计和战略研究尚未启动，对公海保护区的战略定位仍不明确。既没有稳定的专业团队，更缺乏公海保护区建设实践，在公海保护区选划与标准制订等方面应对能力严重不足，国际影响力较弱。

五、世界大洋海底资源探采与保护区建设发展对我国的启示

（一）注重制定和实施深海资源开发战略规划

日本为了实施《海洋基本法》，已经开始实施第三期《海洋基本计划》，促进了热液硫化物资源开采技术体系的建立和产业化，同时开展了稀土开采技术开发体系研究，为形成新的产业化打下基础。日本 2019 年的第二期《跨部门的战略创新促进计划》提出，开展稀土软泥的调查与资源评价，同时基于热液硫化物开采技术的积累，以研究开发稀土软泥开采技术为目标。2019 年 2 月修订发布的《海洋能源和矿产资源开发计划》提出，日本用 10 年左右时间，推动企业主导硫化物商业开采的产业化。韩国在 2011 年 12 月发布了《2020 年海洋科学技术路线图》，计划振兴海洋能源技术开发，产业新素材技术开发，海洋装备技术开发等 5 个领域的海洋产业。欧洲财团“蓝色结核”（Blue Nodules）制定了深海采矿计划（2016-02—2020-01），由欧洲内部包括荷兰、英国、比利时等 9 个国家的工业、科研院所、海工服务等领域 14 个优势单位参与，该计划项目拟于 2022 年完成海试。

（二）坚持开采系统研发与环境影响评估研究并行

基于深海矿产资源开发对我国国民经济发展的重要性，维护和进入深海空间的战略意义，基于竞争格局和中国在深海矿产资源开发的能力，秉承创新、协调、绿色、开放、共享的发展理念，坚持开采系统研发与环境影响评估研究并行，不同资源开发协调发展的原则，目标深海矿区的试开采与环境影响评估满足国际海底管理局《“区域”矿产资源开发规章》所提出的获得采矿许可证所需的技术和环境要求，全系统海试以满足未来商业开采要求为目标，优先解决深海采矿系统和环境保护的关键工程技术与科学问题。

（三）重视以国内立法方式维护海底资源开发和保护区建设利益

目前，有近 20 个国家制定了关于国家管辖范围以外的海底活动的立法。美国、德国、日本、法国和英国等国早在《联合国海洋法公约》（以下简称《公约》）通过之前，就颁布了本国关于深海海底资源勘探和开发的法律，试图以单方面立法的方式，争夺和确保其在国际海底的权益。《公约》通过后，德国、英国等国修改了其相关法律，以期与《公约》相关规定保持一致，美、英还制定了配套制度，以维护本国对“区域”资源勘探开发的利益。为落实《南极环境保护协定》下特别保护区/特别管理区的管理或养护规定，英国、荷兰和新西兰等国制定了相关国内立法，这些立法为有关国家实施南极海洋保护区的限制性规定提供了国内法律依据。

（四）国家政策引导吸引企业的介入

多方筹措资金，技术开发前期以国家财政资金投入为主，布局目标明确的国家重大专项，发挥国家的主导作用，解决深海采矿系统关键工程技术和环境保护的关键科学问题；后期央企以国有资本金的方式深度介入或主导工程技术的开发，以商业采矿技术研发为目标，重点突破锰结核和硫化物等固体矿的高效勘探、绿色开采、环境监测评估和生态修复技术，建立示范性的海底矿产资源勘探开发技术，全面提升海底矿产资源的自主开发能力，培育深海采矿产业体系；商业开发阶段以企业资本为主，建立符合市场运作的深海采矿产业。

六、我国大洋海底资源探采与公海保护区建设的发展战略

（一）战略需求

我国党和国家领导人高度重视深海和参与全球治理，这为我国深度参与深海大洋治理和深海国际规则的制定指明了方向。党的十八大做出了建设海洋强国的重大战略部署，提出要“高度关注海洋、太空、网络空间安全”。2015年颁布的《国家安全法》强调，“国家坚持和平探索和利用外层空间、国际海底区域和极地，增强安全进出、科学考察、开发利用的能力，加强国际合作，维护我国在外层空间、国际海底区域和极地的活动、资产和其他利益的安全”。《国民经济和社会发展第十三个五年规划纲要》提出“积极参与网络、深海、极地、空天等领域国际规则制定”。党的十九大报告中明确要求“坚持陆海统筹，加快建设海洋强国”“中国将继续发挥负责任大国作用，积极参与全球治理体系改革和建设，不断贡献中国智慧和力量”。习近平总书记高度重视深海，他指出，“深海蕴藏着地球上远未认知和开发的宝藏，但要得到这些宝藏，就必须在深海进入、深海探测、深海开发方面掌握关键技术”。深海是关系国家安全的战略新疆域，是我国实施海洋强国战略的重要空间，是新时代我国参与全球治理的战略高地。全面参与深海大洋治理和国际规则制定，在“区域”资源开发与公海保护区建设国际制度的制定过程中发挥更加积极的作用，这是新时代我国加快建设海洋强国的必然要求。

（二）发展原则

我国应深刻把握深海大洋治理和国际规则制定发展趋势，根据“区域”资源勘探开发和公海保护区建立方面所面临的形势和任务，以构建人类命运共同体和海洋命运共同体理念为指导，坚持“和平利用、保护环境、利益共享、推动深海资源可持续发展”的深海活动理念，持续开展深海大洋科学探索，拓展深海战略资源储备，积极选划并在相关国际组织框架下提出我主导建立的公海保护区。加快提升深海资源开发和环境保护能力，推进深海资源开发利用产业化，创新深海资源和环境保护管理机制，深度参与深海国际事务，积极引领深海资源开发和环境保护国际规则和标准的制定，努力推动国际社会形成可持续利用与养护并重的深海国际法律制度。

（三）战略任务

围绕保障我国战略资源安全、拓展我国深海战略新疆域的现实需求，优先解决严苛海洋环境下深海采矿及环境评价相关的关键科学与工程技术问题，形成完备的深海矿产资源开发技术体系，使我国成为首批进入深海矿产资源商业开发的国家；率先解决支撑公海保护区选划和长期监测的关键科学和“卡脖子”技术问题，通过持续调查和数据积累提出公海利益攸关海域公海保护区选划技术方案，全面提升我国参与全球海洋治理能力。

（四）发展目标

2025 年，开发深海多金属结核、富钴结壳、多金属结核等深海资源的大范围、高效勘探技术，开发有效的深海稀土等新资源探测与采样技术装备。研发 3 500 米级水深全采矿系统总体技术，突破多金属结核 6 000 米级、富钴结壳 4 000 米级和多金属硫化物 4 000 米级水深采矿车单体样机集矿作业和环境影响评价关键技术，深度参与国际海底开发规则和相关国际标准的制定。构建公海保护区选划与监测技术体系及其国际标准，突破低功耗生化传感器等关键技术，构建具国际先进水平的公海保护区选划与监测关键技术体系及其国际标准；系统获取和评估西太平洋、北印度洋和我国国际海底区域矿区等重点区域的生物多样性，在我国利益攸关海域形成两个公海保护区选划技术提案，提升我国参与公海保护治理和 BBNJ 协议谈判中的话语权。

2035 年，构建深海矿产资源立体探测和勘探的系列高技术装备体系，确立我国在深海资源探测和勘探领域的国际领先地位。构建面向试开采规模的全采矿系统，突破多金属结核、富钴结壳、多金属硫化物 3 种资源商业规模的单体采矿试验和环境影响监测与评价技术，实现深海采矿和矿区环境监测修复关键技术装备国产化，具备 3 种深海矿产资源进入商业开采的技术能力，形成深海采矿与环境评价的全深海采矿产业链，深海采矿装备技术能力处于世界领先地位。建成完善的公海保护区调查与监测技术体系，有效支撑公海保护区的长期监测和有效管理，以我国为主在太平洋、印度洋、南极和我国国际海底矿区等关键海域设立一批公海保护区或应对方案，提出大型国际合作计划，建立跨学科跨领域专家团队，确立我国在公海保护区事务中的国际地位，为全球海洋治理提供中国方案和中国智慧。

（五）重大工程与科技专项建议

1. 深海采矿国家重大工程

瞄准商业化开采，攻克深海大规模重载、多平台协同、绿色循环采矿作业技术，以及原位、实时、立体多要素的深海采矿环境监测等关键技术。开展深海采矿环境影响监测和修复，加强深海生态系统自然变化机理、生态系统扰动、影响及恢复机理等科学研究。构建具有我国自主知识产权、绿色、智能、重载、高效的深海采矿技术体系和深海环境监测与修复技术体系，形成国际领先的深海采矿装备技术体系。培育深海采矿和环评等产业链，为我国成为首批进入深海采矿的国家奠定技术基础，为参与国际海底资源开发和环境管理计划等规章的制定提供科技支撑，为实现国家资源安全战略目标提供科技保障。

2. “公海保护区选划与监测”重大专项

围绕保护区选划与应对国家重大需求，开展我国公海保护区顶层设计和战略研究，明确保护区选划、治理与应对的中长期目标和重点任务。加强西北太平洋、北印度洋、环南极海域和我国国际海底矿区及邻近区域等重大利益攸关区的特殊生态系统和特有生物及资源的系统调查与评估，研发公海保护区选划等关键技术装备及其标准，重点突破海洋动物生态声学探测、声学-光学联合探测和低功耗传感器等方面的关键“卡脖子”技术，推动我国在上述领域达到国际先进水平，为提升我国参与全球海洋治理、构建海洋命运共同体提供科技支撑。

3. 设立“海洋传感器国家重大专项”

海洋传感器是大洋海底资源探采与公海保护区建设所依赖的关键技术，但我国海洋传感器技术的发展现状与建设海洋强国的要求极不相称，已成为制约我国海洋技术发展、科学创新的瓶颈和最薄弱环节，亟须从国家基础设施建设战略高度开展传感器的顶层设计和发展规划。设立海洋传感器国家重大专项，重点支持国外对我国禁运而我国又有迫切需求的传感器关键技术，鼓励采用新思想、探索新原理、研制新材料、开发新工艺、实现新突破，力争在两个五年规划内打破国内亟须海洋传感器的国外技术垄断；制定长期稳定的海洋传感器产业倾斜政策，扶持一批中小型高技术企业，重点支持研究基础好、应用需求大、具备市场前景，经过努力有望替代进口、实现产业化的传感器技术；鼓励通过资本运作做大做强，站稳国内市场，开拓国际市场。

七、政策建议及保障措施

（一）创新深海采矿新兴产业培育发展体制机制，研究制定面向深海采矿新兴产业培育与发展的国家配套政策

加强顶层设计与组织协调，构建以国家为主导，企业为主体，国企民企多元投入的国家深海重大工程组织管理新模式。组织全国主要优势高校、科研院所、企业集团开展相关基础研究、应用技术研发和工程试验研究。以商业化应用为导向，构建从基础研究、系统设计、技术验证到商业开发，产、学、研、用相结合的深海采矿技术产业链。创新建立一套具有新时代中国特色的深海采矿新兴产业培育与发展管理体制机制，为深海战略新兴产业发展和深海强国建设提供组织机制保障。

加大前期深海采矿装备技术研发的国家投入；出台促进深海开发装备技术体系研发及其产业化发展的金融、税收、科技、人才、平台等政策指导意见；加强专业人才队伍建设，培养一支稳定的涵盖科学、技术、工程和法律等专业领域的人才队伍。

（二）加强我国公海保护区顶层设计和战略研究，建立长期稳定的支持机制

组织深入研究，在构建海洋命运共同体理念下，充分考虑加快建设海洋强国的发展需求，明确提出我国在促进公海保护区建设方面的战略目标和重点任务，制定提升公海保护区建设路线图。加大力度提升我国在公海保护区选划、管理和监测评估等方面的能力建设，培养和组建既有深厚专业知识基础又有参与国际事务经验的专家团队，深度参与相关国际组织有关深海大洋议题的讨论，积极提出中国方案。

公海保护区选划、治理与应对是一项长期的任务，亟须建立调查资料采集和共享协调机制，建立一支跨学科、跨领域的公海保护区研究专业团队，加强人才储备，提升我国参与全球海洋治理的话语权。

（三）加快我国深海法律法规体系建设

结合“区域”资源开发规章的新规定和新要求，以《深海海底区域资

源勘探开发法》为基础，制定相关实施条例，在有关“区域”资源开发制度、环境保护要求、缴费等各方面做出衔接性规定，加快构建我国深海法律法规体系。在海洋生态文明建设、国家自然保护地建设等相关政策的指导下，统筹国内海洋保护区和公海保护区建设，逐步建立海洋保护区法律体系，弥补国内法律空白，并努力以国内立法影响国际海洋治理和相关国际规则的制定，维护我国在公海上的制度性权利。

主要执笔人：

李家彪，自然资源部第二海洋研究所，所长，院士
张海文，自然资源部海洋发展战略研究所，所长，研究员
李向阳，中国大洋矿产资源开发研究协会，高级工程师
王春生，自然资源部第二海洋研究所，研究员
许学伟，自然资源部第二海洋研究所，研究员
方银霞，自然资源部第二海洋研究所，副所长，研究员
王叶剑，自然资源部第二海洋研究所，副研究员
张　丹，自然资源部海洋发展战略研究所，副研究员
孙　栋，自然资源部第二海洋研究所，副研究员
李小虎，自然资源部第二海洋研究所，研究员

第二章 海洋运输装备领域中长期科技发展战略研究

一、世界海洋运输装备技术与产业格局及发展需求

海洋运输装备技术，又称为海洋运载装备技术，其内涵包括：各类船舶与海洋运载平台总体（设计、性能、制造、应用）技术、海洋运载装备动力技术、海洋运载配套设备技术、海洋运载装备观通导航技术、环境-装备-载物海陆空天一体化信息技术……。海洋运输装备技术与产业格局还涉及相应的教育与科研体系。

（一）技术与产业现状

1. 船舶与海洋工程高等教育领域

由于船舶与海工制造业的重心向亚洲转移，欧美相应领域高等教育的规模较20世纪80年代大为缩减，有些著名大学已取消了船舶与海洋工程系或相应的专业。尽管如此，欧美国家高等教育界在该领域仍然发挥着西方新科技研究开拓力量的作用，与西方产业集团的科技研究互相依赖，教学与科研的内容更新快，且与国际学术和技术标准机构有着传统的紧密结合，在国际舞台及市场上的活跃程度与影响力比中国的高校突出。

2. 船舶与海洋工程研究领域

近20余年来，虽然欧美国家大幅减少了船舶总装建造产业的规模，且针对装备总体技术的研究队伍规模也有所缩减，但凭借着技术积累与知识产权基础、高福利待遇和灵活的研究机制、传统的市场开拓与服务能力，以及据此聚集的船舶领域技术人才优势，其研究成果仍然对全球海洋运输装备技术的发展具有重要影响，掌控着绝大部分船舶设计、评估、数字化制造软件的研制与服务业务，掌握着高端船舶与配套装备的核心技术，并在国际海事组织、国际船级社联合会、国际标准化组织等海洋装备与海运

界国际机构中发挥着主导作用。尤其值得关注的是，在一些细分设备领域，这些国家有众多拥有百年历史的中小型企业，它们在全球拥有垄断地位，其科研实力不可小觑。

3. 总体设计领域

根据克拉克森数据，从 2014 年以来成交和手持新船订单中，各型船舶共有 15 371 艘、2.34 亿 CGT，其中具有设计信息的船舶 6 610 艘、1.66 亿 CGT，占比约为 48.2%（CGT 份额）。在具有设计信息的船舶中，中国船舶设计机构参与设计船舶份额约占全部船舶的 30%～35%，日本约占 20%～25%，韩国约占 10%～20%，欧洲约占 10%～15%（表 2-1 和表 2-2）。中国和日本船舶设计机构更偏重于散货船设计；韩国设计机构更多参与汽船设计；欧洲则主要集中在豪华邮轮设计领域。从技术内涵考量，欧洲国家在高端船舶（如豪华邮轮、冰区船、深海采矿船、LNG 燃料运输船、核动力水面船、远洋渔业捕捞加工船等）设计能力方面占据主导或垄断地位，绿色与智能船的设计开发占据先导地位，2018 年全球第一艘完全实现零排放的全电动全自动支线集装箱船“Yara Birkeland”号即在挪威投入运营；日本在三大主力船型的优化及减重设计方面具有领先优势，注重新概念绿色与智能船设计技术的开发。

表 2-1　全球近 5 年（2014—2018 年）前 20 名船舶设计公司情况统计（已知船舶设计信息按 CGT 份额计）

序号	公司	国家	艘数	占比/%	CGT	占比/%
1	SDARI	中国	842	5.48	16 628 050	7.09
2	Imabari Shipbuilding	日本	403	2.62	7 687 110	3.28
3	MARIC	中国	139	0.90	5 081 416	2.17
4	Tsuneishi Holdings	日本	266	1.73	4 884 411	2.08
5	Japan Marine United	日本	118	0.77	3 949 511	1.68
6	Oshima Shipbuilding	日本	215	1.40	3 743 157	1.60
7	Hyundai HI (Ulsan)	韩国	73	0.47	3 346 483	1.43
8	Waigaoqiao Design	中国	99	0.64	3 334 707	1.42
9	Deltamarin	荷兰	133	0.87	3 117 182	1.33
10	Maersk Line	丹麦	38	0.25	2 784 906	1.19
11	Seaspan Corporation	中国	45	0.29	2 476 441	1.06

续表

序号	公司	国家	艘数	占比/%	CGT	占比/%
12	Namura Zosensho	日本	115	0.75	2 130 751	0.91
13	CS Marine Tech.	韩国	101	0.66	2 117 958	0.90
14	Nantong COSCO KHI	中国	105	0.68	2 048 884	0.87
15	Daewoo (DSME)	韩国	37	0.24	2 016 803	0.86
16	Shin Kurushima Group	日本	132	0.86	2 011 327	0.86
17	Samsung HI	韩国	39	0.25	1 903 928	0.81
18	Royal Caribbean	加拿大	12	0.08	1 836 492	0.78
19	Hyundai Mipo	韩国	86	0.56	1 733 720	0.74
20	CSDC	中国	64	0.42	1 684 515	0.72

表 2-2　全球近 5 年（2014—2018 年）前 10 名散货船设计公司情况统计（按艘数计）

序号	公司	国家	艘数	占比/%
1	SDARI	中国	642	21.06
2	Imabari Shipbuilding	日本	403	13.22
3	Tsuneishi Holdings	日本	250	8.20
4	Oshima Shipbuilding	日本	215	7.05
5	Nantong COSCO KHI	中国	105	3.44
6	Shin Kurushima Group	日本	98	3.22
7	Deltamarin	芬兰	97	3.18
8	Namura Zosensho	日本	96	3.15
9	CS Marine Tech.	韩国	92	3.02
10	Mitsui Eng & SB	日本	90	2.95

4. 总装制造领域

中、韩、日三国产能中短期内仍将保持领先，全球产能进一步退出难度较大。从中国、韩国、日本各自造船业现有产能来看，中国预测产能在 2 000 万 CGT 左右，韩国为 1 500 万 CGT，日本保持 700 万 CGT 以上的产能。目前，三国合计产能超过 4 200 万 CGT，已经超过当前新船需求，但在三国产业激烈竞争和市场机制的作用下，中短期内三国也没有进一步大幅缩减产能的意愿和动力，未来全球造船产能退出难度较大（图 2-1 和表 2-3）。

图 2-1　2000 年以来全球造船活跃产能及成交量变化趋势

资料来源：Clarksons，CSICERC

表 2-3　中、韩、日三国当前产能统计

韩国造船业产能（协会）	日本造船业产能（推测）	中国造船业产能（推测）
建造能力：1 500 万 CGT 干船坞：27 座 浮船坞：15 座	预测建造能力：700 万 CGT+	预测建造能力：2 000 万 CGT+ 万吨以上船坞（台）：550 座 50 万吨船坞：6 座 30 万吨以上船坞：32 座 20 万吨以上船坞：25 座 其中中船集团有 48 座
2017 年，现代重工关闭 3 座船坞；三星重工关闭 1 座船坞；大宇出售两座浮船坞 所有船坞都处于封存状态，并未拆除或改变用途，根据未来船市变化情况决定是否启用	日本造船业整合收缩，组建造船联盟“抱团取暖”，三菱重工与今治造船、名村造船、大岛造船组建商船业务联盟，三井 E & S 造船和常石造船也签署了业务合作协议； 川崎重工、三井等向中国转移产能 21 世纪初没有跟随中、韩两国增加产能，产能小幅萎缩	船舶行业处于结构调整期，落后产能预计将进一步下降

船舶总装制造的市场占有率中、韩、日三足鼎立（图 2-2），中、韩两国为头把交椅激烈竞争。从 2018 年新船成交市场来看，三国新船成交量合计 2 835 万 CGT，占全球总成交量的 95.4%。从近 30 年的全球成交历史来

看，中、韩、日三国分享了全球新造船市场的主要份额，其他国家中短期内仍然无法替代。从2008年金融危机以来，中、韩两国从对市场份额头把交椅的位置展开激烈竞争，互有胜负。日本在金融危机之后采取谨慎的产业发展策略，市场份额较中、韩两国份额的差距有所增大（图2-3）。

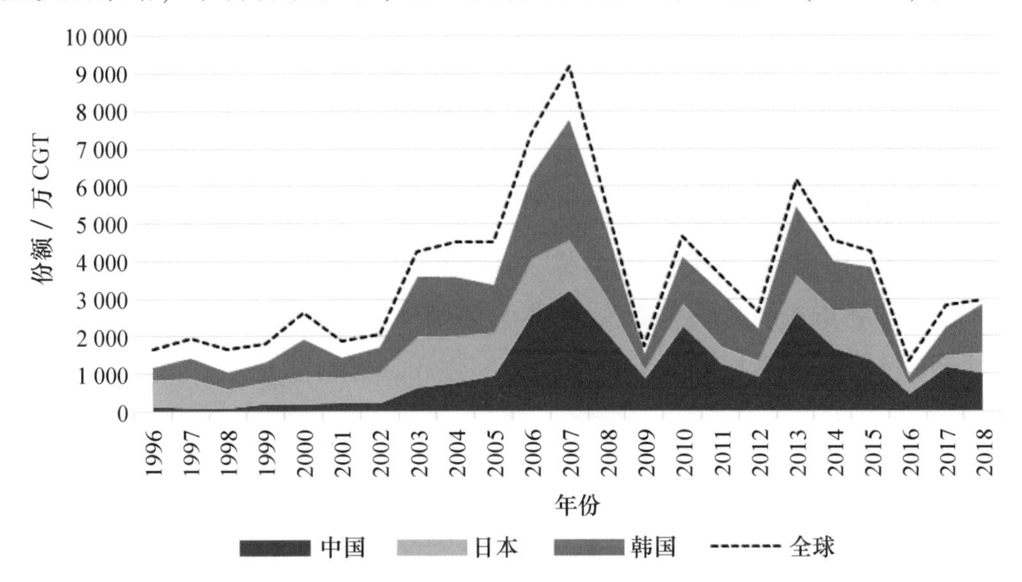

图2-2　1996年以来中、日、韩三国占全球新造船市场份额情况

资料来源：Clarkson

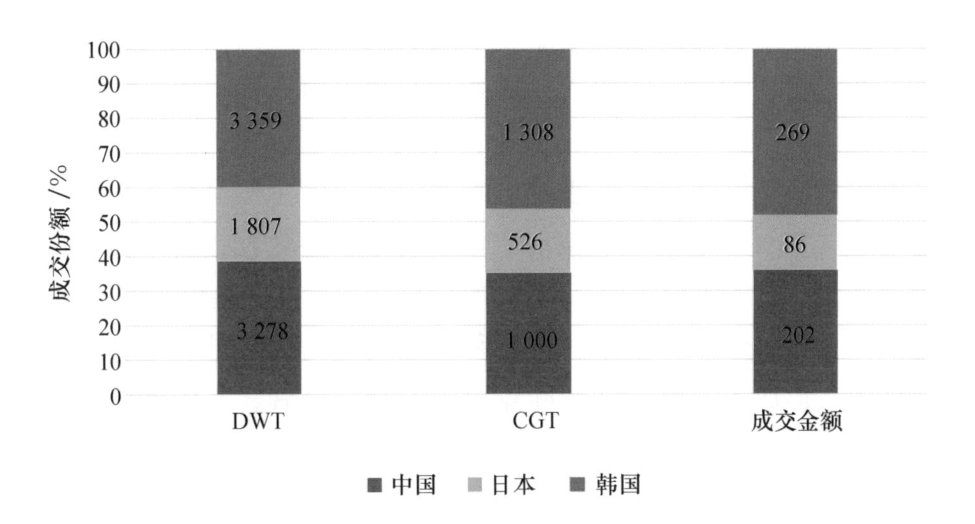

图2-3　2018年中、日、韩三国新船成交份额按DWT、CGT和金额对比情况

资料来源：Clarkson

在总装建造技术方面，日、韩代表了当前世界先进水平。特点是采用设计-评估-制造一体化信息系统，逐步提高工艺智能化水平；先进程度体现为以每吨位造船量的能耗、材耗、工耗衡量的生产效率，日、韩的船舶总装建造生产效率平均比我国船厂高两倍以上。

5. 信息与通导产业领域

船舶通信导航设备的价值量占全船约3%。虽然总量不大，但是科技含量高，融合了很多尖端技术如微电子、新材料、机电一体化等。在世界范围内，船舶通信导航设备的主要竞争格局是欧、美、日竞争，主流远洋运输船上配备的大都是欧美集成系统，这些企业有完善的全球服务网络，垄断了通导产品市场。发展船海信息技术，国外企业重视推动通导设备与外沿和上下游产品的数据资源综合化、标准化和处理智能化。

6. 动力与配套机电产业领域

船舶动力机电设备约占全船设备总价值的80%。欧盟强化政策驱动，提出了在动力机电领域与中、日、韩竞争的欧洲一体化战略。设立科研创新基金引导企业开展前沿技术和产品的开发，加大对绿色船舶与可再生能源领域动力机电设备开发的融资支持力度；通过OECD、WTO等国际组织，推动市场准入和贸易自由化，确保欧洲产品能够顺利输出到世界主要市场；采取综合措施，培养面向未来船舶技术发展的产业工人以及其他动力机电领域的专业人员，加大人才收入，提高产业竞争力；日本以三大主力船型为主，而韩国突出LNG船和海工装备，开发智能、绿色的配套设备。其结果是，世界高端柴油机市场几乎都被发达国家垄断。按品牌份额统计，德国曼恩占全球80%以上的低速柴油机市场份额；芬兰瓦锡兰、美国卡特彼勒、韩国现代、日本大发和亚马等占全球90%以上的中速柴油机市场份额。在制造方面，日、韩除了占据引进专利批量制造的优势外，还有较强的自主创新能力，形成了具有较强国际竞争力的自主品牌，其中韩国在低速柴油机生产制造市场处于领先地位。

7. 在海洋核动力领域

以美、俄为典型代表，具有其先进的研发体系和产业体系，形成了完备的海洋核动力装备谱系。俄罗斯的海洋核动力功率覆盖千瓦级至百兆瓦级，不仅满足破冰船、大型潜艇和航空母舰的需求，还于2018年用于可在水下 1 000 m 持续航行 10 000 km 的“波塞冬”核动力无人作战平台，其核动力系统直径只有 1.5 m，引起全世界的高度关注。

国外在船舶特种推进装置方面，也已形成了大功率、标准化、系列化产品，可满足各类船舶的市场需求。船舶大功率吊舱推进装置单机功率达到 27 MW，高冰级全回转推进装置单机功率达到 15 MW。

国外企业在船舶配套辅机领域也占据了主导地位。甲板机械主要由德国哈特拉帕、英国罗罗、芬兰麦基嘉等品牌，舱室机械主要由英国汉姆沃斯、瑞典阿法拉伐、美国约克等品牌垄断。

8. 服务领域

在海洋运输装备领域，针对装备总体开展的服务较少，而针对配套系统和设备的服务占绝大部分。欧洲的海洋运输装备总装制造量占世界的份额仅约 5%，但却十分重视占取附加值高的动力与配套制造领域的优势。作为其重要的手段之一，就是建立配套系统和设备服务领域的绝对优势。欧洲企业投入大量人力物力进行全球服务网络的建设，并设有专门的公司或机构全面负责服务业务，包括：现场维修、备件更换、人员培训、售前服务等。

瓦锡兰（Wartsila）在全球有 160 个服务网点，约 11 000 名专业服务人员提供产品的全生命周期支持与服务，每年超过 12 000 个客户接受 Wartsila 公司提供的各类服务。Wartsila 为客户提供的服务内容包括从零件到整体运营、维护和优化服务多个方面。目前，Wartsila 在全球服务网络的基础上，对服务内容和功能进行了整合，在美国和加拿大成立了客户支持中心（CSC），通过该中心，客户可以方便快捷地获得 Wartsila 提供的多种服务，这种模式正在全球其他地区推广。

曼恩柴油机和透平公司（MAN Diesel & Turbo）设立有专门的服务公司 MAN PrimeServ，MAN PrimeServ 在全世界主要市场和港口均设有服务中心，凭借完善的服务网络、先进的加工工艺、领先的技术以及良好的服务意识，成功塑造了企业品牌。目前，MAN PrimeServ 可以为全世界的客户提供标准化的售后服务，包括备件运送、维护保养、翻修、维修、安装、更新、故障查找和转子动平衡，服务覆盖二冲程低速机、四冲程中速机以及增压器等产品。

全球服务业务的开展不但提升了企业品牌效应，还带来极高的利润回报，尤其在当前船市低迷的情况下，售后服务的稳定利润成为众多企业的重要收入来源。

9. 深海运载装备领域

深海运载装备主要包括深海载人潜水器、无人潜水器和深海空间站等。深海载人潜水器是当前世界海洋国家高度重视的高技术领域之一，广泛应用于海洋科考、海底勘探、海底开发、打捞救生、海洋考古等领域。深海载人潜水器的研制从20世纪60年代开始，发展至今，美国、法国、俄罗斯、日本和中国已具备深海载人潜水器自主研发的能力。美国“阿尔文（Alvin）”号载人潜水器经过升级最大下潜深度可达6 500 m，法国“鹦鹉螺（Nautile）”号载人潜水器最大下潜深度为6 000 m，俄罗斯拥有“和平一号”和“和平二号”（“MIR Ⅰ”&“MIR Ⅱ”）两艘6 000米级潜水器，日本建成了下潜深度为6 500 m的“深海6500（SHINKAI 6500）号”载人潜水器，我国已经研制出7 000米级“蛟龙”号载人潜水器和4 500米级“深海勇士”号载人潜水器。

水下无人潜器已成为深海作业的重要工具。国际上商用的有缆遥控潜水器（ROV）系统基本工作在3 000 m以浅，应用于3 500 m以深的深海作业和探测ROV必须进行专业化设计，只有美、日、法、韩、德、中等少数国家拥有。智能化的水下自治潜器（AUV）依靠自身决策和控制能力可高效完成以探测为主的许多任务，是当前水下潜器的发展重点。

由于人类对深海的认识及深海科学的研究和深海资源的开发尚处于初级阶段，要满足未来的深海研究与开发需求，必须提升深海探测与深海作业两大能力。由于水中信息传输主要依靠水声，其传播速度远低于电磁波，因此，世界深海装备技术发展的方向是超大型有人装备与前沿智能无人技术的结合。其中，发展能在深海长时间停留、开展较大功率作业、可操控各类无人系统应对深海复杂环境中科学与工程问题的居住型深海移动空间站及其配套的各类探测与作业辅助系统，将成为人类进入深海、驻留深海、研究认识深海域与开发利用深海，并不断衍生发展的重要装备。

（二）发展需求

1. 市场需求

未来新造船增量需求有限，产业竞争将更加激烈。在全球经济增速不明朗的环境下，全球进出口贸易量增速呈现下滑趋势，海运量难有大幅增长；能源需求虽然仍以石油、天然气等传统能源为主，但需求增速将逐步放缓。在没有极端条件的环境下，船舶等海洋运输装备的新增需求很难再回到2008年的高峰。从供给端来看，海洋运输装备产能从2012年达到高峰之后，受市场环境影响，一直处于收缩调整阶段，到2019年全球活跃产能已经下探到3 500万CGT左右，各主要造船国进一步缩减产能的难度较大。在此背景下，未来全球主要造船国产业竞争将更加激烈（图2–4）。

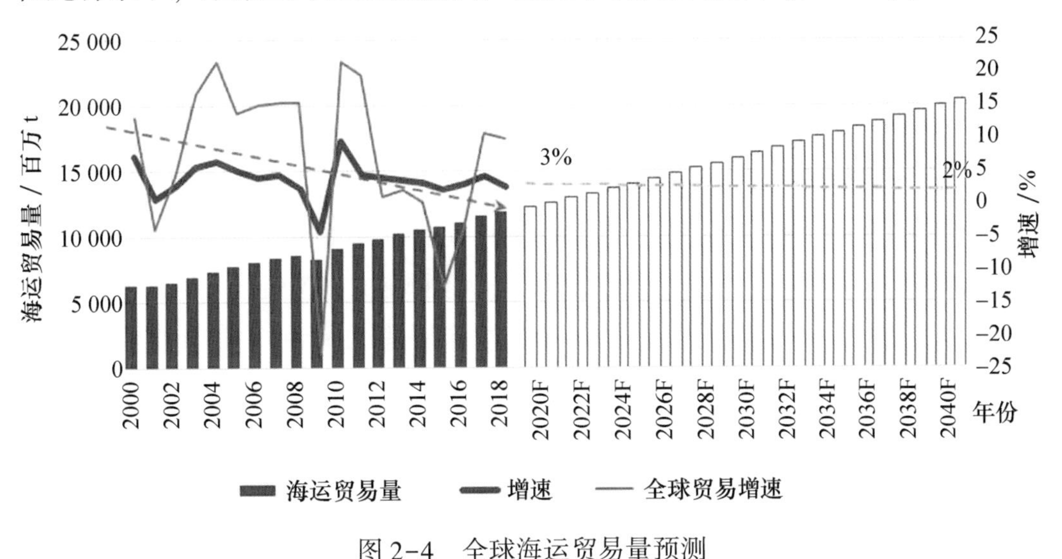

图2–4　全球海运贸易量预测

2. 海洋科学研究与资源开发需求

由于人类对海洋，尤其是占海洋面积90%的1 000 m以深的深海的认识与开发利用总体上尚处于初级阶段，深海是人类尚未充分认识的科学与资源宝库。世界社会与经济的可持续发展有赖于对海洋的科学研究及资源开发，用于深海油气资源开发、深海矿产资源开发、深海生物资源研究开发，以及对海洋环境、海洋科学、海洋经济与海洋安全态势有重大影响的深海运载装备前沿技术的突破与发展已成为重要需求点。

3. 技术需求

科技革命将推动新一轮的产业变革，21世纪世界海洋运输装备的技术需求聚焦在8个字："绿色、智能、深海、极区"。亦即，以"绿色、智能"为技术发展的主流方向，以"深海、极区"为两个新增长点。

绿色化方面，未来发展应是在船舶的全生命周期内（设计—建造—营运—拆解），采用先进技术，在满足功能和使用性能上要求的基础上，实现节省资源和能源消耗，并减小或消除造成的环境污染。

智能化方面，现阶段智能船舶研发还只是处于初级阶段，仅实现了局部的智能化。未来智能船舶将整合传感器、大数据分析、通信技术和先进材料等各项技术，从航行操控、能源与动力系统管理、辅机运行监控、全船安全监控、节能环保监控、振动噪声监控、货物管理、实现全船功能的智能控制及船海陆空天的一体化信息互联，具备感知能力、评估分析能力、决策能力以及学习成长能力。

在绿色、智能技术需求的驱动下，船舶动力与配套机电设备技术出现以下具体发展趋势。

船舶动力采用智能检测技术、模块化设计、电控燃烧和排放、高压共轨燃油喷射、高效率涡轮增压的低油耗、低排放、大缸径、大功率、高可靠性、轻量化、低噪音，甚至适应极地特殊环境的绿色船用柴油机成为开发的重点，采用天然气与柴油的双燃料发动机及气体发动机技术正加快研发与推广应用中。

低排放/高效的配套机电设备：余热余能利用装置、环保设备、轻质材料、减阻涂料等纷纷面世；适应绿色航运需求的压载水处理等减排设备已广泛应用，能效优化系统、节能航线智能导航系统正成为热点研发与应用对象。

深海与极地的需求重点包括深海科学研究用的深海探测与取样无人潜器、深海载人潜水器等；深海资源开发所需的深海勘探钻井平台与工程船、海底集矿输送提升系统、重型挖掘粉碎提升采矿机等；极地运输和开发所需的极地邮船、极地 LNG 船和极地钻井平台等。

二、世界海洋运输装备技术发展趋势

（一）当前先进技术

海洋运输装备技术发展走过了一条由节能到节能环保到绿色再到当前绿色与智能并举的道路，而未来船舶技术发展必然是绿色与智能的融合，同时深海与极地海洋运输装备成为“新增长点”，从世界范围来看，当前海洋运输装备先进技术主要是在绿色和极地两方面，包括远洋船舶应用 LNG

燃料技术等。

1. 远洋船舶应用 LNG 燃料技术

当前来看，船舶的主要替代燃料是液化天然气（LNG）。LNG 储量大，且随着基础设施的不断建设，LNG 变得越来越可用。目前，渡轮和近海船舶占已有 LNG 燃料船的大多数，但集装箱船、油船和化学品船正在迎头赶上，如国际上针对 20 000 TEU 级 LNG 动力集装箱船的开发设计已取得长足进展。

2. 大型船舶应用太阳能和风能技术

航运业正在探索应用可再生能源来为船队提供动力，其中一些技术已经在试验和测试中，如大船重工为招商轮船建造的全球首艘安装风帆装置的 30.8 万吨超大型原油船，该船已成功交付并完成多个航次任务。大型船舶应用太阳能和风能技术在商业航运中最有可能的应用是作为现有能源的补充来降低燃料消耗。

3. 极地船舶技术

由于北极地区的战略重要性不断提高，北极的海上运输引起了广泛的关注，全球变暖而导致的冻冰减少也使得北极航行更加可行。此外，两极地区的旅游业和渔业发展也对极地船舶产生新的需求。极地船舶的船体结构设计、监测系统、应急响应系统、多变环境下的设备可靠性等是研究开发重点。

4. 船舶噪声控制技术

船舶噪声可能影响海洋生物、船员及乘客的健康，国际海事组织已发布《船上噪声等级规则》，为防止船上出现具有潜在危险的噪声级提供标准，并为船员可接受的环境提供标准，国际标准化组织也正在推进船舶噪声国际标准制定工作。当前，针对船舶噪声产生机理、预报方法和控制方法等研究仍是热点。

5. 先进材料技术

材料是海洋运输装备的基础，先进的新型材料使得海洋运输装备具有更优异的性能。当前，海洋运输装备领域先进材料包括超大型集装箱船高强止裂厚钢板、船用低温钢及极地低温材料、船用结构声学复合材料、减阻防腐防污涂料、复合材料和低温材料等。

（二）在研前沿技术

互联网技术、大数据分析技术、人工智能技术等技术的快速发展，为海洋运输装备智能化提供了契机。海洋运输装备在研前沿技术主要与海洋运输装备智能化相关，包括先进通信技术、先进传感器技术等，旨在推动装备智能化，促进航运业更加安全、高效发展。

1. 智能船舶技术

重点包括八大类技术，在以更全面的意义上实现船舶的智能化与绿色化：①航行智能操控技术（航行环境智能感知与分析、航线安全性与经济性优化、智能导航自动驾驶、恶劣海况智能安全操控）；②能源与动力系统智能管理技术（主动力–综合电力系统智能安全监控、供能储能用能智能调控管理、新能源系统智能调控管理）；③辅机安全运行智能监控技术（辅机设备运行状态监测、辅机设备智能控制）；④全船安全智能监控技术（全船网络安全、动力机电设备安全监测控制、舱室安全环境条件监控、船体结构安全监测控制、火情火灾监测与智能控制）；⑤节能环保智能监控技术（能耗与排放全航程实时监控、$CO_2/SO_X/NO_X$ 减排系统）；⑥振动噪声智能监控技术（三大噪声源激励状态监测、船舶辐射噪声实时评估与智能控制）；⑦货物智能管理技术（海运物流网系统、货物状态环境管理控制系统）；⑧智能船舶一体化信息系统技术（一体化通信与数据平台、中央集中智能化控制技术）。

2. 增材制造技术

增材制造不仅可以改善机械部件设计，提高其效率和寿命，还可以让备件在世界各地的不同港口就地生产，这将提高企业对市场需求的响应能力，缩短维修时间，并有助于提高船舶运营效率。增材制造技术已经被应用于快速原型制造，现在正逐渐被集成到传统的制造业中，如汽车和飞机制造业。美国海军已经开始在船上测试这项技术，以评估生产备件的潜力。

3. 先进传感器技术

新一代传感器具有小型化、自校准等特性，能够自主收集数据，包括船舶运营环境的大气/水面/水下/海底的风浪流特征、载荷、运动、强度的特征数据，以及机电设备工作状态、舱内环境、装载物详情等，并能够实时传递这些数据。未来的船舶将有一个完整的传感器网络来监测所有方面，包括检测故障和识别需要维护或修理的区域等。

4. 先进通信技术

5G、WiFi、新一代卫星及传统的无线电通信网络的集成应用，将使海洋信息的远距离传输变得经济便捷，管理人员或用户可在船上的记录设备中实时访问音频以及高清和3D视频，并消除对实际上船调查的需求。

（三）未来颠覆性技术

氢燃料动力技术：如果氢燃料动力技术能够发展成熟，并得到广泛应用，那将重塑海洋运输装备产业形态，对海洋运输装备设计、总装、配套和服务等各方面产生深远影响。氢燃料能够实现真正的零排放，国际能源署（IEA）最新报告指出，氢能源可能成为实现IMO 2050航运业碳减排目标的一种燃料选项。早在2009年，德国Alster-Touristik GmbH公司就研发出了全球首艘氢燃料动力船舶“FCS Alsterwasser”，证明了氢燃料的可靠性。近年来越来越多的船厂、能源公司以及动力系统供应商开始加大氢燃料动力船舶的研发，并且取得了实质性的进展。目前，全球范围内已有多种船型采用了氢燃料电池动力，还有更多大型项目正在开发当中。

三、我国海洋运输装备科技能力和产业结构的现状、优势与短板

经过多年发展，我国海洋运输装备产业规模不断发展壮大，截至2018年，我国拥有规模以上船舶工业企业1 213家，2018年实现主营业务收入4 577.9亿元。自2010年以来，按载重吨计，我国造船完工量占世界完工船舶总量的份额均在36%~43%，位居世界第一。我国海洋运输装备产业链相对完善，涵盖研发设计、总装建造、动力与配套以及服务全链条，有力地支撑了我国海洋事业的发展。

（一）船舶与海洋工程高等教育领域

近40年来，我国的船舶与海洋工程高等教育规模快速膨胀。20世纪70年代从事该领域教学的中国高校只有9所，21世纪初扩张到超过40所，在校教师和学生的总数超过世界上所有其他国家的总和；我国培养了世界上一半以上的船舶行业人才。同时，我国部分高校建有大型船舶与海洋工程

专业的试验设施群体，以上海交通大学、哈尔滨工程大学为例，其规模和试验水池与实验室的建设水平超过了世界上任何其他高校。以“2019 软科世界一流学科排名——船舶与海洋工程学科”为例，综合排名前 20 名的高校里，中国高校占 8 所，并且我国有 6 所高校跻身前 10，前 20 名中欧洲国家有 7 所，韩国只有 1 所，日本则没有。可以说在海洋运输装备科技教育的综合实力上我国占据绝对优势，进入了一个理应引领世界船舶与海洋工程高等教育发展的新时代。

虽然我国高校在船舶与海洋工程领域的学术研究、科技攻关方面发挥了重要的作用，但创新活力依然不足，在世界科技领域的影响力及国际学术组织中的发言权与我国该学科的体量不匹配。从单项指标“论文标准化影响力”来看①，欧洲国家高校则稳占上风——共有 10 所高校跻身前 20。而亚洲国家只有 4 所，都在中国，但排名都相对靠后（完整表单详见附表）。

同时，该领域的高等教育存在下述严重问题：①教育专业覆盖范围不全，侧重船舶与海工总体技术，尤其侧重总体性能与结构安全性技术，对海洋装备动力、辅助机械、观通导航、综合信息等现代技术的教学薄弱；②船舶与海洋工程装备智能（装备、设计、制造）技术、新材料技术、海洋探测感知基础器件技术等前沿内容的教学基本空白；③教育内容更新滞后，与产业发展需求脱节，产业岗位上普遍应用的世界船舶与海洋工程装备设计与海洋运输新规则、三维设计软件、船舶实用设计过程与方法、现代制造工艺等知识需要在工作岗位上补充；④对学生创新思考与独立研究能力的培养不如国外高校；⑤在校期间学生实习机会稀少，工程概念薄弱。

（二）基础与关键技术研究领域

我国船舶与海洋工程装备研究队伍规模庞大。以船舶与海工企业的研究设计院所和船厂为核心、高校为支撑，形成了专业配置较为完备的军民科技研究开发体系，服务于水面水下船舶与海洋工程装备总体及配套系统的设计与制造。其专业范围包括：船舶与海工总体水动力学、结构力学、

---

① 论文标准化影响力，Category Normalized Citation Impact（CNCI），指过去 5 年被 InCites 数据库相应学科收录的 Article 类型的论文的被引次数与同出版年、同学科、同文献类型论文篇均被引次数比值的平均值。如果 CNCI 等于 1，表明该组论文的被引表现与全球平均水平相当，CNCI 小于 1 则反映论文被引表现低于全球平均水平，CNCI 大于 1 表明论文被引表现高于全球平均水平。

声学、电磁物理场特性、数字工程、船用常规与核动力机械、电子推进系统、辅机设备系统、导航与操控系统、通信系统、光电设备、自动化系统、测控技术、水中兵器与船用装备、材料、雷达等。经过近60年的发展历程，尤其是20世纪80年代以来的持续提升，我国已建成覆盖船舶与海洋工程装备总体及配套系统上述各相关专业、较为系统配套、陆湖海多尺度试验能力较为齐备的基础与前沿技术、设计与制造技术、应用与保障技术的实验研究条件，就实验室规模和测试技术而言，已达世界先进水平。进入21世纪初，不仅研究队伍和研究条件已名列世界前茅，在我国船舶与海洋工程装备研究领域的国家和企业的多元投入每年已超过约40亿元。我国在该领域的研究与世界态势相比，总体上已处于少数跟跑、多数并跑与局部领跑并重的态势。

1. 船舶与海洋工程装备总体技术研究

我国船舶与海洋工程装备总体技术研究能力与水平总体上处于世界第一阵列。其中，船舶结构载荷与响应的水弹性理论、船舶波浪中的稳性理论、超大型浮体理论、超大潜深结构安全可靠性理论、船舶水中振动与声辐射的声弹性理论、海洋远程声传播理论、船舶抗爆抗冲击理论等基础研究，相应的分析方法与软件、试验技术及其实用技术研究等已处于世界领先地位。服务于新型装备研制的总体性能试验考核设施与技术也已达到世界先进水平。

存在的问题是：①新理论、新方法、新技术的研究范围不宽；②研究成果与军民船舶设计的结合松散，未得到充分有效的应用；③方法与软件推广转化为实用工具与规则缓慢，商用化程度低，设计所与船厂相应专业内容的设计评估仍主要依赖进口软件。

2. 船舶动力与配套机电设备的基础技术研究

我国船舶全电力推进系统、蒸汽动力系统及部分配套设备相关设计原理、基础理论与分析方法的研究，相应的试验研究与验证条件已达世界一流水平。但是整个动力与配套机电设备领域的基础研究存在下述问题：①动力与配套机电设备总体、内腔和部件设计所涉及的流体、结构、电磁、声学分析软件及三维设计工具基本上均依赖国外；②严重缺乏对核心零部件等基础关键单元的机理与优化，所用的特种材料与特种工艺、检测方法等基础技术研究，以致部分核心零部件主要依赖进口；③产品中的关键电子元器件，产品及零部件的有关材料与介质成分、性能、精度的检测仪器基本上都依赖进口；④对决定未来产业前景的机电设备智能化、绿色化技术研究乏力，包括能源与动力系统智能管理、机电设备系统安全运行智能监控、节能环保监控、振动噪声监控等基础与共性技术的研究严重落后于汽车、火车等陆上运输装备。

3. 信息与通导基础技术研究

我国船舶行业近 10 个与信息与通导专业相关的研究所（统称“行业电子”）涵盖了军民水面与水下导航、通信、计算机、信息系统、光电设备、雷达等专业领域，与国内“电子行业”及高校一起，构成了有相当规模的研究队伍及世界水准的研究试验条件，为我国新型海军舰艇提供了水面水下定位导航、空海水下环境探测、天地水面与水下通信、制导控制、作战指挥、一体化信息综合等设备与系统。

存在的问题是：①对各类观导与信息设备的核心器件与芯片等基础件的研究仍为薄弱环节，是导致其性能和可靠性与欧美产品比有较大差距的根本原因；②科技结构不合理，技术链中缺失从事感知器件与能动控制器件研究开发的专业研究单位及责任环节；③缺乏有效的组织体制和明确的分工协同机制，存在无序竞争与内耗；④主要科技力量为军品服务，与民用船舶和海洋开发装备产业的需求严重脱节，政府、国内用户及研发部门对进取国际市场缺乏应有作为。

4. 船舶总体设计与总装制造领域

我国具备设计建造几乎所有船型的能力，在主流船型方面，已经具备了全系列船型研发、设计和建造能力，实现了系列化、批量化；在高技术和特种船舶方面，已经具备大型 LNG 船、VLGC、汽车滚装船等船舶设计与建造能力；总装造船产能稳居世界第一。

我国绿色船舶与智能船舶技术研究取得了快速的发展。2017 年 12 月，由我国研制的全球第一艘智能船舶“大智号”在上海正式交付使用，这也是全球首艘通过船级社认证的智能船舶，尽管该船的智能技术内涵还十分有限，但迈出了重要的一步。

面临的主要问题是：①国内主要企业及设计院所对某些未设计过的高

技术船舶与海工装备（如豪华邮轮、高冰级破冰船、深海钻井平台等）往往要引进国外设计的“洋拐棍”；对世界上尚没有的新船型、新运输平台缺乏自主创新设计信心；②船舶的设计软件几乎全部引自国外公司，相关软件技术受国外掌控；③即使是在国内名列前茅的企业也尚未建立达到日韩同等水平的设计-制造一体化，设计与加工数据、材料与零配件物流、资金与财务、工时与人力等信息相融合的数字化设计制造系统；④总装建造的自动化、智能化、绿色化程度显著低于日、韩；大量使用农民工，工匠与技工比率低；造船效率约为日本的1/3及韩国的1/2；⑤智能船设计制造技术的发展相对滞后。

5. 信息与通导产业领域

我国通信导航设备在油船、散货船、集装箱船上的装船率偏低，成套设备严重依赖进口（图2-5）。

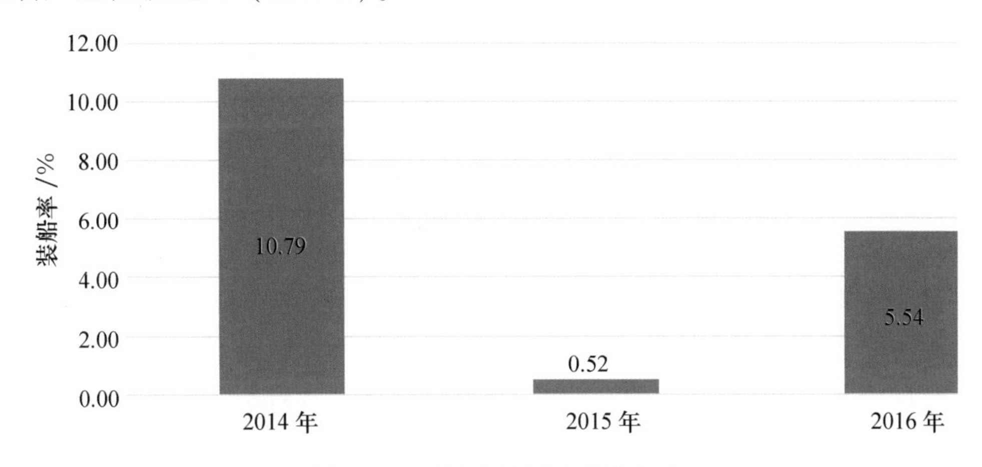

图2-5　通导产品国产化装船率

我国通导产业发展面临的问题在于：①国产通导设备关键零部件的精度与可靠性达不到国际同类水平。以极地航行船舶所装配的光纤罗经为例，其核心零部件光纤陀螺仪国外精度达0.02度，但是我国实验室的工程样机只能做到0.07度，且未实现工程化应用，可靠性存在严重问题；②国产化率高、技术先进的定制化军品通导设备，因成本、利润、售后服务、海事合规性等问题，难于转移到民用市场；③我国通导领域在国际标准规范制定中缺乏话语权。例如，我国船载北斗导航接收机规范理应与GPS和GLONASS系统并列作为标准设备，但在IMO通导分委会多次遭到美、日、欧反对；④通导产业难以开展与美、日、欧的技术合作。通导系统涉及较多与航行安全有关的感应数据、水文地理特征、船载设备数据传输协议、软硬件构架及网络安全配置等敏感信息，由于政治和军事原因，难以从美、日、欧厂商引入技术或生产许可证；⑤适应智能船舶技术发展要求的一体化通信与数据平台系统尚未成为我国的产业发展方向。信息技术的发展要求实现船海通导设备与外沿和上下游产品的数据资源综合化、标准化和处理智能化，以及与相关企业的融合，而我国通导产业不仅未形成完整的产业链，其发展还停留在产品本身，更没有与外沿及上下游产业整合共进。

6. 动力与配套机电产业领域

多年来，通过进口大量国外先进制造装备，我国基本建立了动力机电设备制造和试验验证设施体系，形成了相对完整的产业链。可以说，在加工制造和产能方面已达到世界先进水平，基本具备三大主流船型动力与机电设备自主配套能力。但是，国内一些自主设计制造的动力与机电设备缺少可靠性指标，且尚未形成系列化和标准化产品，影响用户信心，首台套设备面临“上船难”困境，导致自主品牌装船率低；技术链和产业链上缺失智能船舶的能源与动力系统智能管理系统、辅机安全运行智能监控系统、节能环保监控系统所需的传感、控制等关键器件的专业研究设计与生产部门；我国在动力配套设备服务方面发展缓慢，处于起步阶段，在服务网点数量、服务效率、服务涵盖范围等方面均与欧洲存在较大差距。

具体来看，在船用柴油机方面：①生产的远洋商船发动机全部基于引进的国外许可证；②低速机产能规模与效益与日韩存在差距（2018 年我国所有企业低速机总产能不超过 1 000 万马力[①]，韩国一家现代公司年产能即达 1 400 万马力）；③本土品牌船用中速机（如潍柴、广柴、淄柴的产品）仅用于近海、内河等低端市场；④沪东、中国船舶集团有限公司第 711 研究所等单位虽研制出自主品牌的 10S90ME-C8.2 型大功率电控智能型低速柴油机、7G80ME-C8.2 型长冲程电控智能型低速柴油机、6CS21/32 中速柴油机等，但未能占领市场，远洋商船用低中速柴油机及军船用中速机市场基本依赖引进技术。

在海洋核动力方面：①我国自主研发的海洋核动力装备尚未形成谱系

① 马力为非法定计量单位，1 马力 = 735.5 W。

化，已有的装备至今仅用于核潜艇，民用装备的研发刚起步；②装船装备的单机功率密度仅为美、俄的一半左右；③海洋核动力装备的小型化、智能化研究尚在进行中。

我国国产的船舶综合电力推进系统已达世界领先水平，兆瓦级高温超导电机已达世界先进水平，但大功率吊舱推进装置单机功率仅为 5 MW 以下，高冰级全回转推进装置尚属空白。

在船用甲板机械与舱室机械方面，已能满足散货船 80%以上的配套设备装船需求，油船、中小型集装箱船 70%以上的配套设备装船需求。部分国产产品已达世界先进水平（如 HDP3 动力定位系统、大型平台吊机、燃滑油供应系统、压载水处理系统、水封式焚烧处理系统等），但仍缺乏知名品牌。

7. 深海运载装备领域

当前，我国深海载人潜水器技术处于国际领先水平。我国首台自主设计、自主集成研制的 7 000 米级“蛟龙”号载人潜水器，是目前世界上下潜能力最强的作业型载人潜水器；自主研发的 4 500 米级载人潜水器“深海勇士”号，国产化达到 95%以上；正在开展万米级载人潜水器的研制。我国已开发了多型深海 ROV 和 AUV 无人潜水器，“海斗”号、“潜龙三号”和“海龙 11000”等部分无人潜水器在国际上处于先进水平。我国对深海空间站已有 10 多年的探索，开展了部分关键技术研究；通过小型试验平台，论证了深海实验平台的可行性。

我国在深海载人潜水器方面存在的主要问题有：①一些关键设备还需要依靠进口，如大深度水下观察设备、大深度水声设备、大深度浮力材料和大深度液压动力源等，目前我国也在开展这些关键设备和材料的自主研发；②深海作业配套能力存在不足，例如，深海探测手段尚未成体系，需要在仿生技术、水下定位及协同技术、控制与导航技术、系统安全可靠性等多个领域进一步取得突破；③我国载人潜水器尚未谱系化发展，作为海洋大国，我国应当有 1 000 m、2 000 m、4 500 m、6 000 m 及全海深的载人潜水器。根据不同的需求应用不同的载人潜水器，这样可以提高效率、节约成本。

我国在深海无人潜水器方面存在的主要问题有：①无论军用、民用无人潜水器都未进行系统性的规划发展研究，各研究部门主要依据自身对所处行业的需求分析和对国外相关技术发展的了解，提出一些研究方向；②无人潜水器必需的传感器，如导航定位设备、通信设备等方面缺乏专门研究，造成无人潜水器专用设备的发展远滞后于无人潜水器总体集成技术的发展，例如，水声通信能力及导航定位精度远落后于国外水平，蓄电池比国外相应电池的比能量小20%左右。

此外，我国小型深海潜水器功能仅限于“点域”和“短线”科学探测与研究，急需具备长时间、全天候、大范围、大功率、载员多、不受洋面风浪条件影响等能力，能够携带功能广泛的作业潜器与工具的大型载人潜水装备。

四、海洋运输装备科技发展的战略目标与重点任务

（一）战略目标

以国家海洋强国战略发展目标为指引，以满足国民经济社会发展对海洋运输装备科技的重大需求和国际市场需求为目的，瞄准世界海洋运输装备科技发展重要前沿技术和我国亟须突破的“卡脖子”技术，加强技术攻关，不断提高海洋运输装备的绿色化、信息化和智能化水平；大幅提升自主创新能力，以技术创新带动装备和产业升级，抢占未来发展高地，成为世界海洋运输装备科技领域的技术引领者、标准引领者和装备引领者，把我国建设成为世界海洋运输装备科技强国。

2025年 海洋运输装备产业补齐技术链和产业链缺失环节，核心装备实现国产化可替代；主流船舶绿色化和智能化水平国际先进，基本掌握极地运输船舶、大型豪华游船等高技术船舶的自主设计建造能力；具有知识产权的国产关键系统和设备配套具有满足市场80%的供给能力；初步形成海洋运输装备研发设计、总装建造、设备供应、技术服务产业体系和标准化体系。

2035年 通过若干技术系统性、集成性突破，海洋运输装备科技水平大幅提升，能够完全满足国民经济社会发展的需求；高技术船舶市场份额世界第一，成为行业技术引领者和标准制定者；关键系统和配套设备自主创新能力极大增强，优势产品技术水平世界领先，弱势产品赶超国际先进水平，具有知识产权的国产关键系统和设备配套具有满足市场90%的供给能力；产业发展模式转为科技创新驱动型。

（二）关键技术

1. 极地航行船舶技术

重点开展极地航行船总体设计、冰水池试验、冰区航行稳性、快速性和操纵性、疲劳与风险及极地环境环保与应急救援、极地船舶大功率吊舱及推进器、极地抗冰防寒与防污染等技术的研究，形成完整的船舶设计、建造与配套供给体系。

2. 船舶智能制造技术

重点研究船舶典型中间产品生产线设计集成与控制技术、智能化工艺设计技术、智能制造工艺技术、制造过程智能管控技术、关键制造环节智能决策技术，开发智能切割成形装备、智能装配焊接装备、智能涂装装备等智能制造装备，推进全三维数字化设计和基础管控精细化、数字化，建立船舶智能制造标准体系，加快智能车间建设。

3. 航海与能源智能管理技术

重点建立船舶能源消耗的模型，结合船体、水文、气象等信息，对船舶的航行状态、推进、辅机等能源消耗进行在线监测并给出优化建议，突破船舶的航线航速最优规划、航行姿态优化、推进优化、阻力优化、设备保养优化、电能优化、余热利用、油耗管理优化等技术，实现多能源融合、分布式能源管理、电能质量控制、多能源发电与负荷预测等智能电网运行管理等相关技术的攻关。

4. 船舶信息与智能系统技术

重点实现信息物理系统（CPS）及远程机械控制系统、能源控制系统、辅助自动驾驶系统、船舶干/液货物安全系统、船舶健康管理系统的实船应用，通过船岸一体化数据交换及管理技术、多源传感器数据融合技术、多维数据模型变换等技术集成，研发船舶智能、管控与远程维护相融合的大数据分析平台，为海上自主航行船舶（MASS）和无人驾驶自主航行船舶（U-MASS）的研制及服务应用奠定基础。

5. 船舶优化节能技术

重点实现低阻船体主尺度与线型设计技术、船体上层建筑空气阻力优化技术、船体航行纵倾优化技术、低波浪失速船体线型设计技术、船底空气润滑降阻、降低空船重量的结构优化设计、船舶热能发电系统等技术的集成。

6. 船舶推进装置设计技术

重点实现高效螺旋桨优化设计技术、POD-CRP 组合推进装置设计技术、螺旋桨/舵一体化设计技术、螺旋桨/船艉优化匹配设计技术、高效轮缘对转组合推进技术、叠叶双桨对转推进等技术合理集成。

7. 减振降噪与舒适性技术

重点突破设备隔振技术、高性能船用声学材料、建造声学工艺与舾装管理、声振主动控制技术、舒适性舱室设计技术、结构声学设计技术、螺旋桨噪声控制技术等。

8. 船舶关键材料技术

重点开展 EH47 以上的高强度钢材、钛合金材料、低温材料（大气温度不高于-50℃）、轻型复合材料、环境友好型防污减阻新材料、高性能储能材料以及先进无损检测技术应用、激光焊等先进生产工艺的研究与开发；开展材料基因（组）方法的研究与应用。

（三）重大工程与科技专项

1. 智能船舶工程

需求与必要性 海运承担了全球 90%的国际贸易量，海运的载体即为船舶。随着现代科学技术的发展，特别是互联网技术、大数据分析技术、人工智能技术、模糊数学理论以及人神经网络技术的发展，船舶智能化已经成为当今船舶制造与航运领域发展的必然趋势。当前，在全球造船业陷入生存危机的大环境下，世界主要造船大国均将智能船舶提升到战略高度。因此，设立智能船舶重大工程对于我国船舶技术发展、实现海洋强国和造船强国具有十分重要的意义。

工程目标 2035 年前，完善智能船舶顶层设计规划，设计全新的智能船舶系统架构，以典型船舶为对象，形成完善的船舶智能管理与控制技术，为实现船舶航线、货物、能效、设备管理与控制的自主化奠定基础，基本实现基于智能避碰的船舶自主航行能力；构建智能船舶虚实融合的综合测试环境、船岸海联动的试验机制与测试条件；加强船舶数据安全与设备安全防范建设，形成可有效抵御数据安全攻击的解决方案。

工程任务

（1）智能船舶总体技术。研究智能船舶的应用场景、分类与智能化分级，对现有船舶的船型优化与全新船型设计进行有力探索，完成不同场景下、不同智能化阶段的船舶概念设计；开展新一代智能船舶的指标定义、效能优化、总体布置与风险评估工作，设计全新的智能船舶系统架构。

（2）智能系统关键技术。研究智能硬件支持下的船用传感技术与多元感知数据的融合技术、感知系统总体布局与集成技术，研发智能感知元件，构建智能感知系统，确保数据获取的准确性与高效性。开展面向集约、高效、安全的全船综合智能管理与控制系统设计，突破船舶远程控制技术、自主航行决策技术、动力系统智能控制技术、综合智能管控系统设计技术和智能系统应用技术，实现船舶航线、货物、能效、设备管理与控制的自主化。

（3）智能船舶测试与验证技术。突破虚实融合场景的构建，关键测试与评估技术和综合测试与验证平台的搭建，构建智能船舶虚实融合的综合测试环境、船岸海联动的试验机制与测试条件。完善智能船舶测试规程、测试标准与验证总体方案的制修订工作。

（4）智能船舶网络安全与防护技术。提出针对船舶数据监控、融合、分析、存储和共享过程中遭到恶意篡改、污染和删除的解决方案，加强抵御传感器转换攻击、控制单元接口操作攻击的相关技术，确保船舶智能应用系统和单元设备软件系统的稳定性、可靠性和安全性。

2. 深海空间探测与作业装备工程

需求与必要性　深海是地球上唯一未被人类充分开发利用的广阔区域，有着无限的开发潜力。世界海洋平均水深 3 800 m，地球上海洋接近 90%的面积水深超过 1 000 m，接近 30%面积的水深超过 3 000 m，海洋中超过 6 500 m 的深渊海沟有 26 个，所涉海域接近我国陆地面积。随着人类需求的不断增长以及科技的持续发展，浅海技术趋于成熟，资源日益匮乏，深海成为世界争夺的重点。我国深海战略应聚焦 1 000 m 以深的海洋科学研究、深海资源开发等方向。进入、探测、开发深海，必须建立“深海进入与驻留”及“深海探测与作业”两大能力。

工程目标　在 2020 年前后建成百吨级通用型载人深海运载装备及配套

的无人探测作业系统；2025 年后完成千吨级载人深海运载装备系统集成；2030 年前建立起系统完善的载人深海运载装备与保障体系，具备长航程、大范围探测和水深 3 000 m 内水下轻、重载施工作业等能力，取得认识和开发深海的装备技术与能力优势。

工程任务 针对居住型深海移动空间站及其配套的各类探测与作业辅助系统，重点突破有人/无人深海装备共性技术，以及大型超大潜深结构、高密度能源动力、深海原位探测取样与实时研究、深海设施水下布放/安装/维修/回收作业、深海逃逸等核心关键技术，具备载人自主航行、长周期自给及水下能源中继等基础功能，可集成若干专用模块（海洋资源的探测模块、水下钻（完）井模块、平台水下安装模块、水下检测/维护/维修模块等），携带各类水下作业装备，实施深海探测与资源开发作业。

3. 超级生态环保船舶科技专项

需求与必要性 近年来，船舶所带来的能耗问题和环境污染问题越来越成为人们关注的焦点。同时，国际海事组织针对船舶节能减排的新公约、新规范也不断出台，促使船舶工业界及其上下游产业不得不考虑如何更好地实现船舶绿色化发展。

超级生态环保船舶应当具备 3 个基本要素：环境协调性、技术先进性和经济合理性。其中环境协调性是超级生态环保船舶最重要的特性，只有在满足技术先进性和经济合理性的基础上，确保船舶完全满足环境协调性，才能成为真正意义上的超级生态环保船舶。

工程目标 至 2035 年，形成若干具有国际领先水平的品牌船型、标准船型及系列船型，技术引领能力大幅提升；突破配套设备绿色化关键技术，技术水平跻身世界先进水平行列。

工程任务

（1）超级生态环保船舶总体技术。紧跟超级生态环保船舶发展的态势，突破低阻船体主尺度与线型设计技术、船体上层建筑空气阻力优化技术、船体航行纵倾优化技术、降低空船重量结构优化设计技术、少/无压载水船舶技术、船底空气润滑减阻技术等关键技术。针对大型、超大型船舶螺旋桨低能耗、低激振、轻量化的多目标权衡设计需求，开展水动力性能优化技术研究，完成相关装置研发，全面分析船舶推进系统能量损失成分，有针对性地提出系统解决方案。通过对船舶航行状态、耗能状况的在线监测与数据的自动采集，对船舶能效状况、航行及装载状态等进行评估，结合大数据分析、数值分析及优化技术，为船舶提供数据评估分析结果和辅助决策建议，以及航速优化、基于纵倾优化的最佳配载等解决方案，实现船舶能效实时监控、智能评估及优化，以不断提高船舶能效管理水平。

（2）超级生态环保船舶动力技术。推进风能、太阳能、氢能、核能等新能源在船舶航行动力、控制系统、警戒防务系统、照明系统等方面的应用技术研究。突破主辅机节能技术、双燃料发动机技术、风能/太阳能助推技术、燃料电池应用技术、核能推进技术、氮氧化物/硫氧化物减排技术等关键技术。推进电驱化推进方式在船舶行业的应用，突破超导磁流体等无轴推进技术、电磁化船用设备的相关技术，进一步完善船舶废气、废水的后处理技术，为船舶节能减排、提高经济效益提供技术支撑。

4. 船舶全生命周期运维保障科技专项

需求与必要性　近年来，随着船舶系统中监控技术、检测技术、远程诊断技术及维护技术的不断应用，船舶搭载的各功能模块正在逐步融合，并贯穿船舶的全生命周期，在船舶出现故障或紧急情况时，需要通过自主故障诊断和远程运维保障等关键技术，对紧急情况进行处理，从而有效地保障其顺利地完成任务。因此，综合船岸一体化和船舶辅助决策能力的全生命周期运维保障技术，将有效防止在故障后船舶控制性能下降和故障蔓延的问题，大幅提高船舶在复杂海洋环境下的生存能力。

工程目标　至 2035 年，以智能设备、智能系统、智能装备为核心，建立船岸一体化的“物联网、大数据、互联网”技术体系，实现船岸一体化的运维保障；针对船舶机电设备、甲板系统、舱室系统核动力系统等关键系统实现远程故障诊断、预测性维护和远程操控；设备具备自感知自适应能力，实现自主维修、自我防护。

工程任务

（1）全生命周期辅助决策技术。研究智能硬件支持下的船用传感技术与多元感知数据的融合技术、感知系统总体布局与集成技术，研发智能感知元件，确保数据获取的准确性与高效性；重点突破船舶甲板系统、舱室系统、动力系统机电设备等船用配套系统的全生命周期监测；综合运用人工智能技术、大数据分析技术等对船舶在航行过程中获得的实时数据进行分析处理，结合设备智能自适应技术、自动化远程操控技术、远程运维技术，实现自动实时的状态评估与故障诊断，为船舶完成船体自修复、设备自维护、航线自优化、自主避碰等一系列行为提供辅助决策。

（2）全生命周期综合保障技术。通过搭建物联网，实现信息的有效采集和有效传输，人与物的识别、定位、跟踪和监控。同时，利用岸与船、船与船之间的数据传输技术、大数据与云计算技术，实现人-船舶-环境-货物的更为广泛的互联，提升船舶状态监测、故障诊断等能力。此外，开展岸电系统作业标准、无线供电等研究，推动岸电系统的产业化应用。通过上述研究，最大限度地提高船舶航行、装卸货物和港口作业的经济性、高效性和安全性。

五、政策建议及保障措施

（一）加强顶层设计，做好统筹规划

当前，我国部分科研单位与科技研究人员对基础性、前沿性技术研发重视不足。应制定各业务方向发展的总体战略规划，召集多方面的专家、学者和科技人员，加强顶层设计工作，做好统筹规划，加大扶持力度，避免重复建设和恶性竞争。对于中长期技术发展，需要发挥国家和行业的整体力量，明确发展重点方向，并引导相关企业将技术研发重点统一到确定的重点方向上。

（二）强化政策引导，推动国产替代

建议教育、工业等相关主管部门通过政策引导，逐步调整重“总装建造”轻“内脏与基础件”的失衡产业结构，构建自主可控、配套齐全的技术与产业链；实施我国自主开发的海洋运输装备设计、评估、制造和运行软件推广应用的鼓励政策；实施“首台套信贷支持、税收减免”“国机国用”“开拓国产船用机电产品‘一带一路’综合维修网点”等产业鼓励政策。

（三）统筹各方力量，加大资金投入

一方面，国家应继续加大科研投入，包括采取实施重大工程、制定专项科研计划等方式，统筹行业内外力量，组织攻克重要关键技术；另一方面，船舶与海洋工程装备领域企业、科研院所和高校应在自身专业领域加强自主研发投入。

（四）促进多方融合，推动协同发展

当前，多学科交叉融合的技术创新和突破成为主要形式，尤其是基础性和前沿性技术研发，往往需要多种技术门类共同作用。因此，应加强行业内部研发力量之间的合作，根据专业特长分工协作，明确权益保障和成果共享原则，共同开展重大技术项目攻关。同时，应加强行业内研发机构与国内其他领域科研机构、高校的合作交流，构建企业、高校和研究机构共同参与的多层次研发体系，在此基础上制定统一的研发进度路线。

（五）加强人才建设，开展人员激励

创新人才培养激励机制，探索合理有效的中长期激励约束制度，加快创新型研发人才、高级营销人才、项目管理人才、高级技能人才等专业化人才队伍的培养和建设。鼓励科技人员采取多种方式转化高新技术成果、参与创办高新技术企业，鼓励采用专利实施许可、专利权转让、发明专利出资入股、知识产权质押等形式，促进创新成果转移转化和产业化。

（六）注重国际合作，开展技术创新

一方面，大力开展国际海洋领域的技术交流活动，采取科技合作、技术转移、技术并购、资源共同开发与利用、参与国际标准制定等多种方式，快速提升海洋运输装备科技发展水平与创新能力；另一方面，对国外先进海洋运输装备技术进行引进和再创新，实现对国外的技术赶超。

附表　2019 年软科世界一流学科排名——船舶与海洋工程学科

世界排名	学校	国家	总分	各指标分数			
				论文总数	论文标准化影响力	国际合作论文比例	顶尖期刊论文数
1	上海交通大学	中国	282. 8	100	69. 7	65. 8	100
2	挪威科学技术大学	挪威	250. 1	79. 9	72. 8	65. 3	84. 3
3	大连理工大学	中国	242. 3	81. 9	62. 8	59. 1	85. 8
4	哈尔滨工程大学	中国	232. 1	72. 4	71. 2	53. 7	77. 8
5	里斯本大学	葡萄牙	221. 8	67. 5	78. 1	66. 9	62. 8
6	天津大学	中国	218. 9	57. 4	66. 8	51. 9	84. 3
7	西澳大利亚大学	澳大利亚	218. 3	50. 6	73. 3	83. 3	77. 8
8	普利茅斯大学	英国	192. 4	39. 5	98. 6	90. 3	36. 3
9	河海大学	中国	191. 3	60. 5	64. 9	73. 1	51. 3
10	浙江大学	中国	188. 5	67	61. 7	55. 7	48. 7
11	新加坡国立大学	新加坡	184. 6	51. 3	69. 6	89. 3	45. 9
12	斯特拉思克莱德大学	英国	184. 1	52	80. 4	76. 9	36. 3
13	格里菲思大学	澳大利亚	182. 9	35. 3	87. 9	100	39. 7
14	代尔夫特理工大学	荷兰	178. 9	56. 7	78. 7	76. 7	28. 1
15	伦敦大学学院	英国	176. 7	49. 1	77. 6	87. 9	32. 4
16	中国海洋大学	中国	176. 4	52	63	63. 6	48. 7
17	里约热内卢联邦大学	巴西	175. 5	40. 4	64. 1	73. 7	56. 2
18	首尔国立大学	韩国	175. 5	62. 1	58. 1	47. 2	45. 9
19	中国石油大学（北京）	中国	175. 4	40. 7	64. 5	58. 2	58. 5
20	热那亚大学	意大利	174. 9	39. 5	75. 7	55. 1	48. 7
21	南洋理工大学	新加坡	171. 9	43. 6	70. 2	91. 7	39. 7
22	纽卡斯尔大学（英国纽卡斯尔）	英国	171. 4	44. 2	66. 1	91. 4	42. 9
23	坎塔布里亚大学	西班牙	166	35. 3	100	72. 4	16. 2
24	南安普敦大学	英国	164. 3	44. 2	71. 5	80. 8	32. 4
25	密歇根大学—安娜堡	美国	164. 1	46. 6	68. 3	65	36. 3
26	江苏科技大学	中国	163. 8	36. 6	72. 3	75. 8	39. 7
27	丹麦技术大学	丹麦	162. 8	47. 4	73	71. 7	28. 1
28	塔斯马尼亚大学	澳大利亚	162	45. 8	61	77	39. 7

续附表

世界排名	学校	国家	总分	各指标分数			
				论文总数	论文标准化影响力	国际合作论文比例	顶尖期刊论文数
29	雅典国家技术大学	雅典	161.8	42.5	65	57.3	42.9
30	釜山国立大学	韩国	158.8	59.7	67.4	77.4	16.2
31	华中科技大学	中国	157.7	36.6	94.1	53.6	16.2
31	德州农工大学	美国	157.7	40.4	71.1	68.6	32.4
33	大连海事大学	中国	152.1	39.8	73.2	33.5	32.4
34	伊斯坦布尔科技大学	土耳其	150	44.2	64.7	65.2	28.1
35	武汉理工大学	中国	149.8	42.5	68.7	77.9	22.9
36	东京大学	日本	148.3	44.4	62.6	65.9	28.1
37	印度理工学院—马德拉斯	印度	146.5	38.6	57.6	52.8	39.7
38	阿米尔卡比尔理工大学	伊朗	145.9	39.8	61.2	43.2	36.3
39	同济大学	中国	144.5	36.3	61.1	73.5	32.4
40	耶尔德兹技术大学	土耳其	144.1	38.9	55	52.4	39.7
41	特拉华大学	美国	143.9	35.6	75.6	82.3	16.2
42	大阪大学	日本	142.9	39.2	66	73.5	22.9
43	新南威尔士大学	澳大利亚	139.3	35.6	86.9	83.7	0
44	麻省理工学院	美国	137.1	37.3	68.1	77.2	16.2
45	纽芬兰纪念大学	加拿大	135.7	36	59.2	62.4	28.1
46	武汉大学	中国	132.7	36.6	66.5	66.4	16.2
47	加州大学—圣地亚哥	美国	130.1	41.6	77.1	57	0
48	科罗拉多州立大学	美国	127.8	35.6	79.2	64.8	0
48	查尔姆斯理工大学	瑞典	127.8	35.3	56.2	67.3	22.9
50	哥但斯克工业大学	波兰	124.5	55.2	66.5	13.9	0

主要执笔人：

吴有生，中国船舶集团有限公司第702研究所，院士
张信学，中国船舶集团有限公司第714研究所，书记、副所长，研究员
陈映秋，中国造船工程学会，教授
王传荣，中国船舶集团有限公司第714研究所，研究员
曾晓光，中国船舶集团有限公司第714研究所，高级工程师
赵羿羽，中国船舶集团有限公司第714研究所，高级工程师
徐晓丽，中国船舶集团有限公司第714研究所，工程师
郎舒妍，中国船舶集团有限公司第714研究所，工程师
曹　林，中国船舶集团有限公司第714研究所，高级工程师
许　攸，中国船舶集团有限公司第714研究所，高级工程师
曹　博，中国船舶集团有限公司第714研究所，高级工程师
张　辉，中国船舶集团有限公司第714研究所，工程师
王立健，中国船舶集团有限公司第714研究所，助理工程师
魏志威，中国船舶集团有限公司第714研究所，助理工程师

第三章　海洋能源领域中长期科技发展战略研究

一、世界海洋能源工程领域发展现状及需求

（一）产业现状

1. “海上丝绸之路”能源合作现状

中国油企“走出去”近30年来，切实践行“充分利用国内外两种资源、两个市场”发展我国石油工业的战略方针，在全球油气领域合作的规模不断扩大、领域不断拓宽、水平不断提升、模式不断创新，综合实力和国际竞争力持续提升，在分享世界资源、适应能源转型、满足国家需求上取得重要进展，逐步走出一条由规模发展向效益发展的高质量发展之路。尤其在近年来，我国与“海上丝绸之路”沿线国家油气合作深入开展，油气合作从以资源为主的相对单一型合作方式向油气全产业链拓展延伸，带动了东道国油气工业全产业链的建立及完善，并以此促进了国内相关产业升级。

对于勘探领域，评价中国与东道国在该领域的合作潜力，一方面应考虑东道国待发现资源量，因其代表东道国该领域的合作基础；另一方面应考虑东道国已发现储量的权益归属，其代表东道国既往已发现油气资源的对外开放程度，同时也代表东道国在勘探领域的既往对外合作历程。进一步把油气勘探领域对外合作潜力较大的国家划分为两类，即对外勘探合作空间较大与潜在对外勘探合作空间较大。统计结果表明，除中东地区，待发现资源量较大国家既往油气资源对外开放程度整体较高，如埃及、马达加斯加、澳大利亚、莫桑比克等国。从大区的角度来讲，非洲地区的油气资源对外开放程度整体较高，中东地区潜在对外勘探合作空间较大。中国公司走向海外开展油气勘探对外勘探合作起步较晚，综合考虑中国公司与

“海上丝绸之路”沿线国家的油气合作基础及东道国待发现油气资源潜力，并假设沿线国家油气资源对外开放度的继承性或对外开放趋势的一致性，推测苏丹、莫桑比克、澳大利亚、埃及和印度尼西亚可能是未来与中国公司开展油气勘探合作的“海上丝绸之路”沿线国家中潜力较大的几个国家。在这些国家中，虽然推测中国公司在东道国对外合作伙伴中的占比整体较低，但也有个别国家，虽然其油气资源对外开放度整体较低，但对我国开放程度很高，如苏丹（图 3-1）。因此，综合东道国待发现油气资源潜力、双边合作关系以及油气投资环境等的角度来看，非洲区是未来对我国在勘探领域合作的重点地区。

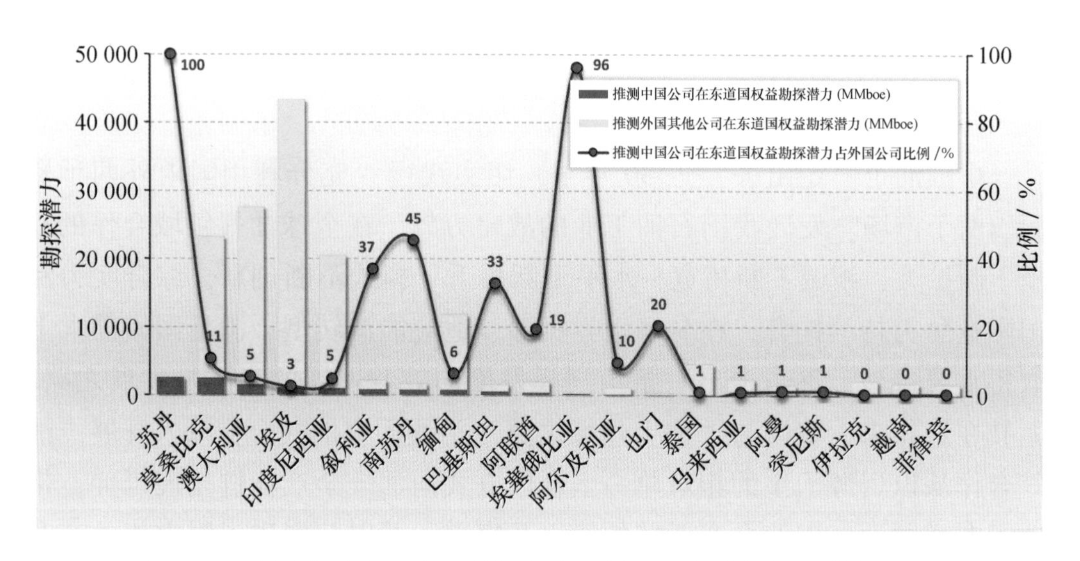

图 3-1　中国公司在“海上丝绸之路”沿线国家油气勘探潜力分布

对于油气开发领域，除卡塔尔以外，中东富油气资源国家整体表现为剩余油气储量对外开放程度偏低、本国自持规模较大的特点。同时，目前我国持有权益剩余储量主要位于阿联酋、莫桑比克、澳大利亚、埃塞俄比亚和南苏丹这 5 个国家，其总量占我国持有海外剩余权益总储量的 78%。从海外剩余权益储量资产分布来看，中石油为海外剩余权益储量的权重持有者，占比为 64%，中石化和中海油占比分别为 7% 和 4%。，同时表现出国企、民企全面参与的特征（保利集团 9%，北方工业集团 8%，联合能源 3%）（图 3-2）。

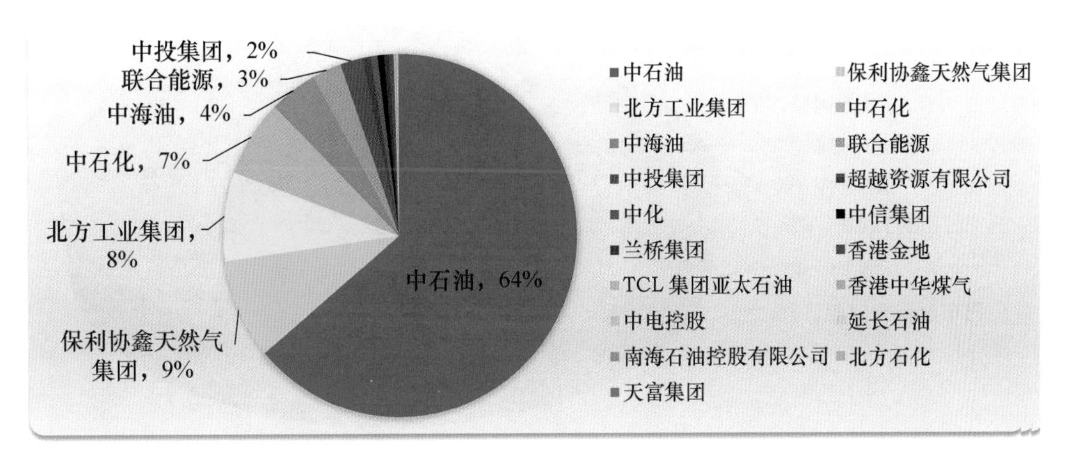

图 3-2　中国公司在“海上丝绸之路”沿线国家油气开发潜力分布

图例按公司在东道国累积剩余权益储量排序

对于油气商贸领域，以2016年数据为例，统计结果表明，中东地区为油气出口重量级主体，该地区油气出口总量占产量的一半以上。对于我国而言，该地区也是我国进口石油的主要来源地，沙特阿拉伯、伊拉克、阿曼和伊朗这4个国家对我国原油出口总量占我国原油进口总量的79%。尤其是阿曼和伊朗，不但对我国原油出口总量大，还具有对我国原油出口总量占其对外出口总量比例高的特点，其占比分别达到65%和28%，我国应充分利用与之较好的合作基础，进一步扩大其对外出口的市场份额。同时，随着近年来我国能源结构的转型，对清洁能源即天然气的进口力度不断加大，进口来源呈现多元化的特点。目前，我国天然气进口（包含管道气和LNG）主要来自澳大利亚、卡塔尔、印度尼西亚、马来西亚、缅甸和巴布亚新几内亚。其中，在2018年，我国从澳大利亚进口LNG达到2 352万t，占我国进口LNG总量的44%（图3-3）。

对于工程建设和技术服务领域，中东地区不但资源对外开放程度低，工程建设和技术服务市场对外开放程度也普遍不高。国际石油行业工程建设和技术服务市场的一个最大特点就是市场外包，但中国三桶油产业链配备相对比较完备，同时与业内知名国际油田服务公司相比，其价格也具有明显优势，因此占据了不少国际市场份额，如在东南亚多个国家以及澳大利亚、阿联酋、伊拉克、莫桑比克和伊朗等国。目前，从即将执行的工程建设和技术服务合同总额可以看到，中国公司海外工程建设市场主要位于

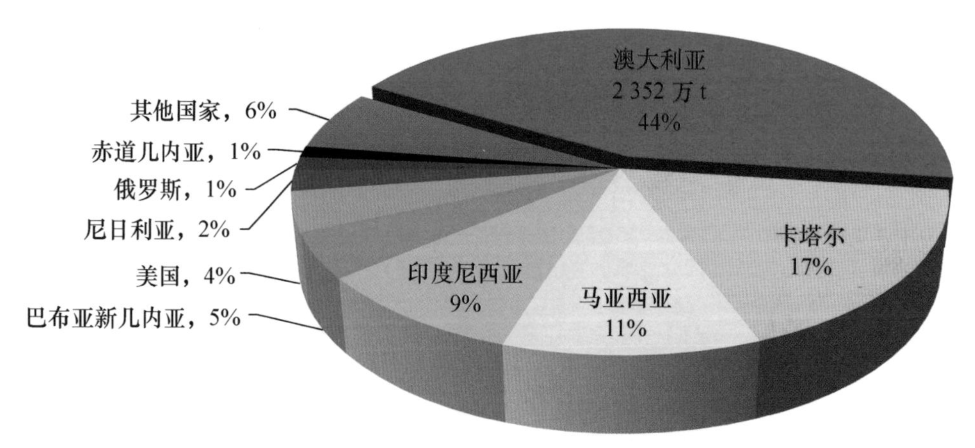

图 3-3　中国 2018 年 LNG 进口来源

澳大利亚，技术服务市场主要位于中东（图 3-4）。三桶油依然是该合作模式合同执行主体，占海外合同总额近 90%。

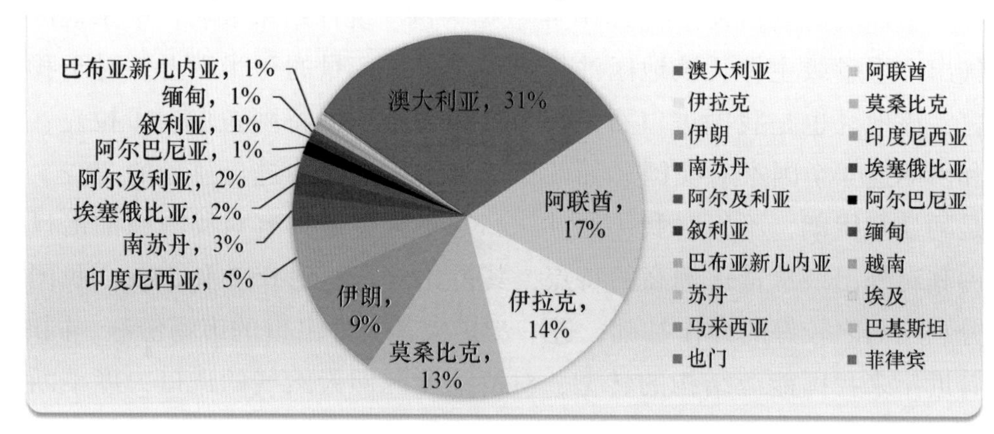

图 3-4　中国公司在“海上丝绸之路”沿线国家油气工程建设+技术服务领域潜力分布

图例按公司在东道国工程建设+技术服务合同总额大小排序

总之，未来应抓住“海上丝绸之路”沿线国家勘探开发技术、装备能力偏弱、有完善产业链诉求和改扩建需求的历史性机遇，充分发挥国内资本、技术和产业优势，以资本输出带动中国与“海上丝绸之路”沿线相关国家油气全产业链的合作。

2. 近海油气开发现状

我国近海油气资源丰富。石油地质资源量主要集中于渤海、珠江口、北部湾三大盆地，占近海的 86%。天然气地质资源量主要分布于东海、珠江口、琼东南、莺歌海、渤海五大盆地，其地质资源量均超过万亿立方米。

海上油田具有疏松砂岩和多层系河流相沉积，稠油的黏度高、油田规模小且分散、平台寿命有限等特点，这些特点导致海上稠油水驱采收率只有20%左右，部分稠油的实际采收率仅为10%左右，甚至一些油田使用现有技术根本无法开发。地质学家们根据已经掌握的资料预测的总近海天然气资源量大约在15.8万亿m^3以上，尤其是南海的莺歌海-琼东南盆地，东海的西湖凹陷及渤海渤中凹陷，都是天然气富集区。比起深水，近海油气相对来说开发起步较早，当前的核心问题是如何提高采收率并实现高效开发。近年来，提高采收率技术发展迅速，专利和文献统计分析表明，提高采收率技术已经进入继20世纪80年之后的第二次发展高峰期。近海油田高效开发技术受到技术和经济因素的制约，在技术发展上滞后于陆地油田。

化学驱提高采收率技术　化学驱技术已成为中、高渗油田大幅度提高采收率的重要手段，对油田开发的可持续发展具有重要意义，已经在国内外油田得到广泛应用，具有广阔的发展前景。该技术是一项多学科交叉的系统工程，从研究到应用要经历室内研究、现场先导试验、扩大试验和工业化试验与工业应用等阶段。化学驱技术已超过气驱成为EOR第二大技术，以聚合物驱和复合驱技术为主，在中国、俄罗斯和加拿大工业化应用。我国已成为世界化学驱技术应用大国，其化学驱产量占世界化学驱产量的60%以上。俄罗斯的化学驱技术应用规模居第二位，该国主要实施聚合物驱、活性水驱和胶束驱、碱驱、工业废酸和深部调驱液流转向技术等。加拿大工业化推广了聚合物驱，其稠油油藏聚合物驱技术较为成熟。近年来，委内瑞拉、阿曼、印度尼西亚、印度、埃及、越南、突尼斯、马来西亚和挪威等多个国家陆续开展化学驱项目。总的来说，国外海上油田聚合物驱技术研究与应用进程相对缓慢。国外海上油田曾实施过聚合物驱试验，但注入量及规模都很小。再加上区块选择、油藏方案设计和工程上的原因，试验时间都很短，未见明显的效果。海上油田提高采收率技术应用现状表明，化学驱为我国海上油田近年来提高采收率的主攻方向之一，主要限于聚合物驱。由于平台环境的限制，驱油体系性质、平台配注装备、采出液处理和水驱效果评价方法等方面仍是海上油田实施提高采收率技术的“瓶颈”所在，同时，还需要探索其他提高采收率新技术。海上油田在驱油剂方面，由于海水矿化度高、二价离子含量高，缺乏适应高矿化度条件的抗盐聚合物和表面活性剂产品。在工程条件方面，缺乏体积小、重量轻和对聚合物剪切降解小的速溶高效自动化配聚设备与流程，因而在海上特殊作业环境和有限平台空间下难以实现大规模配聚作业。此外，井距大、平台寿命有限等因素都制约了海上油田化学驱技术的发展（图 3-5）。

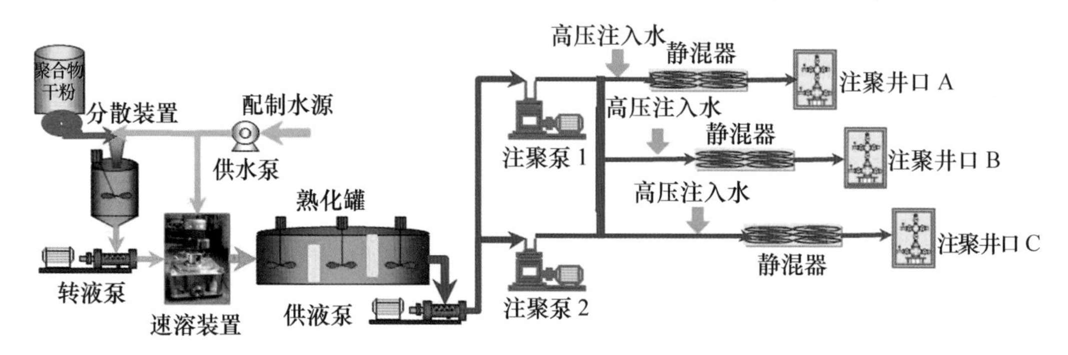

图 3-5　海上聚合物驱配注流程

稠油热采技术　国外稠油主要分布在加拿大和美国。加拿大油砂资源丰富，主要采用蒸汽吞吐和 SAGD 开发。美国稠油主要分布在加利福尼亚州，蒸汽驱已经成为美国提高稠油采收率的主导技术，产量占 93.7%。目前，国外主要有委内瑞拉马拉开波湖上 Bachaquero-01 油田、美国加利福尼亚州亨廷顿滩海油田、几内亚湾伊麦拉迪油田和委内瑞拉拉古尼亚斯油田等海（湖）上稠油油田应用了热采技术。其中，Bachaquero-01 油田的多轮次蒸汽吞吐始于 1971 年 2 月，到 1995 年 12 月累计对 325 口井进行了 860 井次的吞吐。近半个世纪以来，应用火烧油层强化稠油开采，提高原油采收率的工艺技术有了很大发展，世界上诸如美国、加拿大、委内瑞拉、罗马尼亚、苏联及日本等一些国家的油田都开展过火驱的先导试验。罗马尼亚 Suplacu 油田的火驱项目是世界上规模最大的火驱项目。从 1964 年开始先后进行火驱试验、扩大了试验和工业化应用，高产稳产期超过 25 年，峰值产量为 58 万 t/a，取得了十分显著的经济效益。

我国已投入开发的海上稠油油田，几乎全部采用注水等冷采方式开采，油田采收率很低，有的仅 10%左右。导致我国海上稠油资源动用程度低的根本原因，是缺乏适合我国海上稠油热采的油藏综合评价技术、钻完井技术和配套工艺技术。由于受海上平台空间及经济性等多方面的影响，海上稠油热采技术规模较小。渤海虽已开展热采吞吐先导试验，增油效果明显，但热采成本高、产量规模小，年产仅 12 万 t。海上稠油热采将面临规模化推广应用、多轮次吞吐和提质增效等技术问题，需深化并拓展海上稠油热采技术研究，解决海上稠油热采多轮次吞吐和规模化热采等问题，探索低成本热采开发技术，形成经济有效的热采成熟配套技术体系，实现海上稠油热采吞吐及转驱规模化应用，为规模生产做好技术准备。

3. 深水油气勘探开发现状

2006 年以来，在全球油气新发现储量中，深水油气储量占一半以上，单个新发现油气田平均规模大于陆上新发现油气田。2006—2015 年深水发现共 911 个，其中，商业性油气田 354 个，总可采储量 430 亿桶（折合 60.2 亿 t）。近 20 年来，世界范围的深水油气田勘探开发成果层出不穷，目前已在 19 个盆地、获得 33 个亿吨级油气发现，其中 70%以上分布在墨西哥湾北部、巴西东南部和西非三大深水区近 10 个沉积盆地，三大区域的深水油气可采资源量占全球深水油气可采资源总量的 40%~50%。2018 年全球十大新发现油田中，有 6 个位于深水/超深水区域，2018 年全球十大新发现气田中，有 4 个位于深水/超深水区域，深水油气储量在全球新发现储量中占比日益增大。

除勘探领域外，在钻井、开发、海工装备等领域深水海洋石油也得到了快速的发展。世界上半潜式钻井平台和钻井船的最大作业水深为 3 600 m，最大钻井深度超过 12 000 m。国外在深水钻井平台及生产平台钻井系统设计、配套、设备制造技术方面已经比较成熟，形成了交流变频钻机、液压钻机、DMPT 钻机等类型的深水钻机。全球海工装备市场已形成三层级梯队式竞争格局，欧美垄断了海工装备研发设计和关键设备制造，韩国和新加坡在高端海工装备模块建造与总装领域占据领先地位，而中国和阿联酋等主要从事浅水装备建造，开始向深海装备进军。全世界目前一共有 169 艘 FPSO，分布在世界各个海域。约有 50 座半潜式生产平台在世界范围内服役，新建半潜式生产平台的船体结构基本固定，即环形浮箱、4 根立柱的典型船体型式，主要分布在巴西、北海和墨西哥湾海域。其中作业水深最深的 Independence Hub 半潜平台作业水深达到 2 414 m。张力腿平台广泛应用于墨西哥湾、西非、北海、东南亚和巴西，适合各类海洋环境条件。截至目前，建成/在建 30 座 TLP 平台，水深最深 1 580 m。SPAR 平台主要应用于墨西哥湾，截至目前，建成/在建 22 座 SPAR 平台，墨西哥湾 20 座，东南亚 1 座，北海 1 座。FLNG 装置已经得到应用，PRELUDE 等大型工程已经投产。

4. 海洋温差能发展现状

海洋温差能主要分布在赤道附近水深 1 000 m 左右的热带海域，“21 世纪海上丝绸之路”沿线国家，拥有丰富的海洋温差能资源。据联合国教科文组织统计，全世界海洋温差能理论可再生能量在 400 亿 kW 以上。如果按 2%的利用率考虑，每年可提供的电能约 7 万亿 kW · h。近年来，国际上温差能开发技术研究有了较大进展（图 3-6）。2015 年 8 月 21 日，夏威夷岛 105 kW 的海洋温差能发电系统并网发电，成为世界上最大的运行中的温差能发电系统。2013 年，日本久米岛上的 100 kW 海洋温差能实验电站投入运行，除了发电还提供了深层海水相关产品，实现了综合利用。

图 3-6　海洋温差能发电装置

（二）未来发展

1. 全球地缘博弈加剧，贸易战背景下开展“海上丝绸之路”油气合作面临更多挑战

长期以来，地缘政治与油气资源存在着密切的联系，大国博弈对油气地缘政治的影响日趋加剧。“逆全球化”思潮在形成，妖魔化中国企业对外投资的舆论仍有市场，部分国家对“一带一路”倡议存在战略抵触或理念误解，把互利互惠的合作理解为中方的支持和援助，提出的要求不符合共建、共商、共享的原则。一些国家为了遏制我国经济的发展，从多种途径散播中国“威胁”论和能源“威胁”论，并在一些国际能源会议和气候会议上攻击我国，阻碍或者干扰我国的国际油气合作。在地缘政治博弈的影响下，西方跨国石油公司占据了世界石油的中心地带，拿走了最优质的资

源，并且凭借其在技术、人才和资金方面的优势不断加紧布局，因此，我国油气在进行海外投资时，更多的时候只能进入西方石油公司不愿意进入的国家和地区，而这些国家和地区往往有较大的政治风险，严重影响了我国选择对外油气合作的目标国家和区块。在贸易战的背景下，我国的油气对外合作难免受到诸多掣肘，需要克服更多的困难来取得海外油气合作的突破。

2. 近海非常规资源开发提高采收率关键技术急需进一步突破和创新

随着化学驱矿场试验的扩大和深入，对海上稠油化学驱规模化应用过程中暴露的突出问题着手进行深入研究和突破，继续扩大化学驱应用规模、推进新技术矿场试验和探索更加高效的接替技术，未来的发展主要需要突破以下技术难题：①大幅度污油减量的采出液高效处理成为制约渤海化学驱发展的一个“瓶颈”难题，亟待突破，陆地终端的外排污水 COD 指标要求也需进一步提高；②化学驱持续增效方面，井网、井距、层系调整难度大，以及疏松砂岩的完井方式，如何有效保持化学驱注入能力和产液能力，做好井网加密与化学驱的协同，发展化学驱相配套的深部调剖和调驱技术，对提高和保障化学驱实施效果至关重要；③近海油田层间和平面的非均质性较强，亟须发展新型或广义化学驱技术，如自适应微胶驱等技术，可对水窜优势通道封堵降低含水，进一步提高原油产量和采收率。海上油田化学驱提高采收率将不断挑战更稠油、更复杂的油藏，以及高温高盐等技术界限。

热力采油作为目前非常规稠油开发的主要手段，现已在美国、委内瑞拉、加拿大及中国的辽河油田、新疆油田、胜利油田广泛应用，我国海上也开始进行试验性应用。直井蒸汽吞吐技术、直井蒸汽驱技术、SAGD（蒸汽吞吐辅助重力泄油）技术、水平井蒸汽吞吐技术、出砂冷采技术和多分枝井开采技术，目前技术成熟度较高且已经商业化应用。但一些新的技术路径如复合开采技术、火烧油层技术仍需要进一步突破。基于国家对石油资源的需求及海上石油资源现状，我国应继续加大对海上稠油开发科技发展的支持力度，在通过新技术应用增加石油供给的同时，保持技术领先地位。

3. 海上油气开发向超深水区快速发展，将带动深水装备和技术快速进步

深水油气勘探开发涉及船舶及海洋结构设计、海洋环境保护、海洋钻

井、海洋探测等多个技术领域，集信息技术、新材料技术、新能源技术及多学科于一体，是一项多领域、多学科、复杂的系统工程。深水技术装备不断向自动化、海底化、多功能化、革新性发展，深水勘探开发的环境适应能力、经济性、安全性都将不断增强。未来 10 年，勘探开发水域从近海向远海拓展，作业水深纪录将突破 4 000 m，甚至有望突破 5 000 m。技术创新与突破将逐步颠覆传统的勘探开发方式，大幅度降低深水油气勘探开发的成本和风险，并推动陆上油气勘探开发技术的突破与飞跃。深水油气产量有望占全球海上油气产量的 30%以上，成为日益重要的战略接替区。

二、世界海洋能源工程领域发展趋势

（一）当前先进技术

1. 海上油田化学驱技术

我国的海上油田化学驱提高采收率等相关技术及油田应用目前位于国际前列，成果应用于渤海稠油油田的高效开发，大幅提高了海上稠油油田的采收率与动用程度，达到稳油控水、增储上产的目的。通过近年的实践，我国深化了聚合物驱技术研究，解决了大规模应用中的关键技术难题；突破了包括快速溶解及采出液处理在内的关键配套技术；开展了可更大幅度提高原油采收率的聚表二元复合驱技术研究和矿场试验，攻克了适用于更高地层黏度稠油的活化水驱技术；基本形成了海上稠油高效开发模式及早期注聚理论。经过“十二五”的发展，基本形成了海上三角洲相储层聚合物驱油技术体系。截至 2018 年年底，化学驱提高采收率技术已在渤海 3 个油田(SZ36-1、LD10-1、JZ9-3)共注入 44 口井，动用地质储量达 1.01 亿 t。已累增油 721 万 t，提高采出程度 7.1%，试验成果证明了化学驱技术的可靠性和经济的有效性。化学驱是我国海上油田近年来提高采收率的主攻方向之一。以渤海油田为例，适用化学驱的原油储量约 10.90 亿 m^3，按照化学驱平均提高采收率的 6.53%测算，预计可增加可采储量 7 119 万 t。根据潜力规划评估，化学驱年增油可达 500 万 t，随着海上化学驱规模的不断扩大和海外的实施，将在更大范围内应用并取得可观采收率。

2. 深水、超深水油气开发技术

当前，全球深水油气产量约占海上油气总产量的 30%。BP 公司深水油

气年产量已接近 5 000 万吨油当量，道达尔公司深水油气年产量已超过 3 500 万吨油当量，而巴西国油和挪威国油则依靠深水在 10~13 年的时间里新增石油产量 5 000 万 t，深水油气产量不可忽视。深水油气勘探开发涉及船舶及海洋结构设计、海洋环境保护、海洋钻井、海洋探测等多个技术领域，集信息技术、新材料技术、新能源技术及多学科于一体，是一项多领域、多学科、复杂的系统工程。目前，人类开发深水油气已从深水区（300 m≤水深<1 500 m）拓展到超深水区（水深≥1 500 m）。探井水深纪录 4 398 m，井深纪录 10 690 m，油气田水深纪录 2 973 m。在国外，深水工程平台作业水深越来越深，半潜式生产平台、SPAR、TLP 等常规平台广为应用；新型浮式装置，如 FLNG、FDPSO 等不断涌现；深水安装、拆除装备趋向大型化和专业化。329 座各类深水开发装备在全球范围内得到广泛应用，尤其是在巴西、北海和墨西哥湾等区域。深水油气开发技术正在快速发展，并将推动深水开发迈向新的领域。

（二）在研前沿技术

1. 近海稠油热采技术

通过对全球范围内稠油开采技术的调研和分析发现，处在技术发展和试验应用期的近海特殊稠油热采技术包括复合开采技术、火烧油层技术等。国外如委内瑞拉拉古尼拉斯油田、美国加利福尼亚某油田和北科恩河油田等也都开展了蒸汽与聚合物或者天然气、表活剂、碱、泡沫等的复合驱，并取得了一定效果。其他技术如热+多分支井技术，是在蒸汽吞吐的基础上，以加合增效思想，将蒸汽吞吐和多分支井技术联合应用，以增大热采加热半径和动用储量，有效提高单井产能。该技术亦可扩展蒸汽吞吐的技术界限。从热效率利用角度来看，超临界水气化多元热流体技术是重要突破方向，该技术是在蒸汽吞吐的基础上，以提高吞吐效果为指导思想，通过提高注气压力从而提高注入蒸汽的干度及热焓值，对埋藏较深的稠油井、油层致密吸气能力较差的稠油油藏具有较好的适用性，从而扩展了蒸汽吞吐的技术界限。从热源获取角度来看，海上大规模稠油热采热力成本高昂，研发可提供大量热源并能满足多个稠油油田同时热采的大规模开发方式十分必要。利用核能装置的回路抽气换热、利用地热均是目前的研究方向（图 3-7）。近海特殊稠油热采技术目前仍在进一步攻关研究阶段，如果取

得突破，将会使我国近海的稠油资源得到更好的开发。

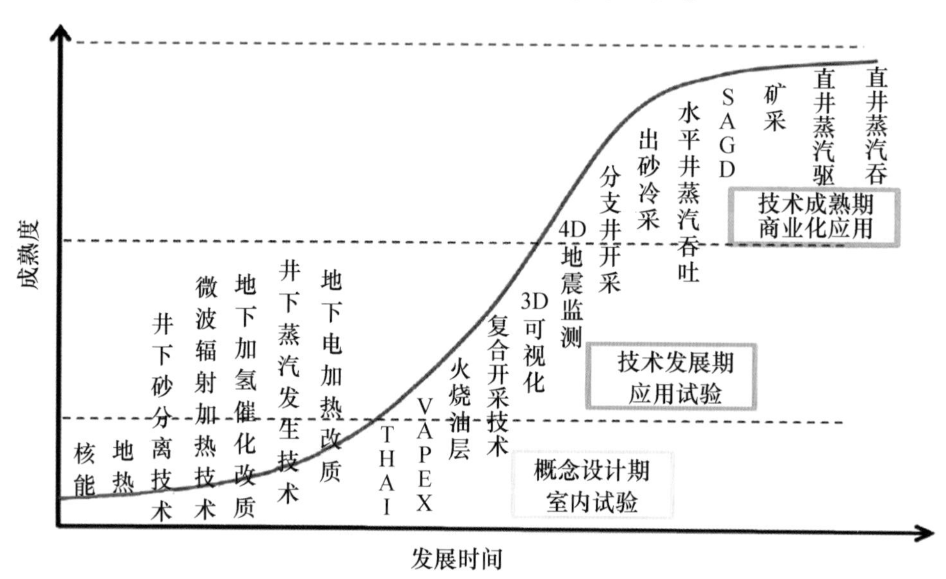

图 3-7　全球范围内各项热采技术及其成熟度示意图

2. 深远海回接开发技术

目前世界上油田回接距离最远的是 Penguin 油田（回接距离 69.8 km），气田回接距离最远的是 Tamar 气田（回接距离 149.7 km）。深远海回接技术的进步有望让海洋石油行业不断突破距离的限制，让人类获取海洋油气资源的范围进一步扩大。深远海回接技术主要需要依靠水下多相增压设备，在海床或者井下将气/液或者气液混合井流增压输送，达到提高采收率、延长开发年限、提高经济效益等目的。主要有水下多相泵、水下压缩机、海底举升和井筒内举升相关设备。

水下增压技术起于对多相泵的研究，经过科研技术人员的不断努力和各个石油公司的积极支持，海上或深水海底多相混输正在逐步成为现实（图 3-8）。随着水下多相泵的发展，其输送介质的气体含量逐渐提高，甚至可以达到 100%，但是无法在接近全气体的介质工况下长时间无故障运行。随着海上气田开发对水下增压的需要，国外公司开始投入研究用于气田水下增压的水下湿气压缩机（GVF：95%～100%），并出现了测试成功的案例，2015 年由 OneSubsea 提供的水下湿气压缩机已用于 Gullfaks 项目。同时，也出现了与水下湿气压缩机同步的另一种水下湿气增压模式，即将配套水下分离设备的干气压缩机运用于水下，先将含凝析液的天然气中的凝析液分离出来，再经过放置于水下的干气压缩机进行水下增压。2015 年 MAN 提供的离心式压缩机已经应用于 Asgard 项目。总体来看，该领域的技术仍然有较大的进步空间，如果取得突破，将使得以往经济性不够或者距离较远的海洋油气资源成功开发。

图 3-8　水下多相增压示意图

3. 水合物试采技术

世界范围内对于多类型天然气水合物的认识还在不断深入，现阶段认为降压法试采和固态流化试采方法是适用于不同目标层的海洋天然气水合物有效试采方法。日本在爱知县海域先后开展了 3 次水合物试采。我国在水合物试采领域也处于世界前列水平。2017 年，中国地质调查局采用全球最大钻井平台“蓝鲸 1 号”进行了 60 d 的水合物试采。中海油则采用了固态流化的方法进行了水合物试采。中国地质调查局采用流体抽取降压试采方法，降压途径为当完井下入电潜泵、防砂筛管等开采管柱后，通过泵出与天然气水合物层连通管道内的流体降低天然气水合物层的压力，压力降低到一定程度后，天然气水合物就会分解为天然气和水，经过气水分离后，气液两相流入各自运送通道，最终流动至井口处理设备。固态流化开采基于我国海洋天然气水合物埋深浅、没有致密盖层，矿藏疏松、胶结程度低、易于碎化的特点，利用其在海底温度和压力下的稳定性，采用固态开采方法，通过机械方法将地层中的固态天然气水合物先碎化、后流化为天然气水合物浆体，然后通过完井管道和输送管道采用循环举升的方式将其举升到海面气、液、固处理设施。当天然气水合物浆体进入到举升管道后，利用外界海水温度升高、静水压力降低的自然力量而自然分解，分解后气产生自举升，含天然气的水合物浆体最后返回到水面工程船上进行深度分解与气、液、固分离，从而获得天然气（图 3-9）。目前，水合物试采技术属于正在攻关的前沿技术，仍然需要突破一些“瓶颈”，才能实现真正的规模化高效安全开发。

图 3-9　水合物三气合采规模化立体开发示意图

（三）未来颠覆性技术

海洋天然气水合物规模开发技术有望成为未来颠覆性技术。按照行业内的预测，我国海域内天然气水合物的资源量约 800 亿吨油当量，储量极为丰富。但是目前天然气水合物虽然实现了海域的试采，距离真正实现商业化开发还有很长的距离。水合物要想实现商业化开发，必须要实现规模化开发，需要突破的“瓶颈”包括富集区的资源勘探和评价、开发的风险控制。开发技术与装备等。一旦这一领域实现突破，我国海域的水合物资源有望提供大量的天然气，从而成为我国能源的重要接替资源。因此，海洋天然气水合物规模开发技术有望成为改变世界能源格局的一项颠覆性技术。

三、我国海洋能源工程技术能力和产业结构的现状、优势与短板

（一）现状与优势

1. 全面具备了海洋工程浅水传统领域的装备和技术能力，部分技术处于先进行列

经过海洋石油工程近 40 年的技术积累和工程实践，常规固定平台工程技术已逐渐成熟并日趋完善，以荔湾 3-1 项目为代表，已经完全掌握了 300 m 水深大型固定式平台、导管架的设计、建造和安装技术，其整体技术达到/部分超过国外同类先进技术水平；掌握了锚系浮托法、低位浮托法、动力定位浮托法等多种方式海上安装作业，实现了全天候浮托“大满贯”；攻克了我国海洋稠油及高凝油多相混输，恶劣海况及复杂地质下的海底管道设计、铺设、应急维抢修等系列重大难题，创建了具有自主知识产权的我国海洋油气管道工程技术与装备体系，建成 6 530 km 的渤海、东海、南海海底油气管网，输送油气当量达 5 000 万 t/a；水下设施检测维修技术，完整性的管理技术，专项焊接技术，海底管道检测技术均实现了技术突破（图 3-10）。已经全面掌握常规的油气水工艺集输处理工艺技术，固定平台的大部分设备材料已逐步实现国产化，3D 设计精细程度不断提高；建立了海洋钻井装备技术体系，促进了国内海洋钻井装备制造业的发展，引领海上固定平台模块钻机的国际标准，支撑了海洋浅水海域油气田的低成本高效勘探开发。各专业设计体系逐渐成形，标准化、模块化程度日益提高。工程项目数字化、智能化正在推进，两个无人智能化平台项目正在开展详细设计。随着石油开采的深入，目前，国内开始逐渐涉足边际油田的开发及稠油热采技术的运用，工程实践为未来提供了技术积累和支持，这些积

累和支持又反过来推进工程项目的顺利运行，相互促进，良性循环，形成蓬勃发展之势。

图 3-10　荔湾 3-1 中心平台的浮拖安装

2. 近海油气的高效开发技术成果显著

立足近海油田开发的特点，借鉴陆地油田开发经验，解放思想、大胆创新、勇于实践，逐步形成一系列海上油田高效开发技术体系，有力支撑近海油田持续稳产，逐步形成海上油田高效开发模式及技术。中海油首次在国内外实施海上油田聚合物驱油、多支导流适度出沙等海上稠油油田高效开发新技术，并获得了很好的增油降水效果，受到了国际同行的认可。我国的化学驱提高采收率等相关技术及油田应用目前已步入国际前列，将研究成果应用于渤海稠油油田的高效开发，大幅提高了海上稠油油田的采收率与动用程度，达到稳油控水、增储上产的目的。“十二五”阶段，在深入研究、改进、完善和创新“十一五”成果和方法的基础上，深化了聚合物驱技术研究，解决了大规模应用中的关键技术难题；突破了包括快速溶解及采出液处理在内的关键配套技术；开展了可更大幅度提高原油采收率的聚表二元复合驱技术研究并矿场试验，攻克了适用于更高地层黏度稠油的活化水驱技术；基本形成了海上稠油高效开发模式及早期注聚理论。

3. 在深水开发领域取得初步突破

1996 年，流花 11-1 油田的开发拉开了我国在南海深水开发的序幕，目前，我国深水油气开发已经实现了由合作开发到自主开发、由水深 300～1 500 m，由国内向海外的跨越发展。2014 年荔湾 3-1 建成投产，该气田水深 1 500 m、离岸距离 340 km，设计年产能 50 亿 m^3，水下采油树远距离控制达到 79 km，平台重量 6 万余吨；可带动周边 20 亿 m^3 气田开发，远期可支撑年产 200 亿 m^3。该气田的成功开发，标志着我国深水油气田开发工程建设能力实现了从 300～1 500 m 的跨越、海洋油气开发从浅水迈向了深水。已投产的有流花 11-1（1996 年投产，25 套水下井口，最大水深 330 m）和流花 4-1 深水油田（2012 年投产，8 套水下井口）。建设中的流花 16-2 油田群（2020 年投产，26 套水下井口，最大水深 437 m），成功实现了流花 16-2/20-2、21-2 油田联合开发，具备了 500 m 以内深水油田设计和开发能力。2014 年我国首个自营深水气田陵水 17-2 勘探取得重大突破，通过中海油自主设计、优化工程开发方案、推进高端设备和产品国产化等降低成本增加效益的措施，2019 年该项目已经进入建造阶段，形成了我国 1 500 m 深水气田自主设计和开发能力（图 3-11）。

图 3-11　陵水 17-2 气田开发模式

4. 水下工程技术取得一定进展

随着海洋石油开发的目标由渤海等浅水海域转向南海的中深海域，水下生产技术应用的重要性日益显现。1996 年我国通过对外合作采用水下生产系统，实现了我国在南海第一个深水油田流花 11-1 油田的开发。从 1997

年开始，我国相继应用水下生产系统成功实现了陆丰 22-1、惠州 32-5、崖城 13-4、番禺 35-1/2、文昌 10-3 等海上油气田的开发；2014 年，我国第一个水深超过 1 000 m 的深水气田荔湾 3-1 建成投产。目前，我国已有 10 个水下油气田建成投产，并正在开展水下井口设备、水下控制系统、水下管汇等关键设备的国产化。

成功研制一批深水工程作业配套设备。研制出深水水下防喷器、大型拖缆机和重载作业级 ROV 等 34 套大型深水工程作业配套设备，为深水作业能力的形成提供了支撑。研制的 F48-70 防喷器组样机，完成了各项测试，作为“南海二号”半潜式钻井平台备用防喷器。深水水下井口回收工具和作业实现了国产化，并且已经走出国门参与国际竞标。旋转导向随钻测井系统等智能化钻井装备已经在渤海海域进行了应用，打破了国外公司在此领域的垄断地位。突破了 350 t 三滚筒拖缆机国产化关键技术，形成了大型拖缆机试验技术和方法。突破了重载作业级专用 ROV 及作业系统的综合控制系统核心技术、水下液压源及液压推进系统技术、深海高压耐压结构设计/密封及压力补偿等关键技术，成功研制了重载作业级 ROV，达到国际同类产品水平，实现了国产化。深水钻机管子处理系统现已实现产业化，折臂吊、猫道机已计划应用于 TLP 平台模块钻机项目以及第七代半潜式钻井平台。

（二）存在的短板

1. 深水工程开发起步晚，总体来看，技术研发能力薄弱，国际竞争力弱

虽然近些年我国在深水海洋工程领域奋起直追，但与国外先进的海洋工程公司相比，无论是能力还是技术水平目前还远远落后。主要表现在：①在深水工程领域工程业绩较少，虽然目前流花油田群及陵水气田群正式进入工程实施阶段，但尚未投产；②完整的工程总包体系及相关工程业绩和经验欠缺。

目前，中海油已拥有 18 座浮式生产系统，包括 17 条 FPSO 和 1 座半潜式生产平台，作业水深限于 300 m。对于国外成熟应用的 TLP、SPAR、FLNG 等其他形式浮式生产系统技术尚处于跟踪和研究阶段，未进入工程应用。缺乏设计、建造、安装、工程管理和运维实践经验，不足以支撑我国在南海深水油气田开发的需求。为了加快深水油气田开发步伐，亟须开展

TLP、SPAR、FLNG 等深水浮式生产系统和水下生产系统关键技术，深化研究及工程化产业化政策研究，加大研发经费和人员投入，鼓励自主创新，推进新型深水浮式平台关键技术自主研究，同时，依托实际工程项目，形成适合我国在南海的深海油气田浮式生产设施工程技术体系和基于自主技术的高效低成本深水工程开发模式。

2. 海洋装备产业模式亟待突破，大型作业及配套装备存在差距

目前在深水海工装备领域，欧美国家控制了高端、新型设备的设计和制造，我国在前端设计尚处于起步和探索状态，海洋工程装备整体设计研发能力较弱。中国企业经过多年的发展，在海洋工程装备领域已经初具规模，但海洋工程装备制造业与国际发达国家还存在很大的差距，目前仍处于该行业的第三阵营，主要以建造初级低端海洋工程装备产品为主，缺乏研发设计与制造高端深水海洋工程装备产品的技术和能力。深水海洋装备产业中的核心技术仍掌握在国外少数专业公司手中，国内企业处于产业链末端，这种产业模式亟待突破。

深水大型作业装备方面，国外在 20 世纪 80 年代已建造出适用于深水恶劣海况的大型半潜式起重铺管船，并成功应用了近 40 年，积累了丰富的经验（图 3-12）。目前，国内起重能力最大的“蓝鲸 1 号”起重能力 7 500 t，作业水深 300 m，深水起重铺管船仅有“海洋石油 201”一艘，最大起重能力 4 000 t，最大作业水深 3 000 m，S 形铺设，铺设管径—“6-60”，在大型半潜式起重铺管船、卷管型铺管船等大型海上作业装备方面还处在研究阶段，工程上依赖国外资源，远远无法满足深水工程开发的需要。在专用配套系统方面，如 J 型铺设系统、卷管铺设系统、DP 系统、ROV 等尚处在研究阶段，需要依赖进口；挖沟机处在起步阶段，能力上目前作业水深 100 m，最大 50 kPa 剪切强度，但国外知名的挖沟产品作业水深达 2 000 m，相较之下，我国的挖沟装备技术能力无论从数量、形式和作业能力上均处于明显劣势。深水工程作业技术方面，在海上吊装、浮托安装等方面接近国际先进水平，初步掌握了深水 S 形铺设、水下安装作业技术，并在实际工程进行应用，但与国际先进水平还存在差距；在深水 J 形铺设、卷管法铺设以及深水挖沟等方面还处在起步阶段，与国外差距较大。

图 3-12　国际大型起重铺管工程船“Pioneering Spirit”进行平台上部模块整体拆卸

3. 海上稠油开发面临许多新问题

我国近海稠油油田水驱开发采收率偏低，海上平台寿命期有限。平台寿命期满后，地层剩余油将难以有效利用，即花费高昂代价发现的石油资源将无法有效开采。随着我国石油接替资源量和后备可采储量的日趋紧张，在勘探上寻找新资源的难度越来越大，而且从勘探到油田开发，需要一个较长的周期。海上稠油油田原油高黏度与高密度、注入水高矿化度、油层厚和井距大，特别是受工程条件的影响，很多陆地油田使用的化学驱技术无法应用于海上油田，关键技术必须要有突破和创新。根据海上油气开发的现状，要实现海上稠油高效开发。要实现近海油田高效开发，主要的问题在于：①剩余油的深度挖潜调整及热采开发，海上密集丛式井网的再加密调整，井网防碰和井眼安全控制，这些技术仍然是目前关注的问题和未来的发展方向。②多枝导流适度出砂技术存在以下技术难点：多枝导流适度出砂井产能评价和井型优化；海上疏松砂岩稠油油藏出砂及控制理论和工艺；多枝导流适度出砂条件下的钻完井工艺和配套工具；适度出砂生产条件下地面出砂量的在线监测。③海上稠油化学驱油技术，如适用于地层黏度 100~300 mPa·s 的稠油化学驱技术研究、抗剪切、长期稳定性、耐二价离子和多功能的驱油体系研制与优选、聚合物速溶技术研究、化学驱采出液高效处理技术研究、早期注聚效果评价方法及验证、适用于新型驱油体系的化学驱软件编制、聚合物驱后 EOR 优化技术研究、海上稠油高效开发理论体系建立及小型高效的平台模块配注装置和工艺等问题亟待解决。④海上稠油油田开展热采开发还存在着诸多技术“瓶颈”。陆地稠油油田开展热采早，技术相对成熟；由于受井网、井型、层系、海上平台及成本的制约，海上稠油热采技术亟须深入的探索和实践。

4. 在海洋工程标准规范制定方面缺少话语权

目前，海洋工程领域现行的标准规范大部分由西方国家制定，我国在标准规范方面基本上采用等同或等效翻译的手段借鉴国外标准，但我国海洋石油从环境条件到地质条件都有其特殊性，应在标准规范方面加大人力和物力的投入，增加标准规范领域的话语权。

四、海洋能源发展的战略目标与重点任务

（一）战略目标

1. 总体目标

以加快建设海洋强国，保障我国能源安全，建设“海上丝绸之路”为指引，优化整合现有海外油气合作项目，逐步开拓新的合作项目，促进“海上丝绸之路”国际能源合作，全面提升我国近海和深海油气田以及其他海洋能源勘探开发技术能力和装备水平，成为世界海洋能源开发科技领域的引领者，把我国建设成为海洋能源开发科技强国。

2. 阶段目标

2025 年　通过优化整合现有海外油气合作项目，逐步开拓新的合作项目，初步形成“海上丝绸之路”海洋油气勘探开发领域共建共享共赢的合作局面，逐步践行以海外油气勘探开发带动油气全产业链合作战略理念。突破化学驱采出液处理、精细化学驱、自适应微胶驱、河流相化学驱、特殊稠油化学驱等关键技术，形成近海非常规油气资源开发利用的技术框架。深水工程技术和装备跻身于世界先进行列，部分关键设备实现国产化，建

立 2 000 m 深水油田勘探开发工程设计技术、装备建造技术、试验技术和标准体系。攻关水合物高效开发技术与装备，并实现应用。突破海洋温差开发关键技术“瓶颈”，掌握兆瓦级温差能发电关键设备研制技术及工程应用技术。

2035 年 经过不断深化资源、通道、产业与市场等全方位、全产业链合作，进一步强化推动以油气勘探开发带动油气全产业链合作战略理念，基本完成“海上丝绸之路”国际能源合作布局，助力“全球命运共同体”倡议的实施。将近海化学驱技术向上拓宽到地层原油黏度 1 000 mPa · s 的稠油、向下应用到低渗油田提高采收率中，完善近海非常规油气资源开发利用的技术体系，达到国际领先水平。建成自主的 3 000 m 深水油气田勘探开发技术体系，部分深水工程技术和装备达到世界领先水平，关键设备实现国产化，实现南海中南部油气规模化开发。实现水合物三气合采示范应用。实现海洋温差能开发及深层海水综合利用示范应用。

（二）关键技术

1. 近海非常规油气资源高效开发技术

形成并丰富近海非常规油气资源开发利用技术体系。开展近海稠油化学驱开发（稠油活化水驱技术、热水化学驱技术等），近海特超稠油热采开发（超临界多源多元热流体技术、核电热采技术、热+化学/气稠油开采技术等），近海复杂气藏开发与天然气利用（低渗气藏开发技术、高含 CO_2 凝析气藏高效开发技术、海上 CO_2 驱油技术等）等新技术探索，为提高近海非常规油气资源开发利用水平提供强有力的技术支撑。

2. 深水油气田勘探开发技术与装备体系

立足南海北部深水区，突破南海中南部深水区，促进海外深水权益区，促进深水油气田勘探开发技术体系的建设。加大南海深水油气勘探开发政策扶持力度，开展南海中南部合作开发模式研究。关键技术及设备是：深水地震采集、处理和储层及油气预测一体化技术；深水远距离回接开发技术；深远海远程补给技术（包括综合补给基地和浮式保障平台技术）；自主深水工程作业船队研发与建设（大型起重铺管船、多功能复合作业船、FLNG、FDPSO 等）；海上应急救援技术与装备；水下生产系统关键设备国产化；深水工程装置的关键设备国产化。

3. 水合物勘探开发技术

水合物勘探开发的关键技术与装备是：海洋水合物勘探技术；水合物高效开发技术与装备；水合物开发环境评价技术；水合物开发风险控制技术；水合物三气合采技术及示范应用。

4. 海洋能综合利用技术

海洋能综合利用的关键技术是：兆瓦级温差能发电关键设备研制技术及工程应用技术；近岸式/岛礁式温差能开发技术；温差能发电、海洋能多能互补与深层海水综合利用技术；海洋温差能开发及深层海水综合利用示范应用。

（三）重大工程与科技专项

1. 海上油田智能钻采及提高采收率科技专项

海上油田智能钻采及提高采收率技术主要涉及海上油田智能钻采技术和海上油田提高采收率技术。海上油田智能钻采技术主要包括海上井下信息采集、处理及决策技术、深水智能控压钻井技术和深水油气钻采一体化设计软件。深水智能控压钻井通过精确控制井口回压、钻井液密度、流变性、排量等来实现井筒环空压力剖面及井底压力的精确调节和控制。钻采一体化是一种科学的技术管控模式，其核心内容是从井筒的全生命周期管理角度出发，来对井筒由建设到使用到废弃的整个过程中的每个环节进行优化设计和实施，以达到油气水井在整个生命过程中的长寿和整体高效。海上油田提高采收率技术主要是针对二次采油、三次采油和海上油田储藏改造的相关技术，主要有海上稠油化学驱开发技术、海上油气增产技术。其中海上稠油化学驱开发技术是指向注入水中加入化学剂，以改变驱替流体的物化性质及驱替流体与原油和岩石矿物之间的界面性质，从而有利于原油生产的一种采油技术，包括碱驱技术、碱/表面活性剂驱技术、聚合物驱技术。海上油气增产技术主要包括酸化压裂技术，采用酸液作为压裂液，通过提高底层的渗透能力达到增产的目的。面对海上油气资源的高成本开采，海上油田智能钻采及提高采收率技术作为一种新兴的海上油气田钻采开发技术、海上油田驱油技术和储层改造技术。我国在海上油田智能钻采及提高采收率各技术领域具有较好的理论基础，但受限于技术封锁和实践经验，与国外技术相比还存在较大差距，主要体现在软件、装备和实践经验方面。钻采软件方面被国外斯伦贝谢、哈里伯顿等油服公司垄断，仅提供技术服务；装备方面国内尚无自主研发酸化压裂船、智能控制设备等。

工程目标 实现海上油田智能钻采，提高海洋石油钻采效率；发展海上油气田，提高采收率技术，进一步实现海上油气高效开发。

工程任务 开展海上油田智能钻采技术研究，发展海上井下信息采集、处理及决策技术、深水智能控压钻井技术和深水油气钻采一体化设计软件，实现海上油气田钻采工艺技术智能化和高效化；加快近海稠油化学驱开发、近海特超稠油热采开发、近海低渗复杂气藏开发，提高近海非常规油气资源开发利用水平。

2. 深远海水下生产系统技术与装备科技专项

水下采油树系统是水下生产系统的核心设备，主要包括水下采油树本体及阀组、油管挂和控制系统 3 部分，其可实现对生产油气或注入储层的水/气进行流量控制。除了全无人操作及远程控制外，水下采油树在安装过程及生产过程需要具有极高的可靠性，所有作业工具均需要自动化控制和巧妙的设计，才能完成在深水下的自动连接、锁紧、解锁等各项功能，其在承受外部高压力及海水腐蚀的同时，还要承受内部的高温高压。目前，国内个别厂家已完成低压条件采油树工程样机的研制。与国外相比，缺乏系统的超高温高压条件下深水采油树的研发设计。此外，在工程实际应用领域，仍缺乏实际应用的工程化技术和试验验证。深远海水下多相流智能开发生产安全保障技术是基于智能化及现代通信手段，实现深远海油气田从油藏、水下生产设施、海管到下游工艺在内的复杂含相变及固相沉积、内外流固耦合的多场气液固多相流动实时仿真、监测及动态分析技术；建立深远海油气生产系统数字孪生体，实现准确预测、精准控制；建立包括井筒、水下生产集输系统、下游油气处理系统在内的深水流动保障系统可靠性目标和可靠性数据平台，实现对水下生产流动系统和平台油气处理系统全生命周期的安全预警、智能运维和科学决策。

工程目标 研发适用于深水 3 000 m 高温高压的水下全电式水下采油树及水下多相流智能开发装备和技术，形成水下生产系统关键设备的技术体系和制造能力。

工程任务 开展高温高压水下采油树及控制系统的攻关研究，实现 3 000 m 水深、超高温高压条件（177℃，137 900 kPa）的水下复合电液控制的采油树系统。对水下全电式控制系统进行攻关研究，掌握其根本原理和设计方法，实现全电控控制模块的研制。

3. 海洋天然气水合物高精度勘探与高效规模开发科技专项

天然气水合物高精度勘探与目标评价技术包括三维地震、高精度多波束、深拖旁侧声呐或 AUV、ROV、水体探测、钻探、测井及保真取样等调查技术，以及岩心分析、测井解释、储层反演等目标评价技术。目前，三维地震主要在水合物富集区开展高密度高分辨率采集，进行地质-地球物理的综合解释，获取断层以及异常地球物理反射的分布；采用高精度多波束、深拖侧扫声呐或 AUV 来获得目标区高分辨率的三维地貌、背散射强度以及浅地层剖面资料，研究目标区内异常地貌单元及海底异常反射分布；综合利用精细地貌、沉积、构造、热流、地震速度及 BSR 特征的综合解释与刻画，开展钻探、测井和取样，获取孔渗饱等储层参数，对水合物储层进行精细评价。天然气水合物开采热压传导强化增效技术包括储层热能传递提升、储层压力传导能力提升和水合物开采增效，主要通过系列创新型技术改造、增强水合物开采过程中储层水合物分解阵面至井筒间的热能传递和压力传递效应，提高注热、降压或抑制剂注入等开采方法的效率，提高产气量。与储层渗透率、储层热交换、泄压面积和泄压速率等的提高程度密切相关。已有水合物试采表明扩散型水合物储层以降压法开采最为经济有效。提高试采区渗透率、使用新型热激发或降压技术是强化热压传导的主要方法，也是增加试采效率的关键手段。迄今只有我国的水合物试采使用水力割缝进行了储层改造，其他矿产资源开发的热压强化技术尚未得到应用。

工程目标 提高天然气水合物采集、处理和解释精度，提升综合勘探与目标精细刻画能力，建立地质、地球物理、地球化学一体化评价体系，获取高准确度、高集成度、高精度目标评价结果。增强水合物开采过程中的热压传导效率，实现天然气水合物立体开发和高效开发。

工程任务 提升勘探技术精度，开展综合勘探和评价，发展精度更高、具有安全的网络体系与数据传输一体化的仪器设备；提高水合物储集层参数、环境调查参数等的精度，提高解释的可信度，建立和发展快速、在线、原位、立体和高灵敏度的测试方法和探测仪器；提高地球化学技术的准确性。建立安全、高效、可控的水合物开采热压传导强化技术体系，提高注热、降压或抑制剂注入等开采方法的效率，提高产气量，研发系列压力传导强化方法，按照设计轨迹改造低渗透储层，形成气液固多相运移通道，提升开采效率。

五、政策建议及保障措施

（一）深度参与海上丝绸之路资源国油气业务，打造利益共同体

开展企业联合，建议国家层面牵头设置联合研究机构或统筹制定海外油气合作战略，制定海外油气业务发展中长期计划规划；寻求政府扶持，加强外交斡旋，加大海外油气业务投资、政策、外交等支持力度，保证现有项目安全运行，促进新项目落地；加强通道共建，加强沿线港口油气设施建设，LNG 的动力船和相关设施建设，以保证通道安全，向远洋绿色动力转型。

通过寻找我国与东道国之间油气合作战略的契合点，针对每个国家的特色需求开展务实合作，密切和巩固我国与沿线国家的政治经济关系，建立和平与繁荣的战略伙伴关系，形成利益共享、通道共保局面，巩固我国能源和海上通道的战略安全。通过“重点合作、择机合作、拓展合作、机动合作 4 种合作序列；资源合作、技术合作、资源-技术复合合作 3 种合作方式；风险勘探合作、油气开发合作、油气商贸合作、工程建设合作、技术服务合作、联合科研合作、全产业链合作 7 种合作模式；国家助推、企业实施、协同合作 3 种合作途径”，优先布局重点国家。

（二）加快近海非常规油气开发技术创新，实现高效开发

探索开发近海非常规稠油（重油）开发、复杂气藏开发的新技术，针对限制资源有效动用的重点技术和重要装备，集中行业力量，限时进行重点攻关突破。建立健全近海油气资源开发利用技术创新及矿场应用的鼓励机制与容错机制。以区域开发、滚动开发思想为指导，推进勘探开发工程一体化，发力综合开发技术的提升与创新。对海上稠油开采等高成本开发项目，给予财政或政策优惠，进一步降税降费，鼓励技术在实践中得到进步，使相关资源得到有效动用。

（三）加快南海北部油气开发，并择机带动和推进中南部开发

加快南海北部开发，有利于由近及远推进南海油气开发的战略，完善

深水油气开发技术和装备体系。择机带动和推进万安北、礼乐和南海中部9个对外招标区块的开发，形成完全自主开发的装备和技术能力，以自主开发促进合作开发。在2035年实现南海中南部油气资源的大规模开发。

建议建立深水油气勘探开发协调保障机制；优化调整南海敏感区自主开发油气田项目审批机制；加大南海深水油气勘探开发政策扶持力度；积极探索和扩大深水勘探对外合作新模式。

（四）加大智能化装备和技术研发，建设数字化智慧油田

建议设立新一代智能深海油气开发装备国家重大专项，大力推进大数据、云计算、人工智能和深海资源开发装备和技术的深度融合，率先研发新一代深海智能装备，推动智能化的勘探、钻完井、开发和生产技术，实现智能监测、智能管理，建设新时代数字化的智慧油田，助力“建设海洋强国”“中国制造2025”和“中国人工智能2.0”国家战略。

（五）加快深水平台和水下生产系统关键设备和核心元件国产化步伐

建议加大国家专项资金投入，设立制约我国海洋深水油气田开发的关键设备和“卡脖子”技术重大专项，加大原始创新力度，重点开展深水工程所需的原材料及核心元器件自主研发，加快开展水下生产系统关键设备国产化应用、浮式设施配套关键设备研发力度，推动国产化和产业化应用。

（六）加强温差能开发及综合利用技术研究，并予以政策支持

根据我国南海岛屿面积条件，重点开展近岸式温差能开发研究，打造温差能发电与深层海水综合利用产业链；建议国家给出温差能开发场址规划政策；给出温差能开发融资优惠与电价补贴政策。

主要执笔人：

周守为，中国海洋石油集团有限公司，中国工程院院士
李清平，中海油研究总院有限责任公司，教授级高级工程师
付　强，中海油研究总院有限责任公司，高级工程师
程　兵，中海油研究总院有限责任公司，高级工程师
杨松岭，中海石油国际能源服务（北京）有限公司，高级工程师
张　健，中海油研究总院有限责任公司，教授级高级工程师
张厚和，中海油研究总院有限责任公司，教授级高级工程师
张　理，中海油研究总院有限责任公司，高级工程师
康晓东，中海油研究总院有限责任公司，教授级高级工程师
谭　卓，中海石油国际能源服务（北京）有限公司，高级工程师
李大树，中海油研究总院有限责任公司，高级工程师

第四章 海洋生物资源产业领域中长期科技发展战略研究

海洋生物资源是一种可持续利用的再生性资源，是海洋生物繁茂芜杂、自行增殖和不断更新的特殊资源。包括群体资源、遗传资源和产物资源。海洋生物资源与海水化学资源、海洋动力资源和大多数海底矿产资源不同，其主要特点是通过生物个体和亚群的繁殖、发育、生长和新老替代，使资源不断更新，种群不断获得补充，并通过一定的自我调节能力而达到数量上的相对稳定。

海洋生物种类占全球物种的 80%以上，是食品、蛋白质和药品原料的重要来源。我国在海洋生物资源开发利用方面具有独特的优势，随着科学技术的进步，海洋生物资源将成为我国重要的食物与药物资源。

目前，我国海洋水产品的年产量相当于全国肉类和禽蛋类年总产量的 30%，为我国城乡居民膳食营养提供了近 1/3 的优质动物蛋白，已经成为我国食物供给的重要来源。因此，海洋生物资源产业是战略性产业，是建设“海洋强国”，实施“走出去”和践行“一带一路”倡议的重要组成部分。科学合理开发、利用和保护海洋生物资源，对保障国内优质水产品供应，保障国家食物安全，促进国际双边和多边渔业合作，以及维护国家海洋权益等具有极为重要的战略意义。

一、世界海洋生物产业的发展现状与趋势

据联合国粮农组织（FAO）统计，2016 年，全球捕捞渔业和水产养殖业产量 1.71 亿 t，世界人口动物蛋白摄入量 17%来自水产品。作为人类海洋开发史中最古老的产业之一，海洋捕捞业一直是水产品的重要来源。2016 年，世界海洋捕捞产量为 7 930 万 t，占世界水产品总产量的 46.4%，海洋捕捞业仍然是渔业的主要支柱（表 4-1）。

表 4-1 世界主要海洋捕捞国变化

排名	1950 年	1960 年	1970 年	1980 年	1990 年	2000 年	2010 年	2016 年
1	日本	日本	秘鲁	日本	日本	中国	中国	中国
2	美国	秘鲁	日本	苏联	俄罗斯	秘鲁	印度尼西亚	印度尼西亚
3	挪威	美国	苏联	美国	秘鲁	日本	美国	美国
4	苏联	苏联	挪威	智利	中国	美国	秘鲁	俄罗斯
5	英国	中国	美国	中国	美国	智利	日本	秘鲁
6	加拿大	挪威	中国	秘鲁	智利	印度尼西亚	俄罗斯	印度
7	中国	英国	西班牙	挪威	韩国	俄罗斯	印度	日本
8	西班牙	西班牙	加拿大	丹麦	泰国	挪威	智利	越南
9	德国	印度	南非	韩国	印度尼西亚	印度	挪威	挪威
10	印度	南非	泰国	泰国	印度	泰国	菲律宾	菲律宾

注：资料来自联合国粮农组织（FAO）Fishstat Plus 数据库。

据世界银行预计，到 2025 年将有 36 个国家的 14 亿人陷入食物短缺的危机中，到 2030 年全球范围内对粮食的需求将增长 50%以上。水产品是国际公认的优质动物蛋白来源，也是人类食物供应的重要组成部分。随着全球人口数量的增加和人们生活水平的提高，特别是近些年来全球性粮食价格快速上涨，全球对水产品的需求会持续增长。

据联合国粮农组织数据资料显示，20 世纪初，世界海洋捕捞业产量只有 350 万 t 左右。进入 50 年代后，世界海洋捕捞业开始进入快速发展期。从 80 年代开始，随着捕捞技术的进步和大规模商业捕捞的发展，世界海洋捕捞产量经历了一个高速增长期。然而进入 90 年代后，随着世界海洋捕捞压力的持续增加，渔业资源过度捕捞状况日益严重，导致海洋渔业资源不断衰退，海洋捕捞总产量进入“零增长”的徘徊期。

2016 年，全球鱼类产量约 1.71 亿 t。2016 年世界海洋捕捞总产量同比 1950 年大约增长了 3.7 倍。其中，全球捕捞渔业产量为 9 090 万 t，海洋和内陆水域渔业分别占全球捕捞渔业的 87.2%和 12.8%。2016 年，世界海洋捕捞总量为 7 930 万 t，较 2015 年的 8 120 万 t 减少了近 200 万 t。

水产养殖产量占总产量的 47%，如扣除非食用（包括用于生产鱼粉和鱼油）产量，则水产养殖占总产量的 53%。从产值来看，2016 年，渔业和水产养殖产量初次销售总额约为 3 620 亿美元，其中水产养殖产量占 2 320 亿美元。从人均消费量来看，食用鱼消费量从 1961 年的 9.0 kg 增加到 2015 年的 20.2 kg，年均增长约 1.5%。初步评估显示，2016 年和 2017 年食用鱼品消费量分别进一步增加至约 20.3 kg 和 20.5 kg。消费量增加不仅由产量增加所驱动，还受其他因素影响，如损耗减少的影响。

2016 年，1.71 亿 t 鱼类总产量中约 88%（超过 1.51 亿 t）直接用于人类消费；该比例在最近数十年显著增加。占总产量 12%的非食品用途鱼类中绝大部分（约 2 000 亿 t）化为鱼粉和鱼油。鲜活或冷藏通常是最受欢迎和价格最高的鱼品形式，在直接供人类消费鱼品中占最大比重（2016 年占 45%），其次是冷冻（31%）。尽管鱼类加工和流通技术手段不断完善，在上岸与消费之间的损失或浪费仍占上岸鱼品的 27%左右。

联合国粮农组织的报告提出：目前世界渔业正面临着各种挑战，包括需要减少某些鱼类的捕捞，以避免影响生物可持续发展。联合国粮农组织提出的渔业可持续发展目标号召国际社会有效规范渔业捕捞，终止过度捕捞、非法捕捞和破坏性捕捞，并采取科学的管理方案，以恢复鱼类资源。报告呼吁，在可持续渔业领域，需要在发展中国家和发达国家间开展有效合作，特别是在政策协调、财政和人力资源调动以及先进技术运用方面。同时，需要制定相应战略帮助渔业部门适应气候变化、加强防范、减少海洋中的废弃物等，升级回收计划，实现循环经济。

根据各海域的地理位置、鱼类分布特点及历史上形成的捕捞范围等，国际上大致把世界海洋划分为 16 个大渔区，其中太平洋和大西洋各分西北、东北、中西、中东、西南、东南几部分，印度洋分为东、西两部分，此外，还有地中海和黑海及南北极海区。从海洋捕捞业分布区域来看，西北太平洋产量最高，2016 年约为 2 241 万 t（约占全球海洋捕捞渔业产量的 28%），其次是中西太平洋，为 1 274 万 t（约占 16%），东北大西洋为 831 万 t（约占 10%）以及东印度洋为 639 万 t（约占 8%）（图 4-1 和图 4-2）。

2016 年，世界渔船总数大约为 460 万艘，其中亚洲大约 350 万艘，占全球渔船总数的 75%，其次是非洲（14%）、拉丁美洲和加勒比区域（6.4%）、欧洲（2.1%）和北美洲（1.8%）。在全球船队中，机动渔船占渔船总数的 61%。欧洲和北美洲发达地区渔船中机动渔船的比例远远高于其他地区，亚洲以及太平洋和大洋洲的机动渔船比例接近于世界平均水平，

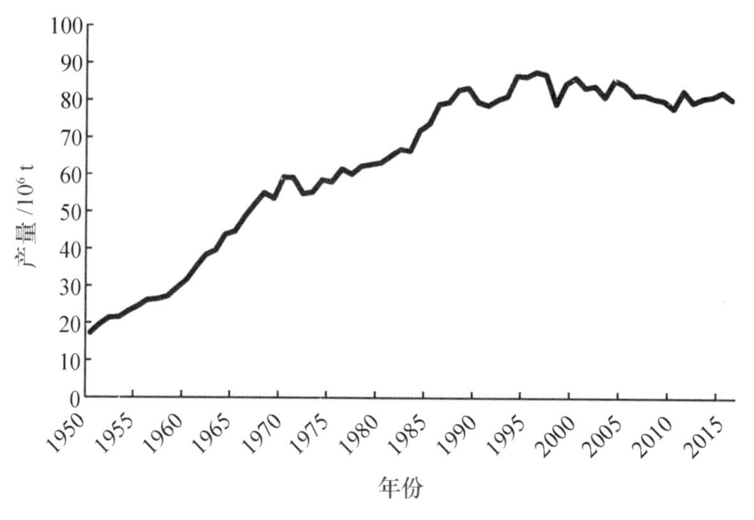

图 4-1 世界海洋捕捞业产量变化

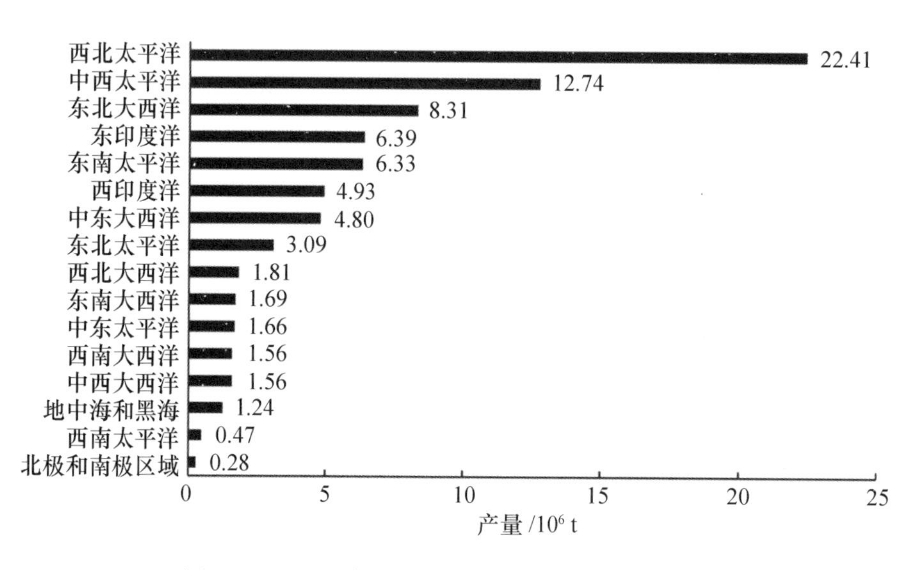

图 4-2 2016 年全球主要渔区海洋捕捞产量

非洲水平最低，仅只有不到 30% 的海洋渔船为机动渔船。虽然欧洲和北美洲渔船总数占世界比例较低，但是其海洋捕捞的产量占世界比例远远高于其渔船比例（图 4-3）。这反映了欧美国家海洋捕捞业的共同特点，依靠强大的现代工业基础发展海洋捕捞业。

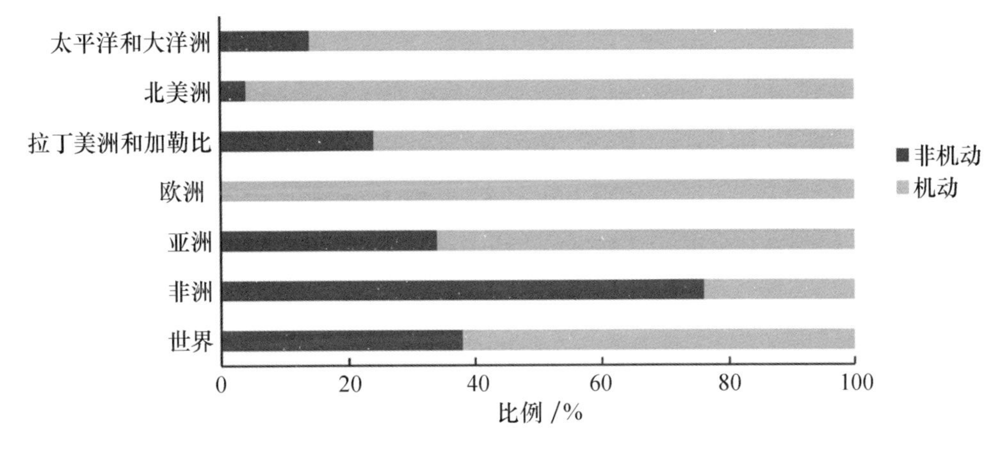

图 4-3　2016 年各区域机动和非机动渔船比例

二、世界海洋生物产业技术发展的趋势

20 世纪 80 年代以来，国际社会对可持续渔业和海洋生态环境保护高度关注，可持续渔业问题和保护海洋脆弱生态系统已经成为海洋渔业治理的热点问题。从一系列相关国际条约和国际文件分析，全球海洋渔业治理的发展趋势是：聚焦海洋脆弱生态系统；强调在海洋生物资源管理中生态系统方法的应用；强化国家管辖范围外海域海洋生物多样性保护；加强对深海渔业的管理；促进可持续渔业发展。全球海洋渔业治理的特点是：强化区域渔业管理组织在全球渔业治理中的作用；国家被要求承担更多的责任；渔业资源养护和管理措施的实施或执行的标准逐步具体化；打击非法、未报告及不受管制捕捞活动成为海洋渔业治理的重点；加强渔业执法合作，提升渔业执法效力；关注水产养殖对海洋生态的影响。

（一）主要海洋生物资源争夺日益激烈

从当前水产品消费情况来看，发达国家一直是水产品的主要消费市场。然而随着发展中国家对水产品需求的增加，世界水产品需求仍会继续增长。但是限于海洋渔业资源衰退的现实，世界水产品市场预计将会出现供不应求的状况。目前，海洋捕捞渔获量的 80%以上来自水深不到 180 m 的大陆架海区，由于沿海各国的近海渔业资源基本上处于过度或者饱和开发阶段，这将促使海洋捕捞大国将目光投向公海，公海渔业资源的争夺将会日益激烈，一些尚有潜力的大洋渔业资源，如南极磷虾将成为世界各主要海洋捕捞大国的关注重点。

（二）海洋捕捞业管理制度日益严格

自20世纪70年代起，全球在生物可持续限度内的鱼类种群比例呈下降趋势。根据FAO统计，在生物不可持续水平上捕捞的鱼类种群比例从1974年的10%增加到2015年的33.1%。其中地中海和黑海不可持续种群比例最高（62.2%），其后是东南太平洋的61.5%和西南大西洋的58.8%。如西北太平洋日本鳀和东南太平洋智利竹荚鱼被认为已遭过度开发，东南太平洋的两个主要鳀种群、北太平洋的阿拉斯加狭鳕和大西洋的蓝鳕被完全开发，大西洋鲱种群在东北和西北大西洋被完全开发，东太平洋和西北太平洋的日本鲭种群被完全开发。在目前23个金枪鱼种群中，60%以上被认为完全开发，而35%被认为已过度开发或处于衰退中。

此外，为了弥补专属经济区制度的有限性，并进一步规范各国的公海捕鱼行为，20世纪90年代，一系列公海渔业管理制度的国际法文件相继诞生，公海渔业资源养护和管理日趋严格。目前，各区域性渔业管理组织相继成立，几乎涵盖了所有公海作业海域，区域性渔业管理组织在限制公海捕鱼自由，养护渔业资源方面将发挥越来越大的作用。大洋性和公海渔业进入全面管理时代意味着未来有条件发展大洋和公海渔业的国家将面临越来越高的进入壁垒。

（三）海洋捕捞业产业转移趋势日趋明显

世界海洋渔业资源的衰退也促使人们开始考虑渔业捕捞能力的管理。从20世纪90年代开始，许多传统渔业强国开始通过政策和法律等手段限制捕捞能力的增长，以期实现海洋渔业资源的可持续利用。一些国家已经明确提出渔船削减目标来解决捕捞能力过度的问题。欧盟自2003年开始实施“进-出计划”政策，要求所有新渔船由退出的渔船按相等捕捞能力补偿，并建立船舶注册制度。此外，欧盟还要求各成员国渔船数量每年递减3%、吨位递减2%。日本从1981—2004年，共销毁1 615艘大中型渔船，到2005年，日本拥有308 810艘注册海洋渔船，总功率为1.244×10^7 kW，到2007年，船舶数量下降为296 576艘，总功率为1.284×10^7 kW。

随着沿海国家专属经济区制度的确定，许多传统海洋捕捞大国纷纷退出过洋性远洋渔业，加大了大洋性远洋渔业的投入。大洋性渔业虽然在渔船装备、从业人员上有着比近海捕捞更高的要求，但其本质上仍属于劳动密集型行业。随着劳动力成本的上升以及发达国家渔业从业人员数量的减少，大洋性渔业将出现由发达国家向发展中国家转移的趋势（表 4-2）。

表 4-2　若干国家捕捞渔民数量变化　　万人

区域	1990 年	1995 年	2000 年	2005 年	2010 年	2015 年
世界	2 707. 2	2 817. 4	3 421. 3	3 630. 4	3 915. 5	4 078. 1
中国	943. 2	875. 9	921. 3	838. 9	901. 3	948. 4
印度尼西亚	199. 5	246. 3	310. 5	259. 0	262. 0	270. 3
日本	37. 0	30. 1	26. 0	22. 2	20. 3	16. 7
挪威	2. 7	2. 4	2. 0	1. 5	1. 3	1. 1

（四）海洋渔业技术装备要求越来越高

传统的渔业强国如美国、日本及欧盟的海洋捕捞业发展依托于先进的装备制造业，其海洋捕捞的大型作业船只装备和助渔仪器具有一定的先进性和系统配套上的完整性，如大型围网作业机械、延绳钓机、鱿钓机械等，作业性能、自动化程度、工作稳定性等都达到相当高的水平。

由于海洋捕捞装备涉及海洋生物、船舶工程、电子信息、材料科学等多学科领域，随着科学技术的发展，新型海洋捕捞技术装备的发展更加注重多学科领域的联合开发。如目前一些渔业发达国家在海洋捕捞机械中应用先进的自动驱动系统和电子监视器、小型船用雷达等探鱼仪器以降低劳动强度和生产成本，在渔机产品方面注重采用新材料以提高渔机产品的寿命和可靠性，应用遥感、全球定位系统、地理信息系统等高新技术以提高海洋生物育种和渔业资源管理水平。发达国家在渔船技术和装备上的先进水平为其在世界海洋捕捞业中占据优势地位奠定了基础。

（五）国际社会越来越重视海洋渔业可持续发展

1995 年 10 月 FAO 第 28 次会议通过了《负责任渔业行为守则》，列举了负责任渔业应遵循的大量规则，其中特别包括捕鱼业从事捕捞的经济条件应有助于其履行负责任捕捞的责任。2001 年 11 月，世界贸易组织第四届部长级会议《多哈宣言》中特别指出，该组织的贸易与环境委员会针对渔业补贴问题已开展了长达数年的研究表明“渔业补贴可能有害于环境”，呼吁各成员国减少直至取消渔业补贴。2005 年，FAO 在罗马举行的专家磋商会上出台了《海洋捕捞渔业鱼和渔产品生态标签准则》，正式确定了国际渔业生态标签制度的基本准则。目前，国际海洋管理理事会（MSC）制度是以 FAO 准则为依据的水产品生态标签中唯一的国际标准，其主要支持者为欧洲及美国的主要零售商、制造商以及食品服务运营机构。随着人们对海洋过度捕捞现象的日益关注，世界上有关保护过度捕捞鱼种的组织日渐增加，愈来愈多的有关保护过度捕捞鱼种组织要求加入海洋管理理事会（MSC），以取得该理事会的认证。如 2006 年，美国零售业巨头沃尔玛宣称，其未来销售的捕捞水产品将全部经 MSC 认证。

2017 年，全球有 35 个国家超过 300 个渔场已经获得 MSC 认证，水产品产量接近 1 000 万 t，约占全球野生捕捞水产品的 12%。目前通过该认证的产品多为发达国家的某一区域优势渔业，以英国、挪威、新西兰、澳大利亚和美国为多。随着生态标签产品要求的增加并扩大到与发展中国家捕捞渔民有关的渔业物种，发展中国家生产者将面临参与生态标签计划的压力。

为解决非法、不报告和不管制捕鱼问题，首个具有约束力的国际协定《预防、制止和消除非法、不报告和不管制捕鱼港口国措施协定》于 2016 年 6 月 5 日生效。该协议通过实施有效的港口国措施来预防、制止并消除非法、不报告和不管制捕鱼活动，作为确保海洋生物资源获得长期养护和可持续利用的手段。此外 2016 年正式启动的《2030 年可持续发展议程》也明确提出“保护和可持续利用海洋和海洋资源促进可持续发展”的发展目标，呼吁各国采取有效管制捕捞，终止过度捕捞、非法、不报告和不管制的捕捞活动以及破坏性捕捞做法。这意味着国际社会对渔业资源和生态环境的保护越来越重视，合理开发利用、注重保护与改善海洋鱼类资源，争取海洋捕捞业的可持续发展已经成为世界各国的共识。

（六）水产增养殖技术的发展成为海洋经济新的增长点

长期以来，由于人类对海洋生物资源掠夺性地开发，造成了海洋生物资源的严重衰退。20 世纪 90 年代以来，全世界 17 个重点渔区中已有 13 个渔区处于资源枯竭或产量急剧下降状态。目前，国际社会对海洋生物资源增殖放流给予了高度重视。日本、美国、俄罗斯、挪威、西班牙、法国、英国和德国等先后开展了增殖放流工作，某些放流鱼类回捕率高达 20%，人工放流群体在捕捞群体中所占的比例逐年增加。在近海建立“海洋牧场”

也已经成为世界发达国家发展渔业、保护资源的主攻方向之一。通过人工鱼礁投放、海洋环境改良、人工增殖放流和聚引自然鱼群，从而提高海域生产力。各国均把海洋牧场作为振兴海洋渔业经济的战略对策，投入大量资金，开展人工育苗放流，恢复渔场基础生产力，取得了显著成效。

（七）海洋生物医药和生物制品技术发展迅速

海洋生物医药业（Marine Biopharmaceutics Industry）：指从海洋生物中提取有效成分利用生物技术生产生物化学药品、保健品和基因工程药物的生产活动。包括：基因、细胞、酶、发酵工程药物、基因工程疫苗、新疫苗、菌苗；药用氨基酸、抗生素、维生素、微生态制剂药物；血液制品及代用品。诊断试剂：血型试剂、X 光检查造影剂、用于病人的诊断试剂；用动物肝脏制成的生化药品等。

海洋生物资源被认为是目前最具新药开发潜力的领域。国际海洋生物医药业的发展始于 20 世纪 50 年代。在这一时期，科学家相继从海绵中发现了抗病毒药物 ara-A；从河鲀中发现了河鲀毒素，确定了化学结构，完成了河鲀毒素的人工合成研究；从加勒比海的柳珊瑚 *Plexaura homomalla* 中分离获得前列腺素 15R-PGA2。从第一代两个海洋药物（阿糖腺苷、阿糖胞苷）（1955—1976 年）上市，时隔 30 年，近 10 年来海洋药物研究发展迅速，取得了一系列令人瞩目的成就，相继有 8 个被美国 FDA 或欧盟 EMEA 批准上市、13 个海洋药物处于Ⅰ～Ⅲ期临床研究、1 300 个海洋分子正在进行系统的临床前研究。特别是 ET-743、E7389 和 SGN-35 这 3 个极具挑战性的海洋药物的研制成功，为解决药源问题、结构复杂难以合成及毒性大难以成药等制约海洋药物研发的“瓶颈”问题提供了科学启迪，为加快海洋药物研发进程奠定了技术基础。

目前，世界上已经从海葵、海绵、海洋腔肠动物、海洋被囊动物、海洋棘皮动物和海洋微生物中分离和鉴定了 2 万多个新型化合物，它们的主要活性表现在抗肿瘤、抗菌、抗病毒、抗凝血、镇痛、抗炎和抗心血管疾病等方面。1998—2008 年间，国际上共有 592 个具有抗肿瘤和细胞毒活性和 666 个具有其他多种活性（抗菌、抗病毒、抗凝血、抗炎、抗虫等活性，以及作用于心血管、内分泌、免疫和神经系统等）的海洋活性化合物正在进行成药性评价和/或临床前研究，有望从中产生一批具有开发前景的候选药物。

尤其值得关注的是，海洋的特殊环境，使得这些功能效应分子在生合成进化过程中形成具有复杂精细的三维立体结构，非常容易以网状非共价的形式与药物的受体分子结合；同时分子结构中含有的高活性功能基（如环氧基、内酯环、内酰胺、硫酸酯基等）能以共价键的形式作用于不同的分子靶点，发挥其各种生物功能，这些重要的海洋活性天然产物是研究其对肿瘤、感染性疾病、代谢性疾病及心脑血管疾病等疾病的作用与靶点调控的理想模式分子，可作为药物先导化合物。因此，如何高效、靶向性地从海洋生物（微生物）中发现这些海洋天然产物的活性分子，是海洋药物先导化合物发现中要解决的关键科技问题，也是国际海洋药物研究竞争最激烈的研究领域。然而，由于海洋活性天然产物含量低微、结构复杂难以合成，使得具有良好研究前景的海洋药物先导化合物难以开发利用。因此，发展和运用有机合成的新概念、新方法和新技术，设计、建立高效、高选择性的合成策略，进行先导化合物的合成优化和规模化合成，提高海洋药物先导化合物的成药性，是新药研究发现阶段面临的另一个突出的关键科技问题，也是国际海洋药物研究面临的最有挑战性的研究领域。

海洋生物在激烈的生存竞争中，能够产生具有特殊生物学功能、结构多样的海洋天然产物活性分子。科技工作者已从海洋生物中发现了 3 万余个天然产物，其中 50%以上具有各种生理活性。与其他天然产物相比，海洋天然产物具有更大的类药性（drug-likeness），在已发现的海洋天然产物中，60%满足“Lipinski 类药五规则”（用于早期药物分子成药性风险评估的经验规则）中的全部 5 条，而对所有天然产物（海洋+陆地）而言，这个比例是 40%，表明海洋天然产物具有更大的成药前景。

当前，国际海洋生物制品研发的热点主要集中在海洋生物酶、功能材料、绿色农用制剂，以及保健食品、日用化学品等方面，并促进新兴朝阳产业的形成。酶制剂广泛应用于工业、农业、食品、能源、环境保护、生物医药和材料等众多领域。欧、美及日本等发达国家每年投入多达 100 亿美元，用于海洋生物酶领域的研究与开发。迄今为止，已从海洋微生物中筛选得到 140 余种酶，其中新酶达到 20 余种。海洋生物酶已成为发达国家寻求新型酶制剂产品的重要来源。海洋生物是功能材料的极佳原料，美国强生公司、英国施乐辉公司等均投入巨资开展生物相容性海洋生物医用材料产品的开发，主要产品有创伤止血材料、组织损伤修复材料、组织工程材料（如皮肤、骨组织、角膜组织、神经组织、血管等），目前尚处于研究开发阶段的有运载缓释材料，如自组装药物缓释材料、凝胶缓释载体、基因载体等。海洋寡糖及寡肽是一种海洋绿色农用制剂，通过激活植物的防御系统达到植物抗病害的目的，是一类全新生物农药。美国一种商品名为 Elexa® 的壳聚糖产品，经美国 EPA 批准用于黄瓜、葡萄、马铃薯、草莓和番茄病害防治。日本、韩国等国家在海洋饲用抗生素替代物方面的研究取得了较大的进展，已将壳寡糖、褐藻寡糖、岩藻多糖等作为饲用抗生素的替代物。

（八）海洋保健食品技术日益受到重视

随着科学技术的发展和人们生活水平的提高，保健食品代表了当代食品的发展趋势，在国际上迅速发展，已逐渐成为世界饮食工业发展的新潮流。海洋生物资源活性成分和生理作用是陆生生物难以比拟的，充分利用海洋生物中的有效成分，将其进行深加工制成风味独特、保健功效显著的保健食品是今后食品工业开发研究的重要课题。随着对海洋特殊环境和海洋生物中具有生理活性的海洋资源的认识逐步加深，海洋功能性食品的发展前景将越来越广阔。

三、我国海洋生物产业的发展现状与特点

2017 年，全国水产品总产量 6 445. 33 万 t，比上年增长 1. 03%。其中，养殖产量 4 905. 99 万 t，占总产量的 76. 12%，同比增长 2. 35%；捕捞产量 1 539. 34 万 t，占总产量的 23. 88%，同比降低 2. 96%。全国水产品人均占有量 46. 37 kg（人口 139 008 万人）。

从水产品产量结构来看，目前，我国水产品产量主要来自水产养殖，来自捕捞的水产品不到 3 成。2018 年，全国水产品总产量 6 457. 696 万 t，其中水产养殖产量 4 991. 06 万 t，占比达 77. 29%；捕捞产量达 1 466. 6 万 t，占比达 22. 71%。

2018 年，按当年价格计算，全国渔业经济总产值 258. 64 亿元，其中渔业产值 12 313. 85 亿元；渔业工业和建筑业产值 5 666. 62 亿元；渔业流通和服务业产值 6 780. 76 亿元。在渔业产值中，海洋捕捞产值 1 987. 65 亿元；海水养殖产值 3 307. 40 亿元；淡水捕捞产值 461. 75 亿元；淡水养殖产值 5 876. 25 亿元；水产苗种产值 680. 80 亿元。

2018 年，全国渔民人均纯收入 18 452. 78 元，比上年增加 1 548. 58 元，增长 9. 16%。近年的全国渔业经济总产值、渔业产值、水产品总产量、水

产养殖总产量、捕捞总产量、渔业人口数量以及海洋捕捞渔业情况详见图4-4 至图 4-10。

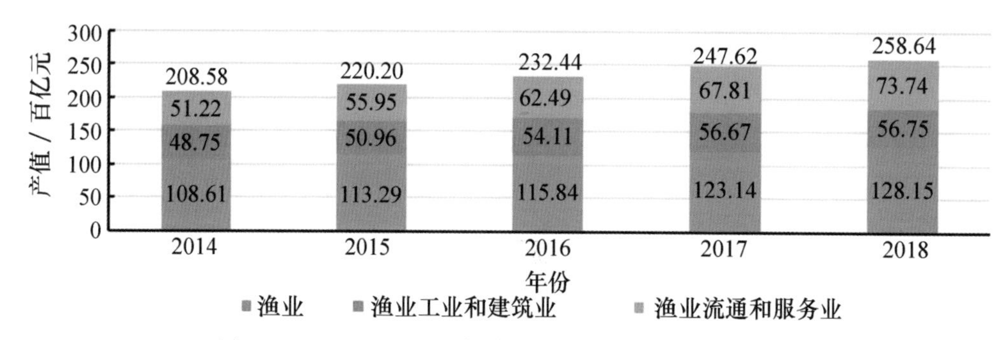

图 4-4　2014—2018 年全国渔业经济总产值及构成

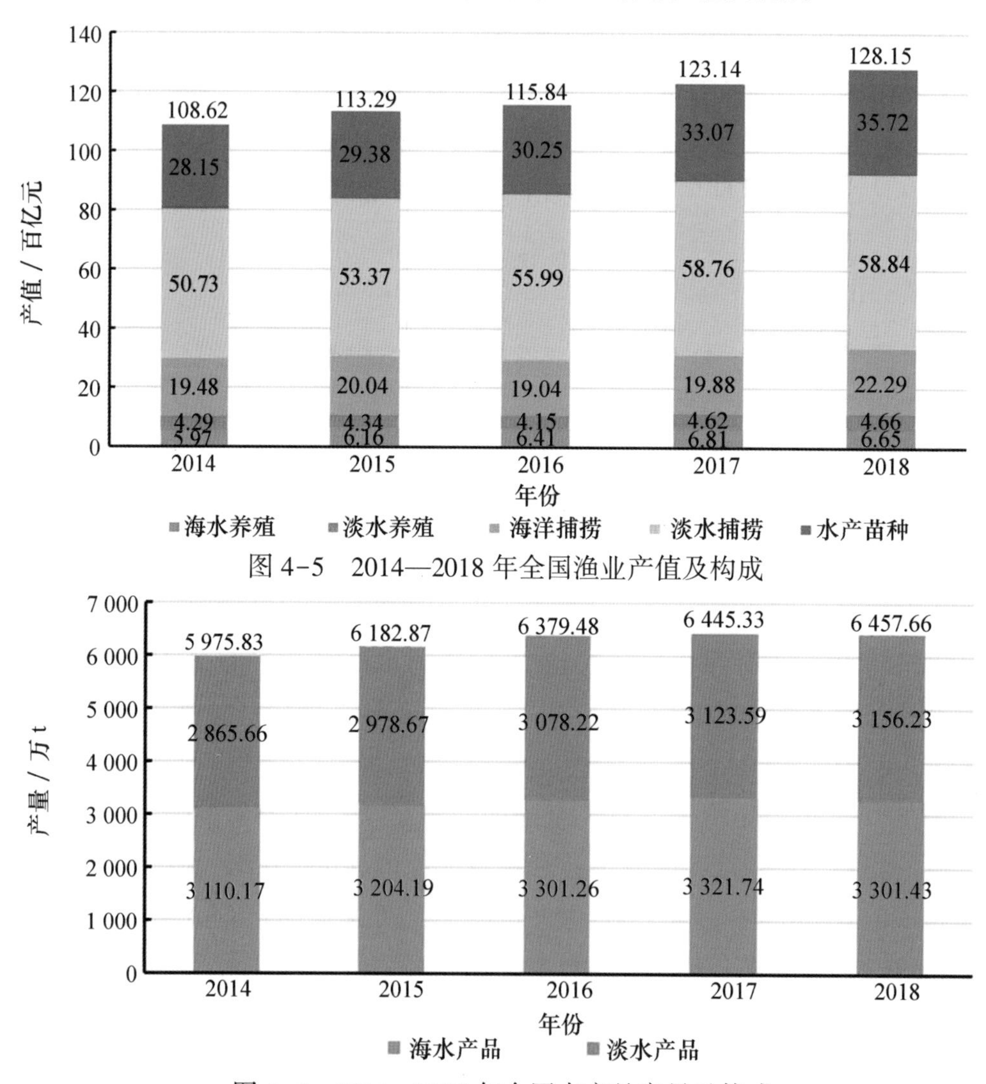

图 4-5　2014—2018 年全国渔业产值及构成

图 4-6　2014—2018 年全国水产品产量及构成

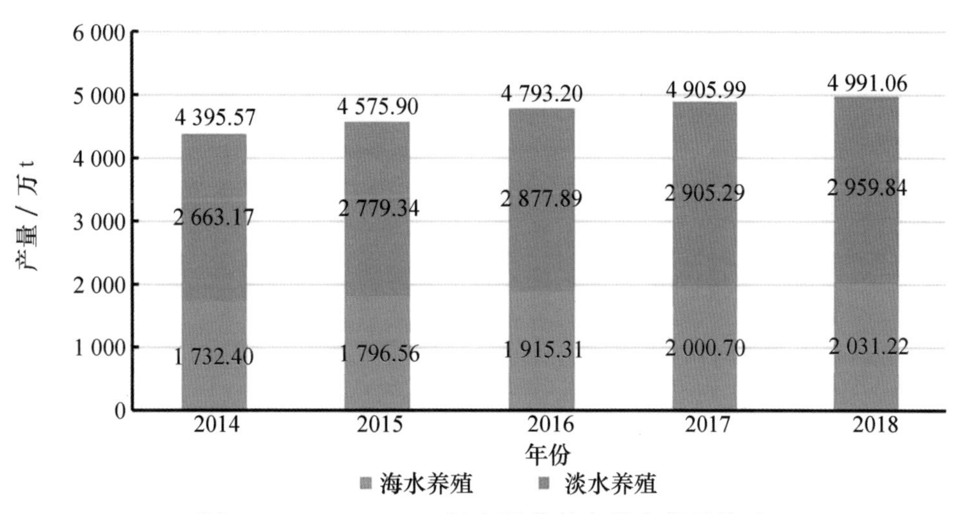

图 4-7　2014—2018 年全国养殖产品产量及构成

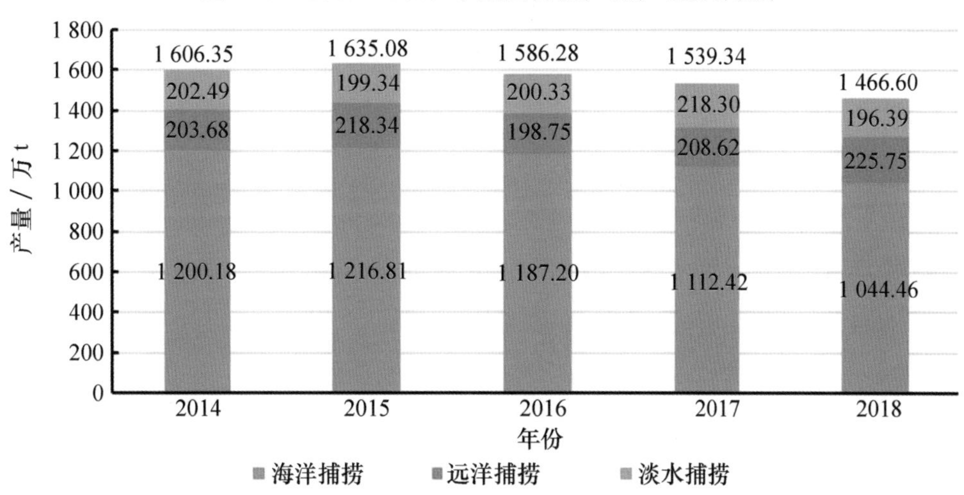

图 4-8　2014—2018 年全国捕捞产品产量及构成

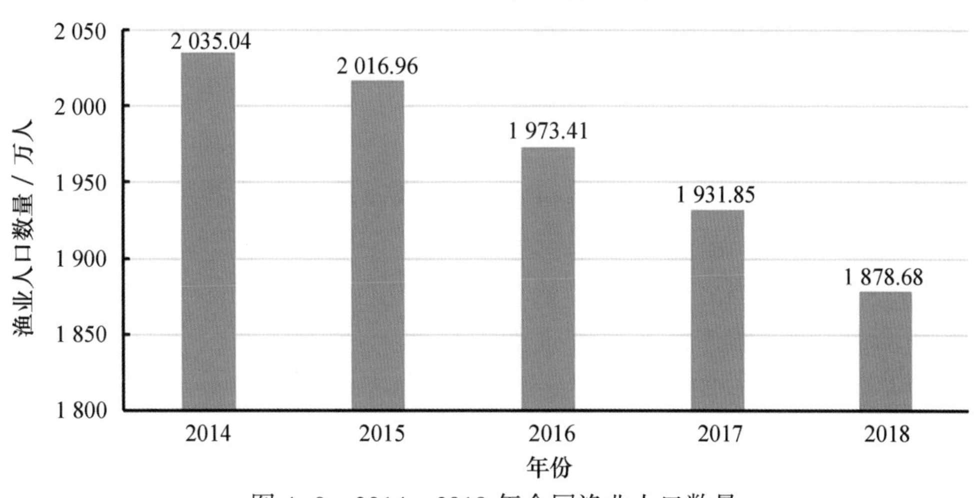

图 4-9　2014—2018 年全国渔业人口数量

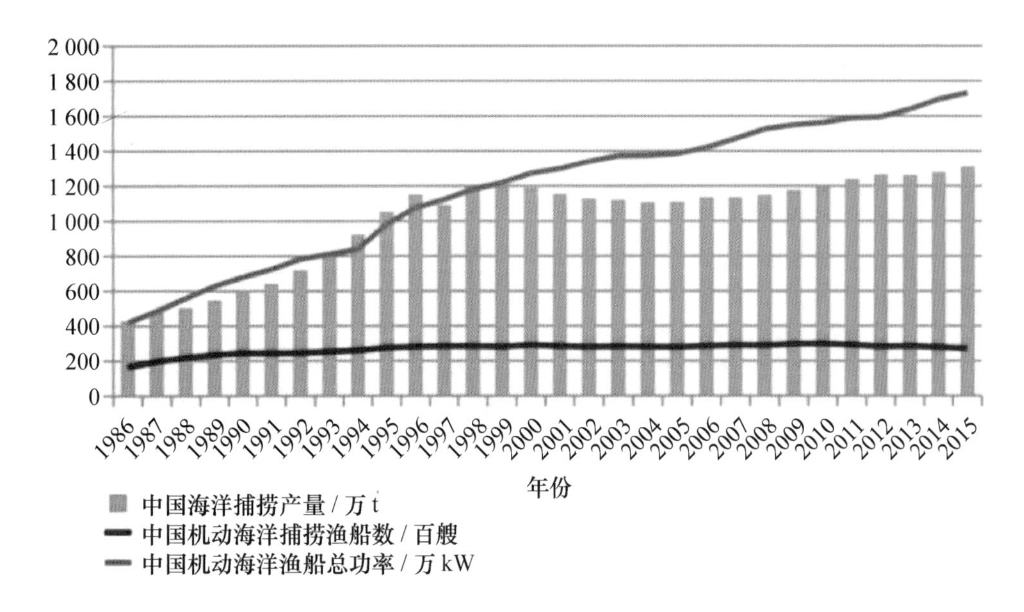

图 4-10　我国海洋捕捞业发展趋势

（一）水产养殖技术的发展，引领了世界渔业增长方式和生产结构的转变

近些年来，全国渔业系统积极推进渔业供给侧结构性改革，渔业经济发展稳中有进，渔业养殖结构调整加快。目前，世界水产养殖产量的 70%来自中国，而中国水产品产量的 70%来自水产养殖。

我国的水产养殖业目前已成为我国海洋生物资源开发利用的主要经济增长点。主要得益于 20 世纪 50 年代的海带人工育苗技术的突破带动了海藻养殖业的大发展；60 年代的“四大家鱼”人工育苗技术的突破带动了淡水鱼类养殖业的大发展；70 年代的扇贝人工育苗技术的突破带动了海水贝类养殖技术的大发展；80 年代的中国对虾工厂化育苗技术和鲍鱼等育苗技术的突破，带动了虾类、鲍鱼养殖业的大发展，奠定了我国养虾大国的地位，还有 80 年代河蟹天然海水和人工半咸水育苗均获成功也极大地促进了河蟹增养殖业的形成与发展；90 年代欧鳗养殖技术的成功，改变了亚洲养鳗业的格局，奠定了我国大陆鳗鱼养殖、出口的主导地位。进入 21 世纪以来，随着一大批鱼类、蟹类、海参等水产养殖技术的突破，大大促进了我国水产养殖技术的发展，使我国水产养殖业发展踏上了新的台阶。

1. 养殖品种越来越多

我国非常重视水产养殖育种技术的发展，尤其是从 20 世纪 90 年代起，我国成立了全国水产原、良种审定委员会，通过“保护区—原种场—良种场—苗种场”“遗传育种中心、引种中心—良种场—苗种场”等建设，奠定了我国水产种业的基础。良种覆盖率和贡献率不断上升，不断增加的新品种使产业减少了对野生种的依赖，良种产业化水平不断提高，为实现全面良种化奠定了坚实的基础。而且水产养殖方式逐年增多，包括：池塘养殖、水库养殖、湖泊养殖、稻田养殖、河沟养殖、工厂化养殖、网箱养殖、滩涂养殖、浅海养殖、深水设施养殖等。养殖空间不断拓展，养殖品种结构不断优化，产品质量明显提高，养殖设施化、机械化、信息化和智能化程度水平不断提升。

据不完全统计，目前我国的水产养殖种类总数超过300种，而且优势种明显。经过全国水产原、良种审定委员会通过的水产新品种182个，其中淡水品种96个。海水养殖种类和品种累加约230个。五大类别的种类组成为：鱼类80种，占48.2%；贝类48种，占28.9%；甲壳类9种，占5.4%；藻类20种，占12.1%；其他类9种，占5.4%。

2. 养殖结构不断优化

多年来，以“高效、优质、生态、健康、安全”为核心的健康养殖已成为我国水产养殖的发展目标。围绕健康养殖发展的需要，我国加强了水产健康养殖模式研究与推广应用，内陆养殖结构不断优化，在池塘养殖方面，围绕节水减排等的需要，开展了池塘规范化、生态化和健康养殖技术等研究，建立了多营养级复合养殖、生态工程化池塘养殖、渔农综合种养殖、工业化池塘养殖等池塘生态工程化养殖模式，带动了池塘养殖方式的转变。在工厂化循环水养殖方面，针对水处理工艺及系统关键技术进行了研发，构建了从水处理装备开发、养殖系统优化集成、高效健康养殖、产业示范推广的完整产业链。在养殖精准化调控与系统化构建方面，研发了基于大数据物联网的水产养殖信息化管理平台、智慧化养殖管理系统等，取得了良好的应用效果，促进了现代渔业的发展，不同水体的养殖容量逐渐回归其生态要求。

3. 养殖模式不断创新

我国的工厂化养殖产业起步于20世纪80年代初，随着梭鱼、真鲷、黑鲷、河鲀、大黄鱼、对虾等经济鱼类和虾类繁育与养殖技术的突破，这些种类的集约化养殖开始兴起。通过“九五”以来国家科技计划的连续支持，在研究与应用方面取得了长足的进展，通过集成创新，循环水养殖装备全部实现国产化，关键设备进一步标准化；采用新技术、新材料的净化水质技术和设备的成功研制，大大提高了净水效率，提高了系统的稳定性和安全性，降低了系统能耗；初步实现了产业的规范化发展，取得了诸多成果，带动了海水工厂化循环水养殖战略性新兴产业的兴起，保护了生态环境，促进了海洋经济发展和渔民的增收致富，填补了国内在大规模工业化循环水养殖石斑鱼、半滑舌鳎等方面的空白。针对不同养殖对象（石斑鱼、半滑舌鳎、凡纳滨对虾和刺参等）、不同养殖模式（流水养殖、循环水养殖）制定了严格的技术规范和企业标准，特别是在循环水养殖的鱼病防治研究中，取得了系列突破，确立了循环水养殖鱼病防治三原则，并制订出了严格的技术规范。

4. 从浅海养殖走向深海

浅海海域（包括海湾、河口区域）是海水养殖的主战场。近 50% 的海水养殖产量来自浅海海域（不含滩涂），养殖的种类包括鱼、贝、藻、蟹、刺参等。我国的浅海养殖在 20 世纪 90 年代以前，因受养殖器材和技术的限制，主要在港湾内发展。90 年代以后，随着抗风浪养殖器材和设施、设备的应用以及养殖技术的提升，海上养殖逐渐拓展至湾外，并逐步向深水区发展。如黄海北部的虾夷扇贝底播养殖，山东半岛的浮筏养殖等，已经拓展至 50 m 水深。另外，近年来开发构建的贝藻、鱼贝藻、鱼贝藻参等多营养层次综合养殖模式，因其经济和生态效益显著，正在由港湾向深水区逐步推广。

总之，我国水产养殖技术的发展，不仅引导了中国渔业生产增长方式和产业结构发生了根本的改变，同时也左右了世界渔业生产增长方式和结构的重大转变。联合国粮农组织在 2016 年全球渔业年报中指出，“2014 年是具有里程碑意义的一年，水产养殖业对人类水产品消费的贡献首次超过野生水产品捕捞业”“中国在其中发挥了重要作用”“产量贡献在 60% 以上”。我国水产养殖技术的发展推动我国成为世界第一渔业大国水产品产量连续 30 年稳居世界首位，保障了我国水产品市场的供给，为国家的食物安全、营养安全和生态安全做出了重大贡献。

（二）远洋渔业技术发展迅速，已跻身世界前列

1985 年 3 月 10 日，中国水产总公司派出由 13 艘渔船、223 名船员组成的我国历史上第一支远洋渔业船队，毅然走出国门，从福建马尾港出发，劈波斩浪，远航万里，抵达非洲。随即与几内亚比绍、塞内加尔等西非国家开展远洋渔业合作，实现了我国远洋渔业“零”的突破。经过 30 多年的艰苦拼搏，我国远洋渔业取得了辉煌的成就。

我国远洋渔业科技进步明显，形成了比较完善的捕捞和加工技术体系。我国自主设计、建造大型专业化远洋渔船能力显著提升。形成了以捕捞技术、资源调查与探捕、渔情海况预报、渔用装备研发、水产品加工等为主要内容的科技支撑体系。建立了远洋渔业数据中心、远洋渔业工程技术中心、远洋渔业学院、远洋渔业国际履约中心等机构。资源评估、研究开发和国际履约能力不断提升，培养了一大批远洋渔业专业人才。远洋渔船建造审批、作业许可、年度审查、行业自律等管理制度逐步完善，与国际渔业管理规则相适应的远洋渔业管理体系逐步建立。

远洋渔船更新改造力度加大，中大型渔船所占比重明显增加，远洋渔船整体装备水平显著提高，现代化、专业化、标准化的远洋渔船船队初具规模。渔船和船用设备设施的设计以及制造能力明显提升，我国自主设计、建造的一批金枪鱼超低温延绳钓船、金枪鱼围网船、秋刀鱼舷提网船先后投产，我国建造大型专业化远洋渔船水平上了新的台阶。作业方式由单一的底拖网捕捞发展为包括大型拖网、大型围网、大型延绳钓等多种方式，已经形成了具备海洋捕捞、海上加工补给运输、基地配套服务一体化的比较完整的现代远洋渔业生产体系，改变了过去加油运输受制于西方的被动局面。

据统计，2018 年全国远洋渔业总产量和总产值分别为 225. 75 万 t 和 262. 73 亿元，作业远洋渔船超过 2 600 艘，船队总体规模和远洋渔业产量均居世界前列。公海鱿鱼钓船队规模和鱿鱼产量居世界第一，金枪鱼延绳钓船数和金枪鱼产量居世界前列，专业秋刀鱼渔船数和生产能力跨入世界先进行列，南极磷虾资源开发取得重要进展。

我国远洋渔业从小到大，从弱到强，作业范围不断扩大，合作领域进一步拓宽，从近海走向公海，走向深蓝。作业船队已遍布太平洋、大西洋和印度洋及周边 40 多个国家的海域以及南极公海区域。

（三）海洋生物医药业异军突起

在海洋药物方面：我国是最早将海洋生物用作药物的国家之一，距今已有 2 000 多年的应用历史。而系统的现代海洋药物的研究始于 20 世纪 70 年代，我国医药工作者在继承和发展海洋药物方面开展了大量的工作。1985 年，我国第一个现代海洋药物藻酸双酯钠成功上市，此后，甘糖酯、烟酸甘露醇、海昆肾喜胶囊等 10 余个海洋药物成功上市，这些成果初步奠定了我国海洋制药业的基础。目前，我国科学家还获得了一批针对重大疾病的海洋药物先导化合物，其中 20 余种针对恶性肿瘤、心脑血管疾病、代谢性疾病、感染性疾病和神经退行性疾病等的候选药物正在开展系统的成药性评价和临床前研究工作；处于临床研究的海洋药物有络通（玉足海参多糖）、K-001、D-聚甘酯、聚甘古酯（911）、HSH971 和几丁糖脂。据统计，2001—2010 年，我国科研人员平均每年发现新结构海洋化合物 200~300 个，在国际上占有相当的份额。同时，综合运用基因工程、细胞工程、蛋白质工程和发酵工程以及各种新技术与新方法，研究开发新型海洋生物制品也将极大地推动海洋药物的研发进程。

在海洋中药方面：海洋中药系指以传统中医药理论为指导的海洋天然药物。我国最早的医学文献《黄帝内经》中就有“乌贼骨作丸，饮以鲍鱼汁治血枯”的记载。古典医籍《神农本草经》《本草纲目》《本草纲目拾遗》收载的海洋药物已达百余种。

海洋中药传统药材有海带、紫菜、海人草、乌贼骨（海螵蛸）、海马、海龙、海月、南珠、玳瑁、鲍壳、瓦楞子、文蛤、海参、牡蛎、海胆等。涉及的海洋生物包括海洋藻类以及腔肠动物、环节动物、软体动物、节肢动物、棘皮动物、脊索动物等。药用部位包括藻类的全体，动物的壳、肉、脂、卵等。中华人民共和国成立以来，历版《中华人民共和国药典》均收载海洋药物及有关方剂。《中药大辞典》（1977 年版）收载海洋中药 134 种，《中国药用海洋生物》（1977 年版）收载药用海洋生物 275 种，《中国药用动物志》收载海洋药物 236 种，《中国海洋药物辞典》收载海洋药物 1 600 种、具特殊药理活性的化学成分药 38 条，《中国海洋湖沼药物学》分别介绍了湖海药用动物 760 种、植物 99 种、矿物 9 种，《海洋药物与效方》收载我国常见海洋药物 208 种，《中华本草》亦收载了海洋药物 802 种。

从 20 世纪 80 年代以来，我国科学家将中医药理论与现代医药技术相结合，研制出了一批现代海洋中药，在临床中发挥了重要作用。目前，我国以海洋生物制成的单方药物有 20 余种，以海洋生物配伍其他药物制成的复方中成药有 150 余种。

海洋生物医用材料方面：除海洋药物外，近年来，海洋生物医用材料的开发也取得了较大进展。海洋生物医用材料主要包括壳聚糖、海藻酸盐、珍珠质等，这些物质以其优异的生物学性能受到人们的重视，与人工合成的生物医用材料相比，具有纯天然、价格低廉等优点，已经在生物医学领域崭露头角，显示出巨大的应用前景。从藻类、甲壳类动物等海洋生物中提取的生物活性物质如褐藻胶、卡拉胶、琼胶、甲壳质及其衍生物等作为药物制剂辅料，已显示出了独特的优势。如褐藻胶广泛应用于外用制剂制造；脱乙酰甲壳质作为新型缓释辅料用于缓释颗粒制备，作为骨架用于水溶性药物亲水骨架缓释片制备，作为囊材用于敏感物质的微囊制备；壳聚糖作为微囊囊膜材料，具有良好的机械强度和较宽的 pH 稳定范围，通透性可方便调节；甲壳质及其衍生物可作为某些膜剂的成膜材料，具有很好的成膜性及缓释、持久、提高局部药物浓度的作用，且对人体无毒、无害。

据不完全统计：目前，我国已知药用海洋生物约 1 000 种，分离得到天然产物数百个，制成单方药物 10 余种，复方中成药近 2 000 种；获国家批准上市的海洋药物约 10 种，获“健”字号的海洋保健品有数十种。各国通过多年研究，现已知 230 种海藻含有多种维生素及药理作用，有 246 种海洋生物含有抗癌物质。近年来，随着海洋生物医药发展进程的加快，国内医药需求的扩大以及对药品质量要求的提高，我国海洋生物医药市场规模不断增加。

根据前瞻产业研究院《2018—2023 年中国海洋生物医药产业市场前瞻与投资战略规划分析报告》的数据，我国海洋生物医药产业增加值从 2010 年的 67 亿元增长到 2017 年 385 亿元，年均增长幅度超过 67%。

四、我国海洋生物产业面临的主要问题与挑战

（一）产业发展的内外部环境正在发生深刻变化

我国经济发展进入新常态，渔业发展的内外部环境正在发生深刻变化：资源与环境双重约束趋紧，资源日益衰竭，渔业发展受到外部资源环境的制约越来越大，发展空间受到限制。

另外，加之过度捕捞和不健康的养殖方式等渔业行为又会对海洋生态和环境造成一定的破坏，濒危物种增多，已成为制约渔业发展的“瓶颈”。受海洋环境污染和过度捕捞影响，我国自20世纪70年代以来，近海渔业资源衰退趋势持续加重。不少传统上的捕捞种类数量急剧下降，对捕捞业发展造成了巨大打击。近些年，我国在海洋渔业捕捞中实施“零增长制度”、捕捞许可证制度、伏季休渔制度、转产转业制度、双控制度等海洋渔业制度，但从实际效果来看，尚未达到预期管理目标，海洋渔业资源的恢复仍任重道远。未来在严格执行现有渔业管理制度的同时，应积极完善捕捞业准入制度，开展近海捕捞限额试点，严格控制近海捕捞强度。继续发展资源养护型海洋渔业，大力推进近海渔业资源养护，加大海洋生物增殖放流力度，加强人工鱼礁和海洋牧场建设，通过建设一批近海海洋生态修复示范区，保护重要水产种质资源和珍稀濒危海洋生物，实现海洋渔业资源的生态修复。积极推广渔业生态标签制度，从市场一端诱导生产者采用环境友好型作业方式，达到养护资源和保护环境的目的，促进渔业可持续发展。

（二）应切实从生态系统角度考虑海洋捕捞管理措施

海洋生态系统错综复杂，系统中不同物种之间的相互关系也同样复杂。很多物种在生命周期不同阶段占据着不同的营养层次，而同一营养层次的物种因个体大小往往又占据着不同的栖息地和生态位。如果渔业活动无法均衡地影响不同营养层次，就可能会改变生态系统的结构，导致产量下降。

早在20世纪90年代，美国就建议各渔业管理区域在制订渔业生态系统计划时，要包括有关渔业以及渔业活动所处生态系统的结构和运作情况的详细信息。注重目标物种的可持续性是不够的，还必须考虑捕捞活动给更大范围生态系统带来的影响。因此，有必要在渔业管理过程中考虑不同物种之间的相互依赖关系和海洋生态系统的运作。这意味着在今后选择具体管理措施时，应该从保护生态系统的健康与完整性的角度考虑不同类型的渔业、均衡捕捞相关的问题。

目前，我国海洋捕捞管理措施大都为单一的管理措施，最常见的方法就是避免生长型捕捞过度和补充型捕捞过度，如避免生长型捕捞过度的典型做法一直是采用网目尺寸或其他渔具限制性措施来减少对幼鱼的影响，对补充型捕捞过度通常是通过设置禁渔期的做法。

（三）产业发展方式和设施装备需要升级换代

产业发展方式粗放，设施装备落后，生产成本上升，效益持续下滑；水生动物疫病增多，质量安全存在隐患。

目前，我国在渔业资源开发的竞争中，装备水平落后成为严重的制约因素。渔船装备整体落后，过洋性渔船多为近海渔船改造而成，装备陈旧老化，效益差，大洋性渔船多为国外淘汰的二手装备，在公海捕捞作业中的竞争力明显落后。

从捕捞渔船来看，目前我国渔船的数量占到了世界渔船总量的1/4，但其构成情况与世界渔业发达国家相比差别很大。在我国现有的渔船中，85%是木质渔船，只有2%是玻璃钢渔船，而在世界渔业发达国家，玻璃钢渔船往往占其渔船总数的80%甚至90%以上。我国渔船的整体品质与世界先进渔业国家相比差距较大。在渔业资源调查和探捕领域，日本政府联合有关企业利用海洋遥感技术进行三大海域的海况分析和渔情预报工作，提高寻找渔场的准确度，从而大幅度降低生产成本。相比之下，我国对主要渔业合作国和公海海域渔业资源的信息缺乏，对资源和渔场掌握不准。

（四）远洋、极地渔业国际竞争力低下

据农业农村部统计，我国现有公海作业渔船中有50%以上的超低温金枪鱼延绳钓船、大型拖网加工船和金枪鱼围网船船龄超过20年，过洋性作业的渔船大部分是20世纪70—80年代设计建造的近海船舶，总体性能落后，船体状况较差。

（1）我国从事磷虾捕捞的渔船均为南太渔场竹荚鱼拖网船经简单适航改造即进入南极渔业的，捕捞与加工技术离挪威、日本等国的先进渔船有相当大的差距，国际竞争力低下。

（2）我国从未对南极磷虾资源进行过专业科学调查，缺少渔场环境与气象条件等信息，对资源分布及渔场特征了解很不充分，对南极磷虾资源的掌控能力低，在其资源养护措施及捕捞限额分配国际谈判中缺少话语权，在以资源养护为主调的磋商中处境被动。

（3）我国的南极磷虾综合利用研究滞后，目前磷虾产品品种较为单一，附加值不高，特别是罕见医药用产品，且去向主要为国际市场，国内磷虾资源大宗利用及高值综合利用技术亟待加强，产业链亟待培育，整个渔业尚处

于初级发展阶段。随着世界各国对海洋资源开发的愈加重视，对作业效率及成本控制的要求越来越高，远洋渔船及其装备水平整体提升成为当务之急。

（五）海水养殖的生产方式亟待创新

我国虽然是世界海洋渔业大国，水产品产量占世界第一，但效率较低，整体技术水平落后。目前，我国海水养殖的生产方式是以沿岸陆基养殖、滩涂养殖和内湾小网箱养殖为主，而面向远海的离岸深水养殖尚处在起步阶段。海水养殖业深受沿岸水域环境的影响，养殖条件劣化，品质安全问题愈显突出，养殖系统的污水排放问题也为社会所诟病。

发展海洋蓝色农业，必须远离沿岸水域，远离大陆架水域污染带，进入深水、远海。发展远离陆地及市场的远海海域蓝色农业，应对多变的海洋条件，需要构建规模化的产业链及安全可靠的生产设施，以工业化的生产经营方式发展集约化养殖，包括深水大型网箱设施、大型固定式养殖平台和大型移动式养殖平台等离岸深海养殖工程。

（六）水产加工与综合利用技术亟待提高

2017 年，全国各类水产加工企业 9 674 家，年加工能力达到 2 926 万 t，水产品加工率为 41.58%。同时，水产食品加工业也是联系原料和市场的纽带，水产食品对人类健康具有独特的优势。但是目前有些水产品加工技术仍存在一些“卡脖子”技术。水产食品自溶的机理及控制策略，水产食品保活、保鲜中分子基础、水产食品原料品质与风味形成机制等。未来水产加工与综合利用技术的发展方向是“健康、循环、高效、低耗”；水产品加工技术发展趋势要实现安全化、高质化、生物化和功能化。

（七）产业转方式调结构任务日益紧迫

一些长期积累的生产生态矛盾尚未有效化解，渔业转方式调结构任务日益紧迫，现代渔业建设到了新阶段，必须由注重产量增长转到更加注重质量效益，由注重资源利用转到更加注重生态环境保护，由注重物质投入转到更加注重科技进步和从业者素质的提高。

受益于人口增长、城镇化建设的推进、收入增长和消费升级等因素，未来我国对海产品的需求仍将保持较高增速。我国海洋捕捞产量绝大部分来自沿海和近岸，然而我国近海渔业资源面临枯竭，在渔业资源和环境尚未取得根本性好转之前，大力发展远洋渔业，参与国际渔业资源开发是我国海洋捕捞业发展的一项重要举措。2016 年，我国远洋渔业产量 198.75 万 t，占世界海洋捕捞总产量的 2.5%，我国远洋渔业发展空间仍然巨大。我国既拥有优于一般发展中国家的物质装备水平和技术能力，又拥有比发达国家和地区更为丰富的人力资源和较低廉的劳动力，在参与国际渔业资源开发竞争中具有比较优势。

由于我国远洋渔业起步较晚，鉴于国际社会对渔业资源“先占先得”的历史分配格局，我国在国际渔业资源的竞争中处于劣势，未来我国在大洋性远洋渔业上要积极参与公海渔业国际规则的制定，加大对大洋、极地等公海渔业资源的开发和利用，争夺海洋渔业资源的话语权。在过洋性渔业上，推动境外远洋渔业基地建设，加强与“21 世纪海上丝绸之路”沿线国家的渔业交流与合作。鉴于国际社会对公海捕捞的管理日趋严格，在开发利用公海渔业资源时，还需要政府和企业加强对渔船的监管和控制，特别是在出现个别渔船被发现违规捕捞时，需要政府采取及时、有效的惩罚措施，从而保护其他合法生产渔船的利益以及维护我国形象。

五、发展战略

（一）战略需求

1. 发挥渔业生态功能，推进国家生态文明建设的需要

进入 21 世纪，渔业可持续发展已为世界所共同关注，渔业资源与环境，尤其是内陆流域及近海渔业资源与环境的养护不仅成为全球性科技命题，更加成为全球渔业科技发展和渔业经济发展的重要组成部分。充分发挥渔业生态功能，推动生态文明建设，是我国现代渔业保持健康发展的必由之路。促进渔业绿色发展、循环发展、低碳发展，是今后渔业生态文明建设的基本理念。通过恢复渔业资源，修复严重退化的渔业生态系统，发挥渔业水域的生态服务功能，有效促进渔业水域生态环境的修复和改善，构建资源节约、环境友好、质效双增的现代渔业发展新格局，迫切需要发挥科技的有效支撑作用，解决渔业资源调查与评估、水域生态环境修复、濒危物种保护等紧迫课题。

2. 促进渔业经济发展，完成产业转型升级的需要

推动渔业转方式调结构是我国现代渔业建设的主要任务和目标，需要

着力转变粗放的资源利用方式、生产方式、经营方式和管理方式，调整优化渔业产品、产业结构和区域布局，搞好海洋生物资源保护、水产品质量安全、渔业设施装备升级改造等发展战略，提高渔业生产规模化、集约化和组织化程度，大力推进渔业第一、第二、第三产业融合发展，实现渔业产业转型升级。加快渔业转方式调结构，对现代水产种业、高效配合饲料、疫病防控及安全药物研发、水产品质量安全、水质调控及污水排放、水产品加工流通、渔业装备及信息化等提出了新的更高的要求。稻渔综合种养、盐碱水养殖以及增殖渔业、休闲渔业等新兴产业发展潜力很大，是渔业经济新的增长点。解决这些问题，迫切需要通过科技研发和技术推广，提供有力支撑。

3. 建设海洋强国，助力“一带一路”倡议实施的需要

积极践行“一带一路”倡议，实施“走出去”战略，充分利用“两种资源、两个市场”，加快建设海洋强国。在经济全球化的过程中，提高渔业的国际竞争力，开拓更广阔的发展空间。“一带一路”涵盖了世界主要渔业国家，水产品产量约占世界总产量的80%以上。推进中国与“一带一路”国家的渔业合作，推广中国渔业成功经验，引导中国渔业走出去，提升“一带一路”国家渔业发展水平，助力中国提高国际地位和影响力，迫切需要在远洋渔业资源调查评估、渔场预报、渔获物高值化利用、捕捞加工一体化装备、海外养殖及可持续渔业发展等领域提供有效的科技创新支撑和引领。

（二）发展原则

需求导向 围绕海洋生物产业产出高效、产品安全、资源节约、环境友好的发展要求，聚焦转方式调结构，面向中长期渔业科技创新发展趋势，瞄准国际渔业科技前沿、产业核心关键技术领域和区域性综合性技术难题等领域，强化顶层设计与产业需求的紧密衔接，系统谋划，大幅度提高渔业科技创新服务产业发展能力。

绿色发展 贯彻生态优先和可持续发展理念，围绕海洋生物资源环境重大科技问题，充分发挥科技创造绿色、科技引领绿色的驱动力效应，扭转渔业粗放式发展格局，坚持养护海洋生物资源，改善海洋水域生态环境，合理利用海洋生物资源，依靠科技创新提升海洋生态系统价值。

统筹兼顾 按照海洋生物科技发展的内在规律和要求，统筹基础研究、

应用基础研究和创新成果转化应用的资源要素配置比例，按照产业发展基础，兼顾前瞻研究与应用研究，科学布局海洋生物科技创新领域，畅通海洋生物科技成果转化应用途径，改善技术推广体系条件。

协同创新　通过海洋生物重大科技计划、现代产业技术体系、区域共性关键技术研究等任务牵引，以国家海洋生物科技创新联盟为基础，集聚全国海洋科研优势资源，整合优化“一盘棋”布局，按照科技条件共享、知识产权共享、转化利益共享等原则，构建统一高效的海洋生物科技协同创新机制，实现创新驱动现代海洋生物产业发展的战略目标。

（三）战略任务

推进海洋生物产业绿色发展，建设环境友好型海水养殖业，保障供应和食物安全；建设资源养护型捕捞业，保障可持续发展和生态安全，促进增殖渔业和休闲渔业的发展；加快极地渔业资源开发，探索研究深渊生物资源，促进深远海生物产业新发展；创新海洋药物和生物制品，培育海洋生物技术产业。突破养殖对象与生境、渔业生态与环境、水产品品质与规格等信息获取和应用技术“瓶颈”，建立渔业信息技术应用创新研究方法，构建养殖、捕捞、加工集成应用模式，建成一批综合应用示范点，凸显海洋信息技术创新对产业发展的推动作用。基本实现我国由世界海洋生物资源开发利用大国向海洋生物资源开发利用强国的转变，全面推进建设海洋强国战略的实施。

（四）发展目标

2025 年　我国水产品总产量、海水养殖规模和产量继续保持世界第一。其中海水养殖产量突破 2 600 万 t，海水养殖由绿色数量型向绿色质量型转变。系统开展主要大洋渔业资源的科学调查，形成 3 000 艘符合过洋作业要求的现代化渔船，2 500 艘有国际竞争力的大洋性捕捞船；对近海衰退渔业资源和水域环境实行生态修复，海洋牧场的人工鱼礁、藻场、藻床等生境营造工程覆盖率达到 5%，部分衰退种群数量得到一定程度的增加；突破一批海洋食品保鲜与加工的关键技术和产业核心技术，海洋水产品资源加工转化率达到 70%。海洋生物医药产业顺利推进，建成完整的海洋生物活性物质采集、筛选和研究体系，海洋药物商业开发模式基本形成，开发海洋新药 3~5 个/a；海洋基因资源基础研究全面启动，商业开发初步探索；海洋生物制品成为生物医药的重要增长点，我国海洋药物与生物制品产业规模继续扩大，海洋生物制药业产值达到 1 300 亿元。

2035 年 陆基、浅海和深远海绿色养殖规模大幅增加，海水养殖总量超过 3 500 万 t。养殖的工业化、信息化水平全面提升，深远海养殖业占整个海水养殖产量的比例达 20% 以上；实现远洋渔业资源的科学监测评估，形成远洋渔业产业链；近海渔业资源养护取得明显成效，近海渔业资源开发利用实现良性循环，全面实现渔业高质量发展与资源环境保护协同共进的目标；建立以综合加工利用带动海洋生物产业发展的新型产业发展模式，水产品综合加工利用企业全面实现机械化和自动化。海洋生物活性物质采集、筛选和研究达到世界先进水平，海洋生物医药产业开发在全球具有较强竞争力，开发海洋新药 10~20 个/a；海洋基因资源基础研究和商业开发均达到世界前列；海洋生物制品发展成为重要的医药新兴产业。海洋生物制药业产值达到 3 000 亿元。

（五）重大工程与科技专项建议

1. 我国海洋专属经济区渔业绿色发展重大工程

（1）现代海水养殖绿色发展工程技术。目前，我国海水养殖业的技术“瓶颈”包括环境实时监测技术、生物资源智能管理技术、养殖生物资源智能收获技术、海水养殖经济动植物原种保护与利用、渔业资源数字化管理、环境安全自动化保障、养殖产品高效清洁生产与质量控制等重大技术。重点突破规模化生态健康养殖技术与新生产模式，水产养殖容量评估与管理体系；水产良种培育核心技术，“育繁推”一体化现代产业体系；水产重大疾病防控技术，绿色、高效饲料研发与生产技术；养殖水域环境健康生态学基础与生态修复技术；水产养殖智慧工程装备与平台研制技术；深远海养殖技术与工程装备等。

（2）近海生物资源养护与提质增效工程技术。要充分利用新一代信息技术，积极发展智慧渔业，实现生产智能化、作业精准化、管理数字化和服务网络化。包括近海生物资源调查与评估新技术，渔业捕捞种类配额评估技术与管理体系；渔业资源增殖放流与鱼礁构建工程技术，资源增殖生态学基础与生态效果评价技术；渔业水域环境监测与生态风险评估技术；生态系统水平适应性管理对策与三产融合发展技术。

（3）海洋绿色食品质量安全与精深加工流通工程技术。海洋水产品质量安全风险评估与追溯技术，精深加工与副产物综合利用技术，水产食品功效因子开发与功能食品制造技术，水产食品智能化加工技术与装备，水产食品流通大数据与物流技术体系。

2. 极地大洋生物资源开发与产业提升重大工程

（1）极地海洋渔业资源高效开发与综合利用工程技术。具体为：极地海洋生物资源精准探查与评估新技术，南极磷虾中心渔场快速探查技术和海量声学数据自动化处理技术，北极公海渔业资源探查与潜力评估；南极磷虾高效捕捞技术与装备研发；南极磷虾原料海上高品质保存与贮运控制技术，南极磷虾蛋白类食品原料加工装备与产品研发，南极磷虾油质量安全关键指标的检测与控制技术，南极磷虾粉高值化全利用与清洁生产技术。

（2）大洋生物资源探查与产业提升工程技术。具体为：大洋生物资源探查评估技术与新渔业对象开发；远洋渔业信息网络构建与渔场渔情预测预报；陆坡大洋中层鱼探查与开发利用技术；深渊生物资源勘探与开发技术。

（3）海洋药物与生物制品开发工程技术。以海洋创新药物的研究为目标，解决海洋创新药物与生物制品研究中的重大理论与技术问题，开拓海洋生物新资源，发现海洋生物活性天然产物和药物先导化合物，研究开发防治重大疾病包括恶性肿瘤、心脑血管疾病、神经退行性疾病、糖尿病、耐药菌与病毒感染等一系列海洋创新药物，提高海洋药物产业化能力的创新药物。积极开展极地、大洋和深渊生物基因资源探查与开发技术研发，形成并壮大工业/医药/生物技术用酶、医用功能材料、绿色农用生物制剂等新型海洋生物制品产业。突破一批关键技术与工程装备等，建设一批高技术密集型海洋新生物医药产业。

六、政策建议及保障措施

（一）加强顶层设计

各级海洋生物产业行政部门要加强领导，组织主要科研单位和重点企业进一步转变观念，提高认识，凝聚力量，把海洋生物产业科技工作摆在更加突出的位置。结合当地实际，提出整合现有科技资源形成创新合力的总体思路，制定切实可行的海洋生物产业科技发展规划，明确工作任务、目标和措施，逐项抓好落实，力争在重点领域、关键环节和核心技术的自主创新与推广应用方面取得重大突破。

（二）多渠道资金投入

建立政府引导、生产主体自筹、社会资金参与的多元化投入机制。鼓励地方因地制宜支持海洋生物产业发展项目。将海洋生物产业有关模式纳入绿色产业指导目录。探索金融服务海洋生物产业发展的有效方式，创新海洋生物产业生态金融产品。鼓励各类保险机构开展海洋生物产业保险，有条件的地方将海洋生物产业保险纳入政策性保险范围。支持符合条件的海洋渔业装备纳入农机购置补贴范围。

（三）强化科技支撑

加强现代海洋生物产业技术体系和国家渔业产业科技创新联盟建设，依托国家重点研发计划和重点专项，加大对极地大洋生物资源开发、深远海养殖科技研发的支持，加快推进实施“种业自主创新重大项目”。加强绿色安全的生态型水产养殖用药物研发。支持绿色环保的人工全价配合饲料研发和推广，鼓励鱼粉替代品研发。积极开展远洋、极地捕捞以及绿色养殖技术模式集成和示范推广。

（四）完善配套政策

将海洋生物产业发展列为重大科技规划，将深远海养殖水域滩涂纳入国土空间规划，按照“多规合一”的要求，做好相关规划的衔接。支持工厂化循环水、养殖尾水和废弃物处理等环保设施用地，保障深远海网箱养殖用海，落实水产养殖绿色发展用水用电优惠政策。养殖用海依法依规免征海域使用金。

（五）严格落实责任

健全省负总责、市县抓落实的工作推进机制，地方人民政府要严格执行涉渔法律法规，在规划编制、项目安排、资金使用、监督管理等方面采取有效措施，确保海洋生物产业发展项目各项任务落实到位。

（六）依法进行管理

依法保护海洋生物产业从业者权益，稳定海洋生物产业从业者承包经营关系，依法确定承包期。完善水产养殖许可制度，依法核发养殖证。按照不动产统一登记的要求，加强水域滩涂养殖登记发证。依法保护使用水域滩涂从事水产养殖的权利。对因公共利益需要退出的水产养殖，依法给予补偿并妥善安置渔民生产生活。建立健全发展海洋生物产业相关管理制度和标准，完善行政执法与刑事司法衔接机制。按照严格规范公正文明执法要求，加强海洋执法。

（七）强化督促指导

将海洋生物产业发展纳入沿海各省、市、自治区的生态文明建设、乡村振兴战略的目标评价内容。对海洋生物产业发展成效显著的单位和个人，按照有关规定给予表彰；对违法违规或工作落实不到位的，严肃追究相关责任。

主要执笔人：

唐启升，中国水产科学研究院黄海水产研究所，院士
刘世禄，中国水产科学研究院黄海水产研究所，研究员
张元兴，华东理工大学，教授

第五章　海岸带生态健康保护与恢复领域中长期科技发展战略研究

一、世界海岸带生态健康保护与恢复发展现状及需求

（一）战略需求

海岸带作为海洋向陆地过渡的地带，是海陆统筹的重要载体。海岸带兼具海陆生态体系特征，自然资源丰富，为人类提供多种生态服务，同时又是人口密度最大，经济快速发展的地区之一。从海洋资源开发的角度来看，海岸带既是海洋开发的前沿，又有优势后勤供应的主要基地。从国防的角度，它是对外交往的门户和国防的前哨，有着极为重要的战略地位。但目前海岸带的生态环境形势不容乐观，海岸带地区的资源与环境的可持续利用问题已成为海岸带能否可持续发展的关键所在。

（二）世界海岸带生态健康保护与恢复发展现状

1. 美国

1）国家河口计划

美国政府颁布了各种法律来保护海岸带和海洋生态环境，如1948年的《联邦水控制法》，1972年的《联邦水污染修正法》，1972年的《海洋保护、调查和禁猎自然保护区法》和《海岸带管理法》，1977年的《清洁水法》和1987年的《清洁水修正法》。这一系列法律控制了排入美国航行水域的物质，管制了向湿地和海洋中倾倒废弃物的行为，为避免向自然水体中排放点源和非点源污染物提供了有效的保护措施。《清洁水修正法》第320条建立了全美河口计划，这是一个联合发起的污染控制行动，河口计划列出了明显被污染、发展和过度利用所威胁的河口，并且推荐了一些管理行动来恢复、维持和改善这些河口的环境质量和生物资源。

美国环境署下设管理委员会，管理全美近30个河口和海湾。管理委员

会成员包括当地的州和联邦政府机构代表以及工商业、居民团体和环境专家学者。管理委员会负责制定全面保护和管理计划，提出保护和管理河口资源的策略。除了确定生态环境问题的主要原因和来源外，行动计划必须明确相关目标，并且提出实现目标所采用的管理行动。全国河口计划需要对水质污染和其他人为影响做系统、详细的评估。因此，行动计划要涉及大量问题，如水质和沉积物、生物资源、陆地资源和人口增长等。不同的行动计划针对的重点问题不一样，如富营养化、有毒物质、致病细菌、湿地减少和退化等，执行行动计划是实现清洁河口的关键。

2）海岸和河口生境恢复的国家战略

在很长一段时间内，美国也做了大量的河口和海岸生境修复工作，但多以单个项目形式进行。这些单个项目开发了很多技术，这些具体的修复工程促进了河口生境的自然恢复过程，使得河口生机盎然。如在切萨皮克湾，应用海洋石灰岩作为替代基质用于修复牡蛎礁；在比斯坎湾，通过修复红树林提高了水质，鱼类和野生动物也因此获益；在路易斯安那河口海岸，通过建设灌木林和防波堤、重建沿岸沙脊和沼泽梯田、疏浚淤泥、恢复海岸沙丘等手段，防止岸线蚀退；在太平洋岛屿开展修复活动，在珊瑚礁清理渔网，控制有害物种、限制污染物排放等；在普吉特海湾，通过修复沼泽地和上游流域重建了泥沼和河流；在安大略湖，通过重建上游的洄游通道修复渔场等。美国不断总结经验，逐渐向大尺度的生态恢复项目转变，并于 2002 年制定了“海岸和河口生境恢复的国家战略”，从国家层面确立了国家的海洋生态恢复目标和发展方向。“海岸和河口生境恢复的国家战略”包括宗旨、实施框架、修复计划的区域分析报告 3 部分内容。

3）海岸带管理法

20 世纪 70 年代以来，人类对海岸带的影响加剧，海岸带利用方式逐渐多样化，海岸带保护出现的问题已经不仅仅是海岸防护、污染等某一方面的问题，而是不同行业的综合问题。1967 年美国副总统汉弗莱提出了“海岸带管理”的概念。1969 年 1 月美国海洋科学、工程和资源委员会发表了《我们的国家与海洋》，建议建立一套由州领导的领海与毗邻海岸线的综合管理制度，并在国家海洋机构——国家海洋与大气管理局的指导下组织有关的联邦协调工作。同年发生的一件石油污染事件推动了美国海岸带管理法的出台。圣巴巴拉海峡海上油井发生井喷，导致 14 000 t 原油污染了加利福尼亚沿岸40海里宽的海域，严重破坏了这一海域的海洋生物资源，影响了海洋开发活动，引起美国社会对海岸带环境的严重关注，这也促进了海岸带综合管理制度的建立。1972年，《海岸带管理法》正式颁布，标志着美国“海岸带管理”进入了新的阶段。随后，大多数沿海州都相继颁布了本州的《海岸带管理条例》，对海岸带进行自上而下的管理。《海岸带管理法》是美国海岸带管理的基本大法，而各州的《海岸带管理条例》则是支撑美国海岸带管理的重要组成部分，其建立的海岸带各项管理制度已为各国效仿。《海岸带管理法》经过几次修改后，有了较大改变。现行的《海岸带管理法》基本上体现了海岸带资源开发利用与保护管理两方面均衡的原则。该部法律创立了海岸带管理补助金制度，为海岸带管理提供了财政支持，调动了联邦和各州管理海岸带的积极性，增强了海岸带生态保护的能力；创立了海岸带管理规划及其体例，规定了制度海岸带管理规划的指导方针。目前，已有29个州自愿参加联邦的海岸带管理规划，从而得到联邦政府的资助。在渔业方面，为了控制近海捕捞强度，保护渔业资源，美国联邦政府自1995起，每年拨款2 000万美元用于向渔民购买捕捞能力强的渔船，联邦政府还建立了一项基金计划，每年融资2 000万美元，引导渔民转产捕捞低值鱼或转产搞养殖生产；创立了海岸带综合管理制度（模式），即以基于动态海岸系统之中和之间的自然、社会以及政治的相互联系的方式，对海岸资源和环境进行综合规划和管理，并用综合方法对严重影响海岸资源、环境数量和质量的利害关系集团进行横向（跨部门）和纵向（各级政府和非政府组织）协调。

4）海岸带用地分类

美国对于海岸带的土地利用有多种方式，较为典型的为按照功能划分和按照海陆性质划分两类。为便于海岸带开发利用，美国还建立了土地兼容矩阵。在每套土地使用兼容矩阵表中，土地的使用条件分为允许使用且无须许可、需土地使用许可或海岸许可才可利用、需有条件使用许可才可利用、需有次要条件使用许可才可利用、需依照特殊用途条款才可利用和不允许使用六大类。矩阵表规定了每类用地可以兼容的用地类型或活动，同时为了便于评估开发活动对海岸带的影响，矩阵表中额外增加了海岸带用地类型。此外，所有的土地开发活动需依照矩阵表得到准许后进行，一般情况下，不在矩阵表中的开发行为是不被允许的。

2. 欧盟

欧盟在保护河口海岸和海洋环境时面临复杂的、多方面的问题，海洋和河口海岸环境承受着来自陆源和海洋污染的压力。欧盟保护海洋环境的法律正逐渐扩展到许多相关领域，如意大利在拯救欧洲渔业及确保渔业长期永续发展的共同渔业政策（CFP）、控制营养盐和化学物质输入的水框架指令（WFD）等。但这些法律法规，虽然是对海水水质保护的重要工具，但却只是碎片化或从行业的角度出发，保护海洋免受一些具体的压力。因此，为了更全面地保护海洋环境，欧盟采用了两种措施：一个是 2002 年《与海岸带综合管理相关的欧洲议会和欧洲理事会建议》；另一个是 2008 年的《海洋战略框架指令》，该指令提供了综合方法来保护欧洲所有河口海岸和海洋水体。

1）海岸带综合管理

尽管欧洲河口海岸带自然、社会经济、文化等资源的不断恶化，但河口海岸带计划行动或发展决议仍然是以行业和分散的方式执行，造成资源的低效率利用和冲突矛盾不断，从而失去了河口海岸带更加可持续发展的机会。基于此，2002 年 5 月欧盟发布了《与海岸带综合管理相关的欧洲议会和欧洲理事会建议》，该建议要求欧盟成员国坚持可持续发展战略和欧盟议会决议以及欧盟委员会指定的第六次社区环境行动计划，并从管理河口海岸带方面提出八项战略性措施，分别是：河口海岸的环境保护，是从生态系统的角度出发，维护其完整性和功能性以及海岸带资源的可持续发展；认识到气候变化对河口海岸带的影响，以及海平面上升和风暴潮的频发带来的破坏；采用合适的、生态的海岸带保护措施，包括海岸带人居环境和文化遗址的保护；可持续的经济发展机会和就业选择；在当地社区建立基本的社会文化系统；为公众保留充足的土地，既能休闲娱乐又有美学价值；在偏远地区，维持或加强与他们的联系；促进陆地与海洋的有关机构的合作，实现陆海统筹协调发展。

同时，为了落实这些战略措施，该建议又提出八项海岸带综合管理的基本原则：整体视野，考虑海岸带自然生态系统和人类活动之间的相互依赖与影响；立足长远，考虑预防性原则以及当代和后代的需求；随着问题和知识的变化和积累，采取相适应的管理措施，这需要相关科学研究的支撑和完善；区域特定性和欧洲海岸带的多样性，需要具体情况具体分析；

遵循自然规律，尊重生态系统的承载力，从而使人类活动更加具有环境友好性和社会责任性，有利于经济的长期发展；涉及所有与管理有关的群体(经济和社会合作伙伴，代表海岸带居民的组织，非政府组织和商业群体等)，达成一致后共同承担责任；支持和引入相关国家、区域和地区层面的行政机构，建立或维持这些机构之间的联系，便于实施现有的政策措施，并加强区域和地区机构之间的合作；使用综合的方法，促进行业政策目标、规划和管理的一致性。

2）海洋战略框架指令

《欧盟2005年至2009年战略》指出，“需要制定综合性海洋政策，在保护海洋环境的同时使欧盟的海洋经济持续发展”。2006年，欧盟颁布了题为“面向一个未来的欧盟海事政策：欧洲海洋意愿”的《欧盟海洋政策绿皮书》，并要求各成员国围绕《欧盟海洋政策绿皮书》开展为期一年的磋商与讨论；2007年，在各成员国磋商成果的基础上，欧盟委员会颁布了欧盟《海洋综合政策蓝皮书》，指出分散决策与条块分割管理已经无法适应海洋事业发展的需要，必须采用综合的决策与管理方法。2008年6月，欧盟出台了《欧盟海洋综合政策实施指南》，提出用战略方法制定国家海洋政策、建立国家公立机构决策管理框架、发挥沿海地区的其他局部地方决策者的作用、利益相关者参与海洋综合政策的决策以及提高区域合作效率。

在上述海洋综合政策的指导下，2008年，欧洲议会和欧洲理事会制定了旨在海洋环境保护方面采取共同行动的框架指令——《欧盟海洋战略框架指令》(以下简称《框架指令》)。《框架指令》是世界上第一部基于生态系统方法的海洋综合管理规则，确定了欧盟海洋管理的目标和欧盟行动框架。《框架指令》针对战略项目实施进行了规范，为各成员国设定了目标、行动原则、程序要求和时间安排，针对指定的海洋水体，为有关成员国设定了职责及履行时间表，同时规定了欧盟的监督和协调职责。

《框架指令》的最终目标是要求成员国采取必要的措施，到2020年达到或维持海洋水体的良好环境状况。《框架指令》对“良好环境状况”做出了如下说明：“良好环境状况下的海洋水体以其自身条件能够提供清洁、健康、多产的生态多样化和动态化海洋，对海洋环境的利用是可持续的，能够满足当代人和后代人的使用和活动需要。”同时，《框架指令》根据地理和环境状况划定了欧盟海洋区和子区域，其中，欧盟海洋区分别是波罗的海区、东北大西洋区、地中海区和黑海区。

为了实现这一目标，《框架指令》要求各成员国制定各自的海洋战略，且随时进行更新，每6年检查1次。海洋战略的内容要包括国家海洋水体和海洋环境现状，以及人类活动和社会经济对海洋水体和海洋环境的影响；国家海洋水体关于“良好环境状况”的定义；环境目标和有关的考核指标；监测计划；措施计划等。海洋战略的制定和实施必须保护和维护海洋环境，防止海洋环境恶化，修复受损的海洋生态系统；控制和减少海洋环境污染，确保不会对海洋生物多样性、海洋生态系统、人体健康以及合理利用海洋等产生显著影响。

《框架指令》指出海洋战略的实施应该基于生态系统方法管理人类活动，确保人类活动积累的压力能够符合良好环境状况的要求，人类活动不会影响到海洋生态系统的承载力，对现在和将来的一代人而言，能够实现海洋资源和服务功能的可持续利用。《框架指令》强调了在国家层面、区域层面、欧盟层面和国际层面上采取行动保持一致性和连贯性的需要，在国际层面上还包含了与非欧盟国家的合作问题。同时，《框架指令》也指出，当不同海洋区域面临的问题发生实质变化时，管理方案必须随之发生改变。除了认识到国家间在不同层面采取行动必须具有一致性的问题外，《框架指令》也强调了与其他保护海洋环境的欧盟政策进行横向协调的必要性，例如共同渔业政策、共同农业政策、水框架指令以及其他相关的国际协定。从这个意义上讲，《框架指令》致力于从地方层面到国际层面的海洋利用综合管理，可以看做是对先前政策造成弊端的纠正措施。

3. 荷兰

荷兰在海洋资源开发管理、海洋生态环境保护、海洋权益扩展和国际海洋事务参与等方面做了许多有益的尝试。荷兰十分重视海洋立法，建立了比较健全的法律制度，并出台了国家海洋政策。针对国内现有各种海洋开发利用活动，荷兰制定了《海上污染法》，创建了绿色奖励制度、清洁船舶执行较低港口税等。荷兰注重依法管理、合理规划，海岸带规划具有高度的管理性质，通过实施规划来实现海岸带综合管理是荷兰海岸带管理的显著特色，如瓦登海计划，苏伊德海计划等。此外，针对海岸防御和土地围垦，荷兰按照法律组建了专门机构，在交通、公共工程和水源管理部的直接监督下，组织实施各项规划，确保实现规划目标。

1）陆海统筹的空间管理体系

海域和陆域实行统一管理是荷兰空间规划的一大特色。荷兰的空间规划体系包括国家、区域和地方 3 个层面，具有自上而下的高度管制性，并以《空间规划法》等一系列法律法规作为保障。在国家层面，荷兰对海域和陆地国土进行统筹，高度重视陆海功能的衔接，并在陆域空间规划中明确了海岸带管理区的范围。在海岸带管理区的空间管理上，荷兰更是对海域空间的活动做出了具体的指引。以北海为例，针对其海域的空间活动，国家管理部门提出以下任务：保护水上航道的顺畅和安全流动；保证海岸带三角洲计划的实施，保护基岩岸线；保护海洋生态系统和自然保护区；为军演创造空间；保证向海 12 海里的开阔视线；保证海底管线的输送功能；指定采砂和补沙的空间范围；指定风电、石油等能源的开采空间；保护考古价值等。在海岸带管理区的空间规划上，不仅要求在保障沿岸安全的情况下创造岸线的丰富性和可持续性，保护和发展海岸生态、游憩、商业捕鱼、港口及航运等相关产业，还提出次级海岸计划的重点是为海岸线和其他产业发展创造长期、安全的政策环境。

2）“双线平衡”的管理模式

“双线平衡”的管理模式是处理保护和发展矛盾的有效手段之一。以南荷兰为例，其空间共划分为以下几种类型：城市网络、绿色结构、城市绿心、三角洲地区、海岸带区域、绿色港口和主要港口等，每种空间类型下包含多种用地小类，且各个空间类型间的用地小类并不是孤立的，彼此间存在交叉融合。海岸带区域分布有城乡、港口和滩涂等，对于这些用地小类，荷兰在不同空间依据对应的政策加以管制。为了保存生态空间和农用地，促进城镇化的集中发展，荷兰的海岸带区域规划通过红线和绿线予以规范。其中，红线内的城市应紧凑发展，新建建筑必须在红线内；而绿线围绕乡村划定，禁止在绿线内进行开发；红线、绿线之间的平衡区则允许以改善性质为目的的小规模村庄开发。通过红线、绿线和平衡区的引导，除了保证海岸带空间的有序开发之外，也保证了城乡空间的差异性和多样性，并提高了环境质量。

3）海岸带区域土地的定制化管理

荷兰的三级政府都有一定程度的自治权，但彼此并不会采取互相矛盾的行动。在荷兰的整个规划体系中，只有地方土地利用规划具有法律强制性，故地方层面可以在上层规划指导下开展产业结构规划和土地利用规划。荷兰并没有全国统一的土地分类标准，对地方海岸带区域的土地利用规划必须覆盖的范围大小也没有规定。因此，市镇可以根据海岸带区域每一块土地具体的使用情况拟定土地用途和应遵守的规则。这些地块可以是单一功能，也可以是多种功能的混合，由此增加了海陆空间布局的灵活性。除了土地用途外，还需附加使用规则，如体量、高度及建筑密度等具体控制内容。

4. 澳大利亚

澳大利亚联邦政府及各州在海洋资源开发管理、海洋生态环境保护、海洋权益扩展和国际海洋事务参与等方面做了许多有益的尝试。澳大利亚十分重视海洋立法，建立了比较健全的法律制度，并出台了国家海洋政策。针对国内现有各种海洋开发利用活动，联邦政府或州政府均制定了相应的法律，如海岸保护管理法、渔业法、国家公园和野生动物保护法、海洋公园法、环境保护和生物多样性法案和沿岸水域法等。通过区域性海洋规划来实施海洋政策，如通过实施《联邦海岸带行动计划》，对海岸带进行功能区划管理，又通过出台《澳大利亚海洋产业发展战略》《澳大利亚海洋政策》和《澳大利亚海洋科技计划》等，明确海洋经济发展政策与思路，为规划和管理海洋资源及其产业发展提供战略依据。

1998 年 12 月，经联邦政府总理批准，澳大利亚政府实施《澳大利亚海洋政策》，从国家层面协调所有海洋活动。该海洋政策的核心是保护生物多样性和生态环境。对可持续利用海洋的原则、海洋综合规划与管理、海洋产业、科学与技术、主要行动 5 个部分做了详尽的规定，为规划和管理海洋开发利用提供了政策依据。

澳大利亚海域由联邦和地方分级管理，近岸 3 海里内的区域由州和地方政府管辖，近岸 3 海里以外至专属经济区和大陆架的外部界限的区域由联邦政府管辖。联邦政府主要涉海部门为农、渔、林业部，环境、水资源、文化遗产和艺术部，司法部，基础设施、运输和区域发展部，资源、能源和旅游部等。目前，澳大利亚海洋事务协调工作由自然资源管理部长委员会承担。澳大利亚自然资源管理部长委员会成立于 2001 年，主要职责为监督、评估并报告澳大利亚海洋事务情况，主要针对自然资源管理情况。该委员会于 2006 年发布了《综合海岸带管理国家协作途径——框架与执行计划》，综合分析了澳大利亚海岸带所面临的压力与问题，重点开展流域-海岸-海洋交叉集成研究；基于陆地和海洋的海洋污染源研究；海岸带与气候变化研究；海岸带有害动植物研究；人口变化与海岸带研究；海岸带环境与经济长期监测等方面的研究。其研究特点集中体现在将流域-海岸-海洋作为一个交叉连续的统一体来研究，强调海岸带的界面（流域与海洋、自然与人文）属性。在此基础上，该计划确定了国家海岸优先发展的领域，对澳大利亚今后的海岸发展发挥着指导作用。

5. 日本

日本在海洋资源开发管理、海洋生态环境保护等方面做了许多有益的尝试。日本十分重视海洋立法，建立了比较健全的法律制度。1956 年日本颁布了《海岸法》，重点解决海岸防护问题。2007 年，日本颁布《海洋基本法》，之后又制定了与之配套的《海洋基本计划》。从横向来看，海洋开发审议会是日本政府在海洋开发方面的最高决策咨询机构，隶属于内阁总理大臣，负责全国的海洋开发规划；由 13 个部门组成的海洋开发联席会议则负责协调有关部门的工作。从纵向来看，日本海洋管理采取集中和分散相结合的管理方法，分散管理由各省厅负责，集中由运输厅的海上保安厅全权负责，包括执行海上救援打捞、监督海洋资源的开发利用，保护海洋生态系统和执行各种法律法规等。

1）21 世纪海洋政策建议

2005 年，日本民间机构“海洋政策研究财团”组织 12 名专家组成“海洋与海岸带研究委员会”，编写了《21 世纪海洋政策建议》（以下简称《建议》），一经公布，引起了日本民众的极大关注，其中很多建议已被日本政府采纳并付诸实施。《建议》提出制定日本海洋政策的构思和框架，分设三大部分、8 个领域、35 个小项。在“构建推进海洋政策框架”方面，建议制定作为海洋管理基本法律制度的海洋基本法；其次是组建综合推进海洋政策所需的行政机构；最后是建立海洋管理必不可少的海洋信息机制。

《建议》强调制定海洋政策需基于对海洋环境带来影响的自然、社会、经济过程中得出的最佳科学理解和认识。在制定和实施海洋政策过程中，应确保涉海人群广泛参与，建立海洋信息公开和信息选择的机制。对海洋以及海岸资源必须基于生态系统进行适当的管理，要反映包括人以及人以外生物种群，乃至它们生活环境在内的生态系统所有构成要素间的关系。

《建议》强调要推行以海洋基本法为核心的综合性海洋政策，组建承担政策起草和实施的行政机构，设置海洋阁僚会议，增设特命海洋事务大臣，总领各项海洋行政事务。设置海洋政策统筹官以及海洋政策推行室，设置海洋咨询会议，广泛吸取民众意见。

在加强构建统筹海岸带管理系统的机制方面，《建议》认为一是构建地方主体的海岸带管理系统；二是构建市民参与系统；三是加强与内河流域圈管理合作；四是建立特定封闭性海域的综合管理体制。在建立海洋管理海洋信息机制方面，《建议》认为，日本的海洋和海岸带具有范围广和多样性的环境特点，为制定综合性海洋政策并推动政策落实，应该加强收集海洋和海岸带信息。建议一是确立海洋信息收集的国家战略；二是强化海洋信息管理功能；三是构建统筹海洋调查观测监视系统；四是构建区域海洋信息网络。

2）海岸带分区管理模式

日本对海岸的保护与利用主要通过制定保全计划实现。保全计划一般内容为加强岸线防护，减少来自海水和岸线侵蚀的危害，并在安全用海的前提下促进海岸带的开发利用。以《大阪湾沿岸海岸保全基本计划》（2002）为例，该计划依据海岸的自然特性、社会特性和岸线的连续统一性，将大阪湾海岸线划分为3个分区，即环境保全亲近区、环境创造期待区及环境创造活化区。3个分区的功能不同，沿岸的建设方针也有所差别。此外，在3个分区的基础上，又将大阪湾沿岸市町村划分为21个区段，并根据各个区段的自然、社会等具体特征制定相应的开发利用策略。

为保护公共海岸，日本对海岸带实行分区管理，即将海岸带划分为海岸保全区、一般公共海岸和其他海岸区分别进行管理。管理部门虽多，但是各自管辖范围明确。对于海岸保全区，根据用海方式进行细分，形成港湾区、渔港区和临港区。其中，渔港区由农林水产厅的相关部门管理，而港湾区和临港区则由国土交通省下设的河川局与港湾局管理。通过明确的分区，各个部门的管辖范围一目了然（从空间上分割管理权限）。在适用法律方面，海岸保全区和一般公共海岸是《海岸法》的管理对象，而其他海岸带区域由《港湾法》和《渔业管理法》等法规来管理（法律保障也按照分区模式开展）。

二、世界海岸带生态健康保护与恢复发展趋势

（一）海岸带管理战略顶层设计

从国内外的海洋和海岸带管理现状来看，顶层设计是指导一个国家海洋资源开发利用和保护的纲领性文件，关系到国家长远稳定发展的大局。从目前来看，我国海岸带管理缺乏顶层设计，只有部门和区域战略，造成部门之间、局部与全局之间的矛盾冲突，已阻碍了我国海岸带现代化管理进程。因此，在未来一段时间内，如何制定国家层面的海岸带管理战略并确保落到时效，将是我国政府重点关注的问题。

（二）海岸带综合管理

由于各系统和行业之间的矛盾，海岸带综合管理是非常必要的。目前，海岸带综合管理强调有关海岸带可持续利用研究，注重海岸带开发利用与管理方面的关键技术的研发，资源环境承载能力的评价和预测，海岸系统对自然条件变化和人为活动的响应评价和控制技术，海岸带资源环境信息技术的开发，海岸带综合管理技术以及典型区域的示范研究等。

（三）陆海统一的空间规划体系

构建陆海统一的空间规划体系是国内外学者的普遍共识，且在发达国家已经有很好的实践经验。建立陆海统一的空间规划体系，可较好地处理海岸带资源开发与保护的关系，充分发挥海岸带的综合效益。党的十九大后的机构改革，新组建的自然资源部负责履行全民所有国土空间用途管制职责，为陆海统一的空间规划体系的建立提供了体制保障。

（四）海岸带信息收集

海洋和海岸带具有范围广和多样性的环境特点，为制定综合性海洋政策和实施管理，应该加强收集海洋和海岸带信息。国内外普遍采取的策略包括确立海洋信息收集的国家战略，强化海洋信息管理功能，构建统筹海洋调查观测监视系统以及区域海洋信息网络。在技术应用方面，“空天地”一体化监测网络的布设和大数据平台的建设是未来一段时间内海岸带信息收集的发展趋势。

三、我国海岸带生态健康保护与恢复发展现状 

（一）我国海岸带生态健康状况

根据《2017年中国海洋生态环境状况公报》和《2017年中国近岸海域生态环境质量公报》，2017年我国近岸海域水质一般，局部海域污染依然严重，冬、春、夏、秋4个季节劣于第四类海水水质标准的近岸海域各占近岸海域面积的16%、11%和15%。4个季节中，符合第四类海水水质标准的海域累计面积较上年减少3 460 km^2，污染海域主要分布在辽东湾、渤海湾、莱州湾、江苏沿岸、长江口、杭州湾、浙江沿岸和珠江口等近岸区域，超标要素主要是无机氮、活性磷酸盐和石油类。枯水期、丰水期和平水期，多年连续监测的55条河流入海断面水质劣于Ⅳ类地表水水质标准的比例分别为44%、42%和36%，入海河流水质状况仍不容乐观。监测的371个陆源入海排污口中，全年入海排污口达标排放次数占监测总次数的57%，入海排污口邻近海域环境质量状况总体较差，90%以上无法满足所在海域海洋功能区的环境保护要求。渤海滨海平原地区海水入侵和土壤盐渍化依然严重，砂质海岸局部地区侵蚀加重，粉砂淤泥质海岸侵蚀有所减弱。监测的河口、海湾、滩涂湿地、珊瑚礁、红树林和海草床等20个海洋生态系统中，16个处于亚健康和不健康状态，杭州湾和锦州湾持续处于不健康状态。在66个保护区中，大部分保护区的保护对象状况基本保持稳定，红树林密度有所上升，活珊瑚礁覆盖度有所下降，贝壳堤面积有所减少，出露滩面的古树桩仍多被侵蚀。

（二）我国海岸带生态保护体制机制建设

1. 初步建立起海岸带生态保护法律法规体系

早在1979年我国就提出要制定海岸带管理法，1979年国务院在审批《全国海岸带和海涂资源综合调查》的请示中，批准了我国海岸带管理立法。随着海岸带和海涂资源调查工作的开展，1983年开始了《中华人民共和国海岸带管理法》的起草，到1985年改为《海岸带管理条例》。前后历时近10年，经过十几稿的修改，最后终因各部门的认识难以统一，暂时搁置。沿海部分省、市、自治区结合自己本地区的实际情况，进行了本区域的海岸带管理地方立法，目前已有《江苏省海岸带管理条例》《青岛市海岸带规划管理规定》《天津海域环境保护管理办法》等，对当地海岸带资源保护和合理利用起到了法律保障作用。

目前来看，在国家法律层面，我国无专门的海岸带管理法律，但在一些法律中开始使用“海岸带”这一概念，并将其作为一个单独的对象加以规范。在传统环境法中，涉及海岸带管理的法律是环境保护法及自然资源法，如《中华人民共和国宪法》和《中华人民共和国环境保护法》等。其中关于环境保护与自然资源的一般规定可以适用于海岸带管理；另一部分则是涉及海岸带诸要素的具体法律法规以及在适用的空间范围上包含海岸带的法律法规，如《中华人民共和国农业法》规定的草原滩涂水流，《中华人民共和国渔业法》规定的内水滩涂，《中华人民共和国水法》规定的江河湖泊运河渠道，《中华人民共和国水污染防治法》规定的江河湖泊运河渠道水库，《中华人民共和国自然保护区条例》规定的珍稀野生动植物赖以生存之陆地水体或海域。

2. 深化海岸带管理体制改革，探索建立“湾长制”

2016 年以来，国家海洋局会同有关沿海省、市、自治区研究建立“湾长制”，强化与“河长制”的衔接联动，逐级压实地方党委、政府海洋生态环境保护主体责任，探索形成陆海统筹、河海兼顾、上下联动、协调共治的治理新模式。以浙江省为例，省委、省政府印发《关于在全省沿海实施滩长制的若干意见》，要求沿海各地结合自身实际建立“湾（滩）长制”，将岸滩岸线分片包干，作为“河长制”向海洋的延伸。目前，台州、宁波等地的实施效果已初步显现。

3. 积极推动建立生态保护补偿机制

为推动建立生态保护补偿机制，国务院办公厅于 2016 年 4 月印发《关于健全生态保护补偿机制的意见》，提出在海洋领域重点完善捕捞渔民转产转业补助政策，继续执行海洋伏季休渔渔民低保制度，健全增殖放流和水产养殖生态环境修复补助政策，研究建立国家级海洋自然保护区、海洋特别保护区生态保护补偿制度。2016 年 11 月，第十二届全国人大常委会第二十四次会议通过《关于修改〈中华人民共和国海洋环境保护法〉的决定》，明确规定国家建立健全海洋生态保护补偿制度，为进一步推进海洋生态保护补偿工作提供了法律保障。

4. 强化海洋和海岸带信息收集机制

原环境保护部（现生态环境部）以近岸海域为重点，切实加强海洋环境监测工作。一是增设监测点位，贯彻落实《生态环境监测网络建设方案》，印发《国家近岸海域环境质量监测点位调整方案》，增设海洋环境监测点位。自2016年起，近岸海域水质监测点位增加到417个。二是提高监测自动化水平，在河北、山东、浙江、福建、广东、广西和海南等近岸海域布设了27个水质自动监测站，对水温等13个项目进行实时监测。三是提升监测应急支撑能力，组织开展近岸海域溢油、赤潮和浒苔发生情况卫星遥感监测，及时向地方通报遥感监测结果。四是加强监测信息发布，规范近岸海域环境监测信息公开工作，制定《近岸海域环境监测信息公开方案》，及时公开近岸海域水质监测信息；会同农业农村部、交通运输部按年度编制《中国近岸海域环境质量公报》，并向社会公布。

原国家海洋局持续完善海洋生态环境监测评价业务体系，逐步形成了覆盖国家、省、市、县四级的海洋环境监测机构体系，初步具备了卫星遥感、飞机、船舶、岸基。浮标等多种技术手段的“天-空-海”立体化监视监测能力。据统计，全国海洋系统环境监测机构总数达到235个，年均布设监测点位13 000余个，获取数据超200万条。

根据国务院机构改革方案，原国家海洋局的海洋环境保护职能划入生态环境部。机构改革的红利将会在未来两三年释放出来，对于海洋和海岸带信息收集能力建设将起到极大的推动作用。

（三）海岸带生态保护和恢复战略

1. 保护与修复措施并举，助力美丽海洋建设

党的十八大以来，国家海洋局积极推进海洋生态环境保护与修复，加大海洋保护区选划力度，全面建立海洋生态保护红线制度，有效开展重点海域整治修复工作，并取得显著成效。截至2017年，全国建立各级海洋自然保护区和海洋特别保护区270个，海洋保护区规模、质量同步提升，保护区面积实现5年内翻两番，占管辖海域面积达4.1%；完成全国海洋生态保护红线划定工作，将重要河口、重要滨海湿地、特别保护海岛、海洋保护区、重要滨海旅游区、重要砂质岸线及邻近海域、沙源保护海域、红树林、珊瑚礁及海草床等重要海洋生态功能区、海洋生态敏感区和海洋生态脆弱

区纳入红线保护范围，实施严格管控，强制性保护，红线范围包括全国30%的近岸海域和35%的大陆岸线。在支持沿海各地开展海域、海岛、海岸带整治修复及保护项目270余个的基础上，重点支持沿海18个城市开展"蓝色海湾""南红北柳""生态岛礁"等海洋生态修复重大工程，中央财政累计下达专项资金137亿元，累计修复岸线260 km，沙滩1 240 km，滨海湿地4 100 hm^2。北戴河、辽河口、胶州湾、厦门湾等地整治修复效果明显，海洋生态环境呈现出局部明显改善、整体趋稳向好的积极态势。2017年，国家海洋局组织对全国81个国家级海洋保护区实施了全覆盖专项检查行动，共检查发现非法养殖和旅游开发等违法违规问题900余个，对检查中发现的违法违规问题要求立即进行查处，并建立台账，限期整改。2017年7月，环境保护部联合国土资源部、水利部等7部门印发《关于联合开展"绿盾"2017国家级自然保护区监督检查专项行动的通知》，切实加强自然保护区的监督管理。

2. 加大近岸海域渔业资源保护力度

农业农村部建设了水质种质资源保护区和水生生物自然保护区，控制渔船数及功率数并强化渔具管理，实施海洋渔业资源总量管理制度，实行限额捕捞试点，推进海洋牧场建设。同时，农业农村部每年组织各地开展渔业资源增殖放流，向近岸海域投放大量鱼苗、虾苗等各类种苗，缓解渔业资源枯竭压力。据统计，"十二五"期间，全国共增殖放流各类水生生物苗种1 644亿尾，其中向海洋增殖放流948亿尾；2018年投入的海洋物种增殖放流资金达到4.6亿元。目前，水生生物资源增殖放流已经成为养护海洋渔业资源、修复海洋生态环境的重要举措，每年的6月6日也成为全国各地约定俗成的全国"放鱼日"。为保证增殖放流效果，规范放流放生行为，农业部于2016年与国家宗教局联合发文，对民间放生行为进行规范管理。

3. 深入开展陆源污染防治工作

为贯彻落实《水污染防治行动计划》，环境保护部、发展改革委等10部门联合印发《近岸海域污染防治方案》，实施入海河流污染减排和流域治理，组织地方开展入海河流综合整治；强化对陆域污染物入海通道的管理，组织沿海各地对入海河流和入海排污口进行了全面的清查和登记，完成非法和设置不合理入海排污口清理工作；实施重点流域重点行业氮、磷排放总量控制，印发《关于加强固定污染源氮磷污染防治的通知》，全面推进氮磷达标排放；加快建立排污许可制度，出台《排污许可管理办法（试行）》，建成全国排污许可证管理信息平台，基本完成火电、造纸等15个行业许可证核发。

4. 渤海综合治理攻坚战行动计划

2018年12月，生态环境部联合发展改革委和自然资源部印发了《渤海综合治理攻坚战行动计划》（简称《行动计划》），确定开展陆源污染治理行动、海域污染治理行动、生态保护修复行动、环境风险防范行动等四大攻坚行动，要求到2020年，渤海近岸海域水质优良（一、二类水质）比例达到73%左右，自然岸线保有率保持在35%左右，滨海湿地整治修复规模不低于6 900 hm^2，整治修复岸线新增70 km左右，确保3年内渤海生态环境不再恶化，3年综合治理见到时效。《行动计划》是我国近岸海域综合治理模式的一次实践，对于我国海岸带综合治理体系的建立具有重要的意义。

四、我国海岸带生态健康保护与恢复面临的主要问题与挑战

（一）面临的环境压力

1. 入海污染负荷居高不下

根据2018年《中国海洋环境状况公报》，全国194个入海河流监测断面中，无Ⅰ类水质断面；Ⅱ类水质断面40个，占20.6%；Ⅲ类水质断面49个，占25.3%；Ⅳ类水质断面52个，占26.8；Ⅴ类水质断面24个，占12.4%；劣Ⅴ类水质断面29个，占14.9%。主要超标因子为化学需氧量、高锰酸盐指数和总磷，部分断面氨氮，五日生化需氧量，氟化物、挥发酚、石油类、溶解氧、阴离子表面活性剂和汞。从劣质水类的空间分布特征看，劣质水类超标点位主要分布在辽东湾、渤海湾、莱州湾、黄河口、长江口、珠江口以及江苏、浙江、广东部分近岸海域，面积大于100 km^2的44个河口和海湾中，16个海湾四季均出现劣质水体，主要超标因子为无机氮和活性磷酸盐，河口和近海生态系统健康状态堪忧。根据2006—2017年《中国近岸海域环境质量公报》，每年入海河流断面水质符合Ⅳ类及劣于Ⅳ类水质标准的比例超过50%，达到Ⅰ～Ⅲ类水质标准的比例不到50%，2008年水质劣Ⅴ类的入海河流占比达到47.5%。虽然2008年后劣Ⅴ类水质比例逐渐

下降，但水质劣Ⅴ类的入海河流依然占据较大的比例。

2. 海岸线人工化剧烈，自然岸线退化严重

近几十年来，各国河口海岸侵蚀呈加剧趋势，河口海岸地区岸滩侵蚀已经成为当今全球海岸带普遍存在的生态问题。自20世纪50年代末期开始，我国海岸侵蚀问题日益显著，多数砂质、泥质和珊瑚礁海岸由缓慢淤进或稳定转为侵蚀，导致岸线明显后退。近几十年来，由于自然因素、全球变暖海平面上升，以及不合理的岸线开发、围填海、入海河流上游的水坝建设与调水调沙等人类活动，水沙输入减少，引起河口及近海水动力和沉积环境变动。全球海岸线表现出侵蚀加剧与向海剧烈扩张并存的特征。全球至少70%的岸滩长期处于侵蚀状态，我国的海岸侵蚀也较为普遍，侵蚀岸线比例超过1/3。全国约有70%的砂质海岸和大部分开敞式淤泥质海岸遭受侵蚀，砂质海岸侵蚀岸线已逾2 500 km，在河口区及岛屿尤为严重。

政府间气候变化委员会（IPCC）于1995年、1999年、2001年、2007年和2013年先后发布了5个全球气候变化评估报告，分析、预测全球海平面变化。根据IPCC第五次评估报告，21世纪全球海平面将持续上升。根据《中国海平面公报》统计，1980—2018年中国沿海海平面上升速率为3. 3 mm/a，高于同时段全球平均水平；2018年中国沿海海平面为1980年以来的第6高，7月海平面为1980年以来同期最高。海平面上升作为一种缓发性海洋灾害，高海平面加剧了中国沿海风暴潮、滨海城市洪涝、咸潮、海岸侵蚀及海水入侵等灾害，给沿海地区社会经济发展和人民生产生活造成了不利影响。海平面上升使潮差和波高增大，加重了海岸侵蚀的强度。地下水位下降等因素导致海水入侵，环渤海地区是受海水入侵和土壤盐渍化影响较为严重的区域。同时，长江口、珠江口的咸潮灾害进一步加重。

侯西勇等综合分析了20世纪40年代初以来中国大陆海岸线变化特征，指出大陆海岸线结构变化显著，岸线人工化是最主要的特征，目前自然岸线的保有比例已经不足1/3。河口泥沙淤积、砂质海岸侵蚀以及人类围填与防护工程等是大陆海岸线变化的主要驱动因素。过去的70年间，自然影响因素的主导地位已逐渐让位于以人工围填和防护工程等为主的人类活动因素，显著改变了自然状态下的岸线演化进程。海岸线的剧烈变化导致和加剧了海岸带和近海区域滨海湿地退化、生物多样性下降、渔业资源受损等多种问题，因此，加强对大陆海岸线资源的保护、修复与可持续利用刻不容缓。

3. 海岸带化学污染日益加重

2014 年，4 种重金属(汞、六价铬、铅、镉)排放入海总量为 8.56 t。除通常的重金属等污染物之外，近海水体、沉积物及海岸带土壤环境中出现了一些陆源新型污染物，如持久性有机污染物、抗生素、放射性核素和微塑料等污染物，其环境风险与损害正受到关注。这些污染物部分或全部具有生物富集性、毒性和环境持久性，能通过环流长距离迁移；有的新兴污染物还具有较高的水溶性（如全氟类化合物、抗生素药物、有机磷阻燃剂等），一旦排放到环境中，更容易通过河流向近海传输，再通过环流流向大洋，从而对全球海洋生态系统带来威胁。《2018 中国海洋生态环境状况公报》首次将海洋微塑料纳入海洋环境状况评估范畴。2018 年对渤海、黄海、东海和南海近海海域 4 个断面的海洋漂浮物微塑料监测结果显示，监测区域表层水体微塑料的平均密度为 0.42 个/m^3，最高为 1.09 个/m^3。渤海、黄海和南海监测断面海面漂浮物微塑料平均密度分别为 0.70 个/m^3、0.40 个/m^3、0.18 个/m^3。漂浮微塑料主要为碎片、纤维和线，成分主要为聚丙烯、聚乙烯和聚对苯二甲酸已二醇酯。

4. 外来物种入侵形势日趋严重

外来物种入侵导致海岸带湿地物种多样性丧失、降低湿地的社会服务功能、破坏海岸带湿地生态景观，是海岸带湿地生态系统健康状况的重要影响因素。2006 年中国湿地生态系统中有外来入侵植物 10 种，隶属 7 科；入侵动物 53 种，包括哺乳类、鸟类、爬行类等 8 类。外来入侵种引入后，通过快速生长扩散，与本地种竞争抢占生态位，导致海岸带湿地生态系统退化。以互花米草为例，它在促淤消浪、抵御风暴潮等方面发挥了很好的作用，但在海岸带湿地表现出极强的适应能力和扩散能力。自 1995 年在崇明东滩发现互花米草以来，其在东滩盐沼植被中所占比重越来越大，侵占了本地种芦苇和海三棱藨草群落的生长空间，并在崇明东滩高程较高的光滩区域快速扩散。互花米草入侵导致东滩鸟类自然保护区内植物群落种类、高度、密度和地上生物量发生显著变化；互花米草群落中线虫群落的生物多样性明显低于芦苇群落和藨草群落。

（二）突出生态环境问题

1. 河口富营养化问题突出

我国近海营养盐污染严重的海域集中在河口海湾区域。根据《2017 年中国近岸海域环境质量公报》和《2017 年中国海洋环境质量公报》，我国严重污染海域主要分布在辽东湾、渤海湾、长江口、杭州湾、珠江口等近岸海域。近海海水中，溶解无机氮和活性磷酸盐的问题比较突出，其中含氮营养盐的污染问题尤为突出，且在过去的几十年中，营养盐浓度和组成发生了显著变化，主要表现为无机氮浓度和氮磷比持续增大。营养盐浓度和结构的变化对河口生态产生了显著影响。长江口海域叶绿素 *a* 浓度从 20 世纪 80 年代中期到 21 世纪初增大了 3 倍，同期长江口及其邻近海域赤潮事件发生频率则增大了几十倍。大型底栖动物种类数自 20 世纪 80 年代中期锐减，此外，研究发现厦门附近海域富营养化和营养盐结构长期变化引起浮游植物群落出现结构单一、小型化、生物量增加、甲藻种类增加等趋势。在北海北部，由于 P/Si、N/Si 值的增加导致了硅藻被鞭毛藻所代替，使浮游植物种类的组成发生了变化；在胶州湾，营养盐结构的改变引起大型硅藻的减少和浮游植物优势种组成的变化。这些变化在一定程度上导致我国近岸海域出现赤潮和绿潮等生态灾害。根据《2017 年中国海洋灾害公报》，我国共发现赤潮 68 次，累计面积 3 679 km^2，其中东海海域发现赤潮次数最多且累计面积最大。同时，浒苔在黄海沿岸海域暴发，其南部海域发生马尾藻变化。由此可见，富营养化已经成为我国近海所面临的主要环境问题，严重影响到近海资源与环境可持续利用。

2. 海水入侵与沿海土壤盐渍化

咸潮多发于河流的枯水期，这时河流水位较低，海水比较容易倒灌入河。我国大部分地区属季风气候，降水有明显的季节变化。旱季时，河流处于枯水期，咸潮影响明显增强。若遇到特枯年份，咸潮危害更大。海平面上升加剧咸潮蔓延。据《2017 年中国海平面公报》，中国沿海海平面变化总体呈波动上升趋势。1980—2017 年，中国沿海海平面上升速率为 3. 3 mm/a，高于同期全球平均水平。2017 年，中国沿海海平面较常年（2003—2011 年）高 58 mm，比 2016 年低 24 mm，为 1980 年以来的第 4 高位，中国沿海近 6 年的海平面均处于 30 年来的高位。海平面上升加大海水淹没面积，加剧海洋灾害发生频率，破坏沿海生态系统，产生一系列生态和经济社会影响。

近年来，我国河口地区咸潮入侵呈现的频次增加、持续时间延长以及上溯影响范围增大的趋势。盐水入侵严重的河口包括珠江口、长江口等重要河口。珠江口自 2004 年以后，每年都发生盐水入侵，特别是 2005 年和 2009 年枯水期，咸潮入侵给珠江三角洲的城市供水带来严重威胁。据《2017 年中国海洋灾害公报》，2017 年，渤海滨海平原地区海水入侵较为严重，主要分布于辽宁盘锦，河北秦皇岛、唐山和沧州，以及山东潍坊滨海地区。海水入侵距离一般距岸 12~25 km。咸潮的入侵加剧了三角洲的土壤盐渍化，珠江三角洲和黄河三角洲的土地盐渍化程度非常严重，严重制约了当地农作物经济。2017 年，土壤盐渍化较严重的区域主要分布在辽宁盘锦、河北唐山和沧州、天津、山东潍坊等滨海平原地区，盐渍化距离一般距岸 9~25 km，其他监测区盐渍化距离一般距岸 4 km 以内。

3. *局部近岸海域重金属污染累积性风险加大*

海洋沉积物质量监测结果表明，我国近海和远海海域的海洋沉积物质量总体上保持良好，沉积物污染的综合潜在生态风险较低，但部分近岸海域沉积物受到污染比较严重，尤其是一些河口、海湾的沉积物污染较重，主要污染物为汞、铜、镉、铅、砷等。Wang 等 2011 年在九龙江口发现了受重金属污染的牡蛎，当地沉积物的铜含量为 45~223 mg/kg，属于中等污染水平。Xu 等 2013 年报道了渤海湾重金属污染灾区：受附近金矿开采和冶炼活动的影响，山东界河河口的溶解态铜、锌含量分别高达 2 755 μg/L 和 2 076 μg/L，沉积物的铜含量达到 1 462 mg/kg，这是目前我国近海环境铜污染的最高纪录。2010 年，Yu 等调查发现珠江口沉积物的铜平均含量比背景含量（15 mg/kg）高出 2 倍以上，个别区域的铜含量更达到背景含量的 6 倍。还有调查发现了珠江口过去 100 年沉积物的重金属浓度变化，结果表明，珠江口沉积物的铜、铅、锌含量自 1970 年后均呈上升趋势，其中珠江口上游虎门附近的沉积物的铜含量在 1960—1990 年间增加了约 40%。

重金属污染通过生物累积也产生了海洋生物污染问题。多地发现的“蓝牡蛎”和“绿牡蛎”的现象印证了铜污染问题在近海河口环境普遍存在的观点。调查发现福建九龙江口香港巨牡蛎 *Crassostrea hongkongensis* 的铜和锌含量分别达到 14 380 μg/g 和 21 050 μg/g（干重含量，下同），肉组织整体呈蓝色。当地葡萄牙牡蛎 *Crassostrea angulata* 的铜和锌含量的最大值也达到 8 846 μg/g 和 24 200 μg/g，肉组织整体呈现绿色。污染牡蛎体内的重金属已达到其干重比例的 2.4%，这可能是目前在野外海洋生物中记录到的最高重金属含量。

4. 新型污染物环境污染风险加大

据统计，2009 年我国农药生产量超过 200 万 t，使用量达到 32.6 万 t，均超越美国而处于世界第一，农药的单位面积用量为世界平均用量水平的 3 倍，且当前我国农药的生产量和施用量还呈继续上升趋势。研究表明，施用的农药中有 70%～80%直接进入了环境。农药不仅通过农产品残留影响人体健康，更直接对土壤、水和大气造成污染，由此导致的生态风险和健康风险已经成为当前社会关注的热点问题，其中有机氯和有机磷农药由于使用量大、残留量多、毒性大等特点成为目前热点关注的两大类农药。这两类农药在我国河口地区多有检出。譬如，近海生物体中有机氯类农药 DDT（滴滴涕农药，化学名为双对氯苯基三氯乙烷）和农药六六六（化学名为六氯环已烷）污染较严重地区位于天津海河入海口附近区域。有机磷类农药在部分河口和近海海域水体中也有检出，如在厦门附近的九龙江口水体中检出了甲胺磷、敌敌畏、马拉硫磷、氧乐果和乐果等共计 17 种有机磷农药，总质量浓度范围处于 134.8～354.6 ng/L（平均 227.2 ng/L），并且甲胺磷、氧乐果和敌敌畏等农药对河口的生态环境安全已经构成一定威胁；同期调查珠江口总有机磷农药的质量浓度为 4.44～635 ng/L。莱州湾海域水体中有机磷农药的质量浓度在 0.2～79.1 ng/L。

药物及个人护理品（pharmaceutical and personal careproducts，PPCPs）作为一种新型污染物日益受到人们的关注，主要包括抗生素、消炎止痛药、精神类药物、β 受体拮抗剂、合成麝香、调血脂药等各种药物以及化妆护肤品中添加的各种化学物质。其中，抗生素是在水环境中广泛存在的一类污染物。近年来，由于其“假”持久性并能引起环境菌群产生耐药性而备受关注。我国是抗生素的最大生产国和消费国，年产抗生素原料大约 21 万 t，出口 3 万 t，其余自用（包括医疗与农业使用），人均年消费量 138 g 左右（美国仅 13 g）。抗生素的大量使用必然会导致过多的残留物进入环境中，对环境和人体健康构成严重威胁。因此，抗生素的生态环境效应日益受到广大环境领域学者的关注，特别是在人口密度高、发展速度快的长江三角洲地区，长江口主要的抗生素是氯霉素类和磺胺类抗生素，其中，氯霉素类中检测质量浓度最高的是甲砜霉素，达到110 ng/L，磺胺类中磺胺吡啶浓度最高，质量浓度为219 ng/L。

内分泌干扰物也称为环境激素（environmental hormone），是一种外源性干扰内分泌系统的化学物质，具有生殖和发育毒性，对神经免疫系统也有影响。生物体通过呼吸、摄入、皮肤等各种途径接触暴露，干扰生物体的内分泌活动，甚至引起雄鱼雌化。其中壬基酚（NP）、双酚A（BPA）、辛基酚（OP）危害尤为严重。

这些环境激素在我国河口中普遍检出。譬如，对长江口及其邻近海域壬基酚（NP）的研究表明，NP在表层水、悬浮物的质量浓度分别为14.09~173.09 ng/L和7.35~72.02 ng/L，表层沉积物中的NP含量为0.73~11.45 ng/g（傅明珠等，2008）。珠江口表层水BPA的质量浓度为1.17~3.92 μg/L，平均值为2.06 μg/L，目前，珠江口地区表层水中BPA生态风险较高。

原国家海洋局监测结果表明，我国海洋垃圾污染严重，主要成分为塑料。据调查，目前渤海、黄海、南海、三峡库区及支流、太湖甚至武汉城市水体、沉积物、生物体均广泛检出以聚乙烯、聚对苯二甲酸乙二酯、尼龙、聚酯等材质为主的环境微塑料。尽管目前塑料垃圾对人体健康的影响并不明确，但已对海上航运、海洋生物生命安全等产生了威胁。

5. 近岸海域生态系统和生物资源衰退

河口和海岸带作为河流与海洋的过渡区域，是许多重要海洋经济生物的产卵场、索饵场和栖息地。近年来，由于海平面上升加剧、环境污染、外来物种入侵、海岸带围垦等自然和人为因素的影响，海岸带湿地受到的威胁日趋严重，海岸带湿地生态系统不断退化甚至消失，给我国沿海地区带来巨大生态威胁和环境风险。从1950—2014年，我国总共损失了8.01×10^6 hm^2的海岸带湿地，总丧失率为58.0%，并且海岸带湿地以年围垦率5.9%的速度被围垦。渤海湾、长江三角洲、珠江三角洲湿地围垦强度相对较高，河口海岸湿地面积急剧减少甚至消失。

2017年，国家海洋局监测的河口、海湾、滩涂湿地、珊瑚礁、红树林和海草床等海洋生态系统中，4个海洋生态系统处于健康状态，14个处于亚健康状态，两个处于不健康状态。其中，珠江口从2004—2017年，常年处于不健康状态或亚健康状态。滦河口-北戴河大型底栖生物密度偏低，浮游植物丰度偏高；黄河口大型底栖生物密度、生物量低于正常范围，浮游植物丰度偏高；长江口浮游植物丰度异常偏高且大型底栖生物量偏低；各河口区鱼卵仔鱼密度总体较低。我国主要河口的环境污染、生境丧失或改变、生物群落结构异常状况没有得到根本改变。

我国海洋共记录鱼类2 880种，其中渤海记录有173种，黄河三角洲附近海域记录112种，占我国海鱼类总种数的3.89%，占渤海鱼类总种数的64.7%。渤海渔业资源在20世纪50—60年代处于鼎盛时期，主要经济品种有260种，较重要的经济鱼类和无脊椎动物近80种。据估算，渤海渔业资源的年可捕量约在30万t，而早在70年代年捕捞量就已经超过30万t，1996年达到120万t。黄河口洄游性鱼类主要有达氏鲟、刀鲚、银鱼和鳗鲡等，其中，刀鲚为黄河溯河鱼类的典型代表，平时生活在近海处，春季进行溯河洄游产卵。60年代河口刀鲚极为常见，现在已基本绝迹。

长江口及其毗邻海域的主要经济水产动物资源目前处于全面衰退的现状。目前，长江口及毗邻海域的鱼类种类数和资源密度指数与1960年相比均出现了较大幅度的下降，虽然仍以底层鱼类的生物量占绝对的优势，但鱼类群落中优势种的种类组成却发生了较大的更替，由1960年以底层优质鱼类为主变为目前以中、上层种类和小型低值杂鱼为主，群落的多样性趋于简单化，稳定性更加脆弱。调查结果表明，长江口区渔业物种减少，资源量下降，一些物种相继消失，如鲥鱼、白鲟、白鳍豚、江豚、松江鲈等均已基本绝迹。凤鲚虽仍有一定数量，但也已出现资源衰退迹象，鳗苗处于高强度捕捞状态。中华绒螯蟹产量锐减，蟹苗产量也大幅度下降。总之，长江口区主要渔业对象的资源呈全面下降趋势，不容乐观。据调查，广东原有的70多种珊瑚、30多种名贵鱼类，以及江豚、海豚、海龟、鼋、儒艮、鲎等众多的品种，由于没有得到有效保护，资源量急剧下降，一些品种已绝迹多年。在短短25年内，广东省列入国家、省和国际保护名录的珍稀濒危水生动植物从之前的文昌鱼、鹦鹉螺等若干种扩大到近400种，而且接近濒危边缘的物种数目还在逐年增加。目前，广东生态功能较好的海湾、河口、海岸带不足20%，如珠江口附近已无原生海域，而丧失生态功能的局部海域“荒漠化”趋势有从珠江口扩展到全省近海的趋势，海岸带所特有的“水生物摇篮”、抵御风暴潮和净化环境的功能显著退化。

五、发展战略

（一）战略需求

1. 发挥海岸带生态功能，推进国家生态文明建设，迫切需要科技创新做支撑

进入21世纪，海岸带资源环境可持续发展已为世界所共同关注，海岸带环境尤其是湿地资源与环境的养护不仅成为国际科学研究的热点问题，更成为全球海洋科技发展和海洋经济发展的重要组成部分。充分发挥湿地生态功能，推动生态文明建设，是我国海岸带健康发展的必由之路。促进海岸带区域绿色发展、循环发展、低碳发展，是今后海洋生态文明建设的基本理念。通过恢复海岸带湿地生物资源，修复严重退化的湿地生态系统，发挥湿地的生态服务功能，有效促进湿地生态环境的修复和改善，迫切需要发挥科技的有效支撑作用，解决海岸带调查与评估、湿地生态环境修复等技术难点。

2. 促进海洋经济发展，完成海岸带区域产业转型升级，迫切需要科技创新做保障

推动海洋经济产业结构和布局调整是构建我国现代海洋经济体系的主要任务和目标，需要着力转变粗放的资源利用方式、生产方式、经营方式和管理方式，调整优化海洋产业结构和区域布局，推动海洋生物资源保护、水产品质量安全、渔业设施装备升级改造等，提高海岸带区域生产规模化、集约化和组织化程度，实现产业转型升级。解决这些问题，迫切需要通过科技创新和技术推广应用，提供有力支撑。

3. 推进海洋强国建设，助力“一带一路”倡议实施，迫切需要科技创新做后盾

积极践行“一带一路”倡议和实施“走出去”战略，在经济全球化的过程中，提高海岸带经济利用形式的国际竞争力，开拓更广阔的发展空间，是我国新时期重要战略举措。“一带一路”国家海岸带水域广阔，海岸带区域经济发展对其国民经济起到关键作用。推进中国与“一带一路”国家的海岸带生态保护合作，推广中国海岸带保护恢复成功经验，提升“一带一

路”国家海岸带保护恢复水平，助力中国提高国际地位和影响力，迫切需要在海湾模拟仿真系统、海岸带生态环境监测监控、滨海湿地保护修复工程技术和大数据决策平台系统等领域提供有效的科技创新支撑和引领。

（二）发展原则

1. 陆海统筹，系统治理

围绕清洁海洋战略目标，以清洁海水、洁净海滩为主要落脚点，坚持陆海统筹，准确把握陆域、流域、海域生态环境治理的整体性、系统性、联动性和协同性特征，从山顶到海洋进行系统设计，做好流域与近岸海域污染防治控制指标和目标的衔接。建立基于陆海是一个生命共同体理念的海洋综合管理体系，系统谋划资源节约、污染防治和生态保护的各项治理体系和任务，促进跨区域合作和流域协作，强化海洋生态系统与其他生态系统的协同保护。

2. 保护优先，遏制退化

围绕健康海洋战略目标，以良好的生态产品持续供给（物丰）、海岸带生态系统平衡和健康（湾美）为主要落脚点，坚持尊重自然、顺应自然、保护自然的基本理念，用生态理念和生态方式加强流域海域生态保护和开发建设，转变发展方式，着力推进沿海地区海洋开发方式向绿色型、循环利用型转变。以“生态环境质量不恶化”为基本要求，落实地方政府环境责任，使海洋资源开发利用更加科学合理有序。

3. 制度先行，分类施策

围绕安全海洋战略目标，以防范海洋环境风险，保障海洋生态安全为主要落脚点，用最严格的制度和最严密的法治保护海洋生态环境，完善法律、标准、政策、规划四位一体的制度体系，夯实海洋生态管理基础。通过统一监测评估、监督执法和督察问责等管理职能完善及实施，强化制度刚性约束，倒逼地方加大生态环境保护力度，改善海洋生态环境治理。充分利用多部门信息，客观评估沿海各地环境问题与成因，因地制宜地提出解决方案和措施，实施渤海等重点海域环境分类治理，不断改善近岸海域生态环境状况。

（三）战略任务

构建完善的海岸带湿地退化评估指标体系，定量评价海岸带湿地退化恢复效果，为沿海地区经济发展与人地和谐提供决策依据。充分利用遥感和地理信息系统技术对海岸带湿地进行监测和管理，发展和完善现有的海岸带湿地退化评估模型；准确评估海岸带湿地生态系统功能及服务价值。研发快速、灵敏、高选择性的海岸带典型污染物新型传感器技术，结合数据采集与无线通信技术，实现环境多参数的原位、在线和一体化监测。开展海岸带生态修复技术研究，采用“与自然共建”（build with nature）的新型湿地修复手段，减少不必要的硬质工程，通过自然生态系统自身动力，实现与自然共建稳定的海岸带湿地生态系统。研发海岸带多源数据融合、同化与数据挖掘及标准化模型方法，发展融合人工智能、专家系统、知识工程等现代科学方法和技术智能管理信息系统，为建成陆海统筹、天地一体、上下协同、信息共享的海岸带湿地生态物联网观测系统奠定坚实的基础。构建基于生态系统的海岸带生态环境管理技术体系，形成陆-海一体化的空间规划体系、海岸带环境综合管理制度体系和法律法规框架体系，开展海岸带湿地生态系统生态补偿制度研究，突破海岸带生态保护修复和污染防治区域联动机制。

（四）发展目标

到 2025 年，我国进入海岸带保护强国初级阶段，2030 年建设成为中等海岸带保护强国，2050 年成为世界海岸带保护强国。

到 2025 年，实现海洋生态环境管理体系的重构、整合、优化和升级，基本建立海岸带综合管理制度和陆海统一的空间规划体系，统筹谋划海岸带管理法律法规框架体系，基本建立起陆海统筹的生态系统保护修复和污染防治区域联动机制，以渤海为代表的海域治理取得初步成效，海岸带生态环境稳中向好的局势得到进一步巩固，近岸海域环境质量拐点基本出现。

到 2035 年，海岸带综合管理制度和陆海统一的空间规划体系的管理成效显著，海岸带管理法律法规体系逐步完善，沿海地区资源和环境协调发展基本实现，海洋生态环境质量全面改善，生态系统健康状况良好，公众充分感受到海洋生态环境质量改善成果，我国参与大洋、极地保护、海上丝绸之路建设等话语权逐步加强。

（五）重大工程与科技专项建议

1. 典型海湾环境陆海气高效协同治理技术

加快建立渤海等典型海湾环境陆-海-气高效协同治理技术体系，全海湾环境治理物模主要包括全海湾物模、陆-海-气环境过程模拟、模拟环境效应长时序高分辨检测和实验管理系统等。

（1）全海湾仿真物模系统。主要由海湾全形态等比例仿真物模主水池系统和专项模拟实验辅助水池系统组成。主水池系统主要用于海湾污染水动力复合环境效应实验。辅助水池系统主要包括海湾污染生态环境效应专项实验系列水箱和海湾工程结构专项实验水槽。系统可开展生物过程及污染物转化、生物吸收等生物地球化学过程模拟实验，也可用于围填海、海岸、海上构筑物等工程结构断面模拟实验。

（2）全海湾陆-海-气环境过程模拟系统。在海湾全形态等比例仿真物模主水池系统中，全海湾陆-海-气环境过程模拟系统主要包括大气干湿沉降模拟、温度和辐照调控、造风等大气环境模拟子系统，海水温度调控、生潮造流、造波等海洋水文环境过程模拟子系统，入海河口、直排海口等陆源污染物入海排放模拟子系统。

（3）海湾模拟环境效应长时序高分辨检测系统。主要包括海洋地形地貌、水文、化学及大气环境要素检测子系统等。

（4）海湾环境综合治理技术实验管理系统。主要包括仿真物模主水池调控、环境过程模拟监控、物模实验综合管理等子系统。其中，仿真物模主水池系统调控子系统主要用于主水池岸线、海上构筑物、入海河口、直排海口、水体等布放、维护、调整等。环境过程模拟调控子系统主要用于大气、海洋水文、陆源污染物入海排放等模拟制造子系统的跟踪、定位、监测和调控等。物模实验综合管理子系统功能主要体现在 3 方面：①物模实验方案设计；②主和辅助水池模拟环境效应检测数据采集处理等；③海湾环境综合治理工程技术方案数值模拟验证。

2. 海岸带立体监测与大数据平台集成决策工程

（1）“天-空-地-海-网”海岸带立体监测与综合模拟决策支持系统。采用海岸带空间信息技术，结合卫星遥感和无人机技术，构建立体化海岸带观测网络，逐步建立“可视、可听、可控”的“全方位覆盖、全天候监控”海岸带立体监测机制；集成空间地理技术、信息技术和网络技术，结合海岸带时空数据组织管理、海岸带信息动态可视化、信息融合与集成技术，实现海岸带数据的立体实时和持续采集、信息格网集成及知识综合应用，实现海岸带综合模拟及信息化；集合海岸带地理空间分析技术及精准化预报技术，为相关管理部门提供决策支持。

（2）海岸带生态环境监测数据集成、共享与应用系统。包括海岸带生态环境监测数据挖掘技术，海岸带生态环境监测数据库建设技术，海岸带生态环境监测系统数据传输技术，海岸带生态环境监测数据集成技术，海岸带生态环境监测数据分析评价技术，海岸带生态环境监测数据管理技术，海岸带生态环境监测数据共享技术，海岸带生态环境监测数据综合应用技术，基于地理信息系统的数据分析与应用技术；高分辨率海岸带数据持续获取技术，海岸带生态环境实时监测技术，海岸带生态环境精准化预报技术，海岸带突发事件应急处理技术，海岸带生态环境风险评估技术等。

六、政策建议及保障措施

（一）完善海岸带生态保护标准规范体系

围绕环渤海、长三角、粤港澳大湾区等沿海地区高质量发展的要求；围绕中国典型海域治理，聚焦海岸带生态系统服务功能健康改善目标，根据国家海岸带保护相关主管行政部门、地方各级人民政府，企业法人等的责任清单，加快建立海岸带生态保护的法律法规和标准规范体系，提出陆海环境质量达标协同联控的技术标准规范体系，建立完善的海岸带环境治理技术导则和考核督察技术体系，构建海岸带生态补偿制度与区域联动机制。

（二）加大海岸带保护投入力度

加大财政资金投入。按照中央与地方权和职责划分的要求，加快建立与海岸带生态保护相适应的财政管理制度，沿海省、市、自治区各级财政应保障同级海岸带生态保护重点支出。优化创新海岸带保护专项资金使用方式，加大对环境污染第三方治理、政府和社会资本合作模式的支持力度。按照山水林田湖草系统治理的要求，整合生态保护修复相关资金。

拓宽资金筹措渠道。完善使用者付费制度，支持经营类海岸带环境保护项目。积极推进政府和社会资本回报，吸引社会资本参与准公益性和公益性环境保护项目。鼓励社会资本以市场化方式设立海岸带保护修复基金。鼓励创业投资企业、股权投资企业和社会捐赠金增加海岸带生态保护修复投入。

（三）加强海岸带保护科技国际合作

积极参与全球海岸带环境保护规则制定，深度参与涉海环境国际公约和与海岸带环境保护相关的国际贸易投资协定谈判，承担并履行好负责任大国相适应的国际责任，并做好履约工作。整合国内外海岸带生态保护科技创新力量，促进我国相关科研单位与国外发达国家实验室开展科技合作，对有基础的国家级科研平台给予支持，开展国家合作试点，并在试点的基础上做出整体制度安排，培育一批国际科技创新中心。

主要执笔人：

张　偲，中国科学院南海海洋研究所，院士
雷　坤，中国环境科学研究院，研究员
苏奋振，中国科学院地理科学与资源研究所，研究员
杨红强，中国科学院南海海洋研究所，副研究员
蔡文倩，中国环境科学研究院，副研究员
张乔民，中国科学院南海海洋研究所，研究员
颜凤芹，中国科学院地理科学与资源研究所，副研究员
王　艳，中国环境科学研究院，助理研究员

第六章 “海上丝绸之路”中长期海洋科技合作发展战略研究

“海上丝绸之路”是我国“一带一路”倡议的重要组成，在地理空间上包括“21世纪海上丝绸之路”和“冰上丝绸之路”两部分。沿线包括东南亚、南亚、西亚、南欧和北欧等地区的50多个国家。海洋科技合作是海上丝绸之路共建的重要内容。国家各部委、各地方、各研究机构积极行动，持续推进了与“海上丝绸之路”沿线各国的海洋科技合作，取得了明显成效，在与有关国家共同推动“五通”过程中发挥了重要作用。

一、“海上丝绸之路”海洋科技合作格局及发展需求

（一）海洋科技合作格局

“海上丝绸之路”沿线国家的海洋产业主要包括航运、捕捞、石油开采、滨海旅游、水产养殖等，对海洋监测预报、海洋防灾减灾、海洋环境保护等技术需求强烈。2013年以来，沿线各国为发展“蓝色经济”，在上述领域开展了合作，取得了一定成效。其中，我国在沿线科技合作中发挥了重要作用。“海上丝绸之路”重点合作领域主要包括以下几个方面。

1. 海洋环境监测和精细化预报技术领域

“海上丝绸之路”沿线区域海洋监测资源包括浮标、潜标、沿岸台站、调查船和卫星遥感等，各国在该领域均存在一定需求。结合沿线国家海洋生态保护、海洋防灾减灾等方面的差异化需求，遵循优势互补、共享共建原则，各国之间在“海上丝绸之路”空-天-地-海监测装置及相应系统建设和数据共享等方面，开展了广泛的合作。合作对象不仅限于“一带一路”内部国家，更多的是美国、欧盟、日本等发达国家与东盟、南亚等国家的合作。发达国家利用资金、技术和人才优势，通过在“海上丝绸之路”沿线海域部署联合监测站点、浮潜标站位、空基卫星、多学科联合调查航次，

获取沿线国家海域及公海的气象水文数据资料，实现优势互补。其中，海洋灾害预报系统是该领域合作的一个重点。发达国家利用大数据、云计算等高性能计算技术，发展新型海预报模式，实现对沿线海洋环境预报预测技术的推广和应用，从而提升沿线国家认知海洋的能力。

2. 海洋防灾减灾和应急处置技术领域

“海上丝绸之路”沿线战略通道众多，海上交通运输繁忙，受季风气候影响，沿线国家海洋防灾减灾任务艰巨。发达国家利用较强的海洋科技实力，研发海洋灾害和突发事件预警和应急处置技术，并在沿线国家开展适用性研究和推广应用示范，在满足沿线国家需求的同时，推动相关技术的发展。特别是在岛屿国家应对气候变化、海洋灾害、海平面上升、海岸侵蚀、海洋生态系统退化等方面合作，成为目前“海上丝绸之路”科技合作的一个热点。发达国家通过在南海、孟加拉湾等重点海域与沿线国家共建海洋灾害预警报系统，共同研发海洋灾害预警报产品，为海上运输、海上护航、灾害防御等提供服务，同时强化本国在关键海域的存在和活动能力。

3. 海洋污染防治与海洋生态环境保护技术领域

“海上丝绸之路”沿线国家多位于热带亚热带区域，广泛分布有珊瑚礁、红树林、海草床等典型生态系统，这些生态系统正在遭受着全球变化和人类活动的共同压力，急需加强污染防治和生态保护。发达国家通过政府间合作，以及非政府组织主导的形式多样的民间合作，结合沿线国家区域特点，推动加强在海洋生态保护与修复、海洋垃圾、海洋酸化、赤潮监测、海洋濒危物种保护等领域的合作。推动建立长效合作机制，共建跨界海洋生态廊道。主要形式包括：联合开展红树林、海草床、珊瑚礁等典型海洋生态系统监视监测、健康评价与保护修复等，保护海岛生态系统和滨海湿地。

4. 海水养殖与海洋生物资源利用技术领域

海水养殖是东南亚、南亚等多个国家的重要海洋产业。近年来，沿线国家海水养殖技术和产业发展迅速，在种苗、饲料、防病、养殖模式以及装备等技术方面需求很大。中、日、韩等水产养殖先行国家，帮助多个国家建设了渔业设施，并指导发展中国家制定海水养殖规划、开展海水养殖生产技术培训，提高了海水养殖技术的国际影响力。主要合作领域包括：

水产育种、渔用饲料、资源养护、病害防治、质量安全、加工利用技术以及渔业工程技术等。通过加强与“海上丝绸之路”沿线国家的合作，为发展中国家提供养殖集成技术，传播养殖先进技术，促进了生物资源共同开发利用，实现了技术输出国与受援国之间的优势互补。

5. 海水淡化与直接利用技术领域

海水淡化是一种可实现水资源可持续利用的开源增量技术，已成为全球解决沿海地区淡水资源短缺危机的重要手段。通过多年的持续攻关，发达国家在海水淡化关键技术方面取得了重要进展，已掌握反渗透和低温多效蒸馏等国际商业化主流海水淡化技术。“海上丝绸之路”沿线部分国家（特别是小岛屿国家）淡水资源缺乏，急需利用海水淡化技术解决淡水短缺危机。欧、美、日等国家利用政府力量，促进了海水淡化及直接利用技术产品装备在“海上丝绸之路”沿线国家的转移与推广，支持科研机构和企业共建海外技术示范和推广基地。

6. “冰上丝绸之路”与极地科学技术领域

北极国家数量较少。“冰上丝绸之路”沿线国家之间的合作主要包括两类：一是北极国家之间的合作；二是近北极国家、特别是英国、德国、日本等北极科研强国与北极国家之间的合作。合作重点包括北极航道开发利用、极地油气和矿产等非生物资源的开发利用技术、渔业等生物资源的养护和利用技术等。非北极国家与俄罗斯、加拿大等北极国家通过共同开展北极航道综合科学考察、合作建立北极岸基观测站、实施北极海洋科研项目、开展航道预报服务等方式，实现了对北极海洋的认知，并为参与北极治理创造条件。目前，北极海洋资源评估、清洁能源、极地船舶设计制造、极地环境下装备适应性技术、极地通信、导航及探测技术等方面的合作规模正在扩大。

（二）发展需求

1. 强化海洋经济合作的需求

经贸合作是“一带一路”倡议的重要内容。习近平总书记指出：“共建‘一带一路’为世界经济增长开辟了新空间，为国际贸易和投资搭建了新平台，为完善全球经济治理拓展了新实践，为增进各国民生福祉做出了新贡献。”“海上丝绸之路”作为重要的贸易大通道，沿线港口众多、海洋资源丰富，具备发展蓝色经济的巨大潜力。沿线诸国以发展中国家居多，开发利用海洋资源发展经济的愿望比较迫切。以海洋资源开发技术为重点，推动我国与沿线国家合作发展蓝色经济，不仅是我国推动供给侧结构性改革的有效途径，也是带动沿线国家经济社会发展的重要手段。

东南亚、大洋小岛屿国家拥有丰富的森林、渔业和矿产，而且海底蕴藏着丰富的石油、天然气等战略资源，但相关资源开发技术和产业比较落后。中国在海洋渔业、海洋油气、海洋交通运输、海洋船舶等方面，拥有覆盖面广泛和较为先进的技术积累，适用于东盟整体的经济发展阶段和产业技术基础，可形成良好的互补效应，推动其海洋领域各产业发展。冰上丝绸之路能够大幅度缩短我国与欧洲（特别是北欧、西欧）国家的航程，可以极大地降低燃料费和航行时间，与我国传统的海上贸易航线形成了良好补充。“冰上丝绸之路”沿线还蕴藏有大量的油气资源。北极渔业、旅游业也有较大的发展潜力。加强与“冰上丝绸之路”沿线国家的技术合作，对于提高我国开发北极资源能力、发展极地经济，具有较大的推动作用。

2. 提升海洋科技水平的需求

海洋科技实力是国家海洋实力的重要组成，发展海洋科技是海洋强国建设的重要目标之一。习近平总书记强调，“要发展海洋科学技术，着力推动海洋科技向创新引领型转变。建设海洋强国必须大力发展海洋高新技术。”近10多年来，我国加大了对海洋科技的投入，海洋科技水平有了很大提高。海洋作为地球上最大的公共空间，具有面积广阔、关联性强等特点，这使海洋科学具有明显的全球系统科学的特征。

全球变化是全人类在新世纪面临的重大挑战，而海洋是全球变化的显示器和调节器。由于海洋的联通性和流动性，涉及海洋的生态环境、气象灾害等问题通常跨越国家边界。没有一个国家的科技能力可以独立应对海洋带给人类的挑战，海洋领域科技合作是实现多赢的唯一渠道。国际社会所关注的重大涉海科学过程，包括气候变化、海洋酸化、海洋垃圾、海平面上升、海洋生态系统退化等，其认知和治理都要依靠广泛的国际合作。特别是由于我国国土主要处于西北太平洋沿岸，对于热带海洋、北冰洋以及南大洋等海域的研究，都离不开国际合作的支撑。“海上丝绸之路”建设为推动相关科技合作搭建了平台。

从地理空间角度来看，西太平洋—南海—印度洋海域，其海洋过程对我国管辖海域的资源开发、生态保护和灾害防治具有重大影响。南太平洋、印度洋在气候变化、海洋科学研究中具有特殊价值。通过开展海洋科技合作，我国与小岛屿国家在“一带一路”方面合作可以走向深入，有助于面向重大技术需求实施科创资源的区域化整合，提升研发效率。北极地区具有丰富的科研资源，在全球海洋和气候变化中发挥独特作用。北极海域具有极寒、极度缺氧以及冰下极大压力的极端环境特征，是研究极端环境下的生物生态和工程技术的极佳试验场。加强与“冰上丝绸之路”沿线国家的科技合作，对于促进北极科学技术活动开展，具有重要支撑作用。

3. 维护国家海洋权益的需求

我国拥有300万 km^2 的海洋国土，海洋权益维护的使命重大。此外，在全球公海以及北冰洋、南大洋等关键海域，我国也存在广泛的国家利益需求。习近平总书记指出：“要维护国家海洋权益，着力推动海洋维权向统筹兼顾型转变。要统筹维稳和维权两个大局，坚持维护国家主权、安全、发展利益相统一，维护海洋权益和提升综合国力相匹配。”“要坚持‘主权属我、搁置争议、共同开发’的方针，推进互利友好合作，寻求和扩大共同利益的汇合点。”海洋科技合作属于低敏感合作领域，能够推进与“海上丝绸之路”“冰上丝绸之路”沿线国家友好互利合作，通过扩大共同利益汇合点实现海洋开发、保护与治理方面的合作，增强我国维护国家海洋权益的能力。

目前，南海周边海洋维权形势错综复杂。各国虽在经济发展水平和科技实力方面参差不齐，但对海洋经济发展、海洋生态保护、海洋防灾减灾等方面的需求是共同的，对于牵引和支撑上述活动的科技研发合作多持积极态度。贯彻“主权属我、搁置争议、共同开发”的原则，聚焦周边各国与我国需求的利益契合点，将海洋科技合作为维护区域和平与稳定、扩大交流与合作，是在当前形势下维护南海权益的有效途径。太平洋、印度洋小岛屿国家是我国推进“南南合作”，加强与小岛屿国家在海洋科技等方面的合作交流，赢得他们的理解和支持，是扩大我国在南太平洋和印度洋的影响力的重要途径。北极变化正在深刻影响着全球地缘政治格局。近北极国家的特殊身份，意味着国际合作成为我国开发与保护北极的主要途径。北极科技正处在前所未有快速发展阶段，科技创新合作为我国参与北极治理提供了有效手段。积极参与北极科技创新活动，并争取在北极认知、北极航行、环境保护、资源开发等技术创新领域发挥重要作用，应当成为我国参与北极治理的重要手段。

二、主要模式

海洋，特别是深海和极地海洋科技活动往往投入巨大，并面临极大风险，单一国家往往难以承受。因此，即使是美国、日本等发达国家，也将国际合作作为海洋科技创新活动的重要手段，开展了广泛和卓有成效的海洋科技合作。积极发起和参与海洋科技国际合作，对于美国等发达国家而言，大大降低了海洋科技创新的投入和风险，提高了创新效率；对于中小国家和发展中国家而言，亦获得了参与海洋科学活动、获取相关信息的途径。近50年来，发达国家在海洋科技合作创新方面形成了不少好的做法和经验，值得我国研究和借鉴。

（一）美国牵头发起全球海洋大科学计划

美国海洋科技水平居于全球领先地位，经济实力雄厚，海洋技术装备完善。在海洋科学研究与海洋科研国际合作中，美国主要以其主导的全球海洋大科学研究项目为牵引，号召其他国家机构加入，由此引才纳智，同时分担成本与风险，形成良性循环，长期持续推动了其海洋科研水平进步。由其主导开展的大型国际海洋科学科研合作项目科研及管理水平在国际上居于领先地位，国际海洋发现计划（International Ocean Discovery Plan，IODP）、全球海洋通量联合研究计划（JGOFS）、热带海洋全球大气计划和世界大洋环流实验都在海洋科技研究领域具有重要影响。以下介绍讨论其中最有代表性的国际海洋发现计划。国际海洋发现计划是一个国际海洋研究合作项目（组织），利用海洋研究平台探索地球的历史和动力学，以恢复记录在海底沉积物和岩石中的数据，并监测海底环境。国际海洋发现计划由1968年开始的深海钻探计划（DSDP，1968—1983）发展演变而来，其间经历了国际大洋钻探计划（ODP，1985—2003）、综合大洋钻探计划（ODP，2003—2013）等发展过程，当前的计划期限是（2013—2023）。整个过程中，既保持了总体任务和目标的稳定性，又有各阶段不同的侧重点。国际海洋发现计划（及其前期各阶段）是地球科学领域迄今规模最大、影响最深、历时最久的大型国际合作研究计划，也是引领当代国际深海探索的科技平台。半个世纪以来，国际海洋发现计划系列计划在全球各大洋钻井

3 600 余口、累积取芯超过 40 余万米，所取得的科学成果验证了板块构造理论，揭示了气候演变的规律，发现海底“深部生物圈”和“可燃冰”，导致了地球科学一次又一次的重大突破，始终站在国际学术前沿。

国际海洋发现计划的前身大洋钻探计划（ODP）于 1968 年始于美国，最开始的目标是集中世界各国深海探测的顶尖技术，在几千米深海底下通过打钻取芯和观测试验，探索国际前沿的科学问题。取得初步成功后，欧洲、日本及世界其他各国逐步加入，形成美国主导世界各国加入合作的格局。从基本组织结构来看，当前国际海洋发现计划依赖于 3 个平台提供方提供的设施，分别为美国国家科学基金会（NSF）、日本教育文化体育和科技部（MEXT）和欧洲海洋研究钻探联合会（ECORD）。另外，还有 5 个合作伙伴机构提供财政捐助，分别是中国科技部（MOST）、韩国地质矿产研究所（KIGAM）、澳大利亚-新西兰 IODP 财团（ANZIC）、印度地球科学部（MoES）、巴西高等教育人员提升协组织（CAPES）。这些实体共同代表 23 个国家，这些国家的科学家被选为国际海洋开发计划在全世界海洋进行的研究探险的工作人员。

在项目管理上，国际海洋发现计划遵循严格的科学探索过程，有严密合理的筛选—立项—组织实施的科研程序。国际海洋发现计划（IODP）的探索是从假设驱动的科学建议发展而来的，与项目的科学计划相一致，阐明地球的过去、现在和未来，并按照项目的科学调查原则进行。科学计划确定了气候变化、深部生命、行星动力学和地质灾害 4 个领域的 14 个挑战问题，科学家活动由 IODP 项目成员办公室管理。国际海洋发现计划提案经常涉及来自多个地球科学学科的国际研究人员和主要支持者之间的合作，而不需一定来自一个 IODP 成员国。提案不会导致与提议者机构的财务合同签署，因此提案由个别研究者提交，而不是通过研究者机构提交。IODP 设施委员会商定提案征集要求，并由 IODP 科学支持办公室发布。钻井方案在 IODP 框架内由科学评估小组（SEP）进行同行评审，由匿名外部评审员在科学支持办公室的协助下进行评审。在年度调度会议上，由 IODP 设施委员会考虑科学评估小组提交的钻井方案，并可要求进一步改进/变更，或可能改变提议的范围，使其与平台能力或运营预算相适应。此外，设施委员会要求环境保护和安全小组进行安全审查。平台科学运营商则根据 IODP 科学调查原则，将这些建议发展为研究性探索。

（二）日本以援助促进与太平洋小岛屿国家的海洋科技合作

太平洋小岛屿国家因自然资源丰富、地缘位置优越以及在国际政治舞台上的重要影响，被日本视为原料来源地、重要的海上通道和助力日本迈向政治大国的“票仓”。20 世纪 70 年代以来，日本基于实用主义的考量重燃对南太平洋小岛屿国家的兴趣，与之开展资源外交和援助外交，并奉行“仓成主义”，不断加强双方之间的联系与合作，扩大了其在南太平洋地区的影响力。

日本建立了发展与南太平洋小岛屿国家合作关系的 PALM 机制，并发挥了重要作用。鉴于太平洋岛国论坛在太平洋小岛屿国家中的重要影响力，日本注重与其开展对话与合作。1996 年 10 月，由日本政府与南太平洋岛国论坛（太平洋岛国论坛的前身）合作推进的“太平洋岛国中心”（Pacific Islands Center，简称 PIC）在东京成立，致力于推动日本与太平洋小岛屿国家间的交流。1997 年 10 月 13 日，首届日本和太平洋岛国首脑峰会（the Japan-Pacific Islands Leaders’ Meeting，PALM）在东京召开，会议通过了《日本-南太平洋国家联合声明》。之后，PALM 将日本与南太平洋小岛屿国家合作关系机制化，每 3 年举办一届，围绕日本与南太平洋小岛屿国家间的经贸往来、渔业发展、可再生能源、环境保护、可持续发展、应对气候变化、教育及人力资源培训交流等问题展开讨论，至今已举办八届。PALM 机制的建立成为日本发展与南太平洋岛国外交关系的主要平台，加速了双方合作关系发展。

除加强安全合作与政治协调外，援助外交是日本加强与太平洋小岛屿国家关系的重要手段。20 世纪 60 年代末以来，日本以对外援助的方式，逐步扩大其在南太平洋地区的影响力。伴随南太平洋地区国际战略环境和地区格局的变化，近年来，日本开始调整其对太平洋小岛屿国家的援助政策，不断加大援助力度。2009 年第五届 PALM 在北海道举办，会上日本承诺在今后 3 年内向太平洋小岛屿国家提供 500 亿日元（约合 5.3 亿美元）的援助，自此日本对南太平洋小岛屿国家的援助开始走出低迷。2015 年第七届 PALM 的讨论主题涉及自然灾害防范、气候及环境变化、人文交流、可持续发展和海洋事务 5 个方面的问题，日本做出了在未来 3 年持续提供 4.53 亿美元援助的承诺。在 2018 年第八届 PALM 上，日本首相安倍晋三表态将在提升小岛屿国家海上保安能力、完善港湾等海洋基础设施、应对气候变化与海平面上升、提高守护海洋能力、打击非法捕捞等方面向太平洋小岛屿国家提供援助。

除加大援助力度外，2012 年《日本 ODA 白皮书》特别强调要构建“全体国民参加型援助体制”，通过发动日本地方政府、大学及非政府组织等多方力量参加援助，提高对外援的质量。如日本政府将废弃物管理的“福冈模式”，即福冈市与福冈大学合作研发的“准好氧填埋法”，运到萨摩亚、帕劳、瓦努阿图以及密克罗尼西亚的废弃物处理场和垃圾填埋场中，降低了运作和管理成本。

日本注重加强对南太平洋小岛屿国家在环境保护和应对气候变化等传统优势领域的合作。应对环境问题与气候变化是南太平洋小岛屿国家面临的共同挑战。作为世界屈指可数的“环境技术先进国”，近年来，日本政府发挥其“环境技术”优势，以资金援助、技术支持和人员培训等方式帮助太平洋小岛屿国家应对趋于严峻的环境和气候问题。2000 年第二届 PALM 就可持续发展、应对气候变化与海平面上升、保护生物多样性、环境教育与培训、技术转让与能力建设等环境议题展开了讨论，并发表了《关于太平洋环境问题的声明》。2003 年第三届 PALM，环境是重要议题。2006 年第四届 PALM 议题包括发展、环境、传染病、海啸防卫等。2009 年在第五届 PALM 上，双方提出设立“太平洋环境共同体”，通过了《太平洋环境共同体》和《行动计划》两个附属文件。太平洋小岛屿国家还支持日本提出的“凉爽地球”计划，日本则提出对太平洋岛国论坛提供人才培训及物资援助。2012 年第六届 PALM 围绕普及阳光、风力、地热、水力、生态等环保能源，确保太平洋岛国供电系统安定的政策和技术等主题展开讨论，提出以援助形式为太平洋岛国安装能迅速提供海啸警报的设备系统。2015 年在第七届 PALM 上，南太平洋小岛屿国家表示了对日本加入《气候领导行动马朱罗宣言》(Majuro Declaration for Climate Leadership) 的欢迎，日本政府提出向“绿色气候基金”提供 15 亿美元的援助并签署了相关文件。2018 年第八届 PALM，自然灾害防范、气候及环境变化、可持续发展等仍是重要议题。

日本在发展与太平洋小岛屿国家关系时强调加强与美国的合作。2011 年 11 月第六届日本和太平洋岛国首脑峰会筹备会议召开，会上以小林泉为代表的专家学者向日本外务省提交建议书，建议日本政府邀请美国参加拟于 2012 年召开的第六届 PALM，受到日本政府的高度重视。2012 年 5 月，美国受邀参加在冲绳召开的第六届 PALM。

此外，文化交流也是日本强化与太平洋小岛屿国家合作关系的重要内容。1997 年第一届 PALM 签署的《日本-南太平洋国家联合声明》中提出，要在商业、教育、旅游和文化等活动中加强人员沟通与交流，特别主张增进青年间的交往，并做出开展学生间交流与学习活动的承诺。2000 年在第二届 PALM 上，日本表示将派遣“太平洋知识对话任务团”，加深太平洋小岛屿国家人民对日语和日本研究的了解，并帮助小岛屿国家保存其文化和知识财富。2003 年第三届 PALM，教育是核心议题之一，双方就教育合作展开了讨论。2009 年第五届 PALM 发表的宣言称，日本政府将为太平洋岛国培养 2 000 名医生和护士，并积极扩大青少年的交流事业。2015 年在第七届 PALM 上，日本宣布向 100 名有才干的南太平洋岛国年轻政府官员提供赴日本大学研修或实习的机会，并发起“明日体育”项目，向南太平洋岛国派遣柔道专家。

（三）英国以科技合作推动北极科学研究

英国是在近北极国家中，北极科技创新活动最为活跃、科技实力最强的国家之一。2013 年，英国发布了第一份北极政策框架《适应变化》，阐述了英国参与北极治理的三大原则：尊重、合作和适度领导。2018 年，英国发布了第二份北极政策框架《冰周边》。英国国土和管辖海域位于欧洲西北部，距离北极圈比较近，因而深刻感受到了北极变化对英国气候、生态、环境以及经济、政治等方面的影响。作为非北极国家，英国将参与北极保护和改善原住民生活作为推进北极科技创新活动的切入点。这种方式赢得了北极国家以及北极当地社区的欢迎。

设立专门主管机构。英国极地考察局主管的“NERC 北极办公室”在英国北极研究中发挥统筹作用。其主要职能包括：促进和支持英国北极研究；为政府决策提供建议；推动国际合作，增加研究人员参与机会。在政府推动下，近 2/3 的英国北极论文都有国际合作作者共同参与完成。这铸就了英国强劲的北极科研实力——目前只有美国、俄罗斯和加拿大 3 个国家的北极科学论文数量超过英国。自 1972 年起，英国一直在位于北极圈的斯瓦尔巴（Svalbard）群岛的 Ny-Alesund 运行了一个夏季研究站。1991 年，NERC 建立了英国北极研究站，每年 3—9 月开放，主要支持冰川学、水文、生物学、地质学、大气物理学研究。研究站不仅对英国科学家开放，也广泛接纳各国研究人员。Cairngorms 的生态和水文中心是由 83 个观测站组成的两个站点，它们组成了一个极地网络，这些站点有助于识别、理解、预测北极地区的各种环境变化。NERC 为研究站提供长期资助，并承诺最少资助到 2028 年。

大力开展双边合作。由于地理位置、历史、政治体制、意识形态等方面的原因，英国与加拿大、挪威、丹麦、芬兰、瑞典等国一直保持着良好的外交关系。这为开展北极科技双边合作奠定了良好基础。英国利用北极理事会中的特殊角色，与北极国家及周边国家搭建合作平台。例如，2017 年芬兰当选北极理事会轮值主席后，英国驻赫尔辛基大使馆主动加强了与其北极研究团队的联系，使其感受到了英国对其轮值主席国的尊重，为双方共同开展北极科技合作营造了氛围。2011 年，英国与挪威签订了《关于加强英国–挪威极地研究和文化遗产合作的协议》，启动了双方合作；2017 年英国与挪威进一步扩大和加强了合作，签订了新的谅解备忘录。双方于 2018 年共同编制发布了《极地海洋：现状与变化》。2017 年 9 月，英国和加拿大签署了一份为期 10 年的备忘录，确定将加强双方在研究、技术和创新等领域的合作，并决定促进两国研究机构和企业的合作。在英国–加拿大北极合作中，英国政府设立了资助计划，资助英国研究人员在加拿大开展北极研究，并协调加方开放剑桥湾北极研究站，为英国科学家提供良好的研究基地。通过这些资助，使英国研究人员能够与加拿大最好的研究人员合作开展高质量的北极研究。以上案例表明，英国通过与北极国家建立双边合作的方式，为其开展北极合作搭建了良好平台。

积极推动多边合作。除双边合作外，以国际规则和国际组织为基础的多边合作也是英国开展北极科技合作的重要载体。长期以来，英国一直致力于推动涉北极国际组织（如国际海事组织）发展和国际条约（如《联合国海洋法公约》和《东北大西洋海洋环境保护公约》）缔结，以确保英国在北极的权益。例如，《联合国海洋法公约》规定了北极国家的权利和责任，为北极水域的各种用途提供了国际法基础；再如，英国一直支持制定一项协议，管控北冰洋中部不受管制的公海渔业。这些多边合作行为，一方面为英国开展北极科学活动提供了法理和道义支持；另一方面也推动了研究成果的落地应用，从两个方面优化了北极科技合作的环境。为进一步理解北极气候变化的社会影响，英国、挪威和加拿大政府共同资助的威尔顿公园圆桌会议，对北极变化不同情境下的政治、经济和社会所面临的挑战进行研究。2016 年 2 月，会议发布了《2045 年北极报告》，系统探讨了北极变化的影响及应对措施。在项目合作层面，NERC 资助了 1 600 万美元的北极科学项目——“变化北冰洋：对海洋生物和生物地球化学的影响”，研究周期 5 年，由圣安德鲁斯大学牵头。该项目的核心是 4 个大型项目，并由 NERC 和德国联邦教育和研究部共同资助了另外 10 个小型项目。此外，英国与德国、美国和俄罗斯共同发起了一项北极冬季观测项目。主要载体是德国科考船“MV Polarstern”。计划在 2019—2020 年将科考船冻结在不断漂移和变化的冬季海冰中，使之成为漂流的研究平台，搜集气候过程数据。NERC 为该国际合作项目提供了 230 万英镑的资助。

鼓励非政府组织合作。除了建立政府间合作机制外，英国还高度重视非政府间合作平台的搭建，为北极科技创新活动创造条件。特别是对于一些区域性和领域性问题，非政府间合作往往能够发挥比政府间合作更好的效果。英国一直支持诸如“欧洲-北极理事会”（Barents European-Arctic Council）、“北方维度”（Northern Dimension）等区域性组织发展。在英国退出欧盟大局已定的情况下，通过这些组织与欧洲北极研究团体保持合作关系，其价值更为巨大。另外，由非政府机构发起的以北极研究的主题的国际会议也是很好的合作平台。这些会议的主要目的是分享专门知识和经验，其中最引人注目的是北极圈大会和北极边界两项重要的年度会议。这两项会议作为信息共享平台，吸引了非政府组织、科学家、企业和政府参加。英国一向重视这类会议，定期委派代表团参加这些会议。

支持地方政府实施国际合作计划。英国北部的苏格兰地区所处纬度较高，与北极国家有着相似的地理位置。其偏远社区与北极原住民社区面临的类似的经济社会问题。苏格兰制定了自己的北极战略，实施北部边疆和北极计划，帮助创造充满活力、竞争和可持续的社区，利用创新和企业家精神，抓住北极地区独特的增长机会。英国政府通过支持地方政府广泛开展对外合作，使之发挥中央政府难以发挥的作用。

加大对国际组织和国际合作项目的资助。科学与创新网络（SIN）在 8 个北极国家设立组织。其中，在英国的分支机构得到了政府的资助，在英国的北极政策制定和科技创新活动中都发挥了作用。例如，SIN 支持英国参加了2016年在美国举办的北极部长级会议，协助英国参加北极理事会工作组会议。同时，SIN还负责推动和支持各类科技创新项目，促进双边和多边创新合作，并协助当地社区增强发展能力。例如，2017—2018年，该组织的俄罗斯分支机构对总部位于英国的北极科学组织（Arctic science）进行了较大规模的支持，并积极推进北极国家在2017年5月签署的《加强国际北极科学合作协议》，增加英国与俄罗斯合作的机会。目前，已经有5个国家的科学组织从BEIS、NERC北极办公室和FCO的全球英国基金获得资金。这些活动都有助于英国获得北极设施使用机会和数据，增进伙伴关系，使英国从国际北极科技合作中受益。

三、我国的现状和问题

（一）合作现状

1. 海洋科技多边合作平台初步搭建

中国-东盟合作框架 2012年1月，国家海洋局发布《南海及其周边海洋国际合作框架计划（2011—2015）》。合作领域包括海洋与气候变化、海洋环境保护、海洋生态系统与生物多样性、海洋防灾减灾、区域海洋学研究、海洋政策与管理等方面。我国相继启动实施了70余个海洋科技合作项目，参与国家达19个，涉及的科研机构和大学有33个，外方科学家有150余人。连续举办了4届“中国-东盟海洋科技合作论坛”，推动了东南亚海洋环境预报与减灾系统建设、东南亚海洋濒危动物与生态系统保护、气候变化应对、海洋污染预防与修复等多项合作。2016年11月，我国发布了《南海及其周边海洋国际合作框架计划（2016—2020）》。合作区域包括南海及与之相连接的印度洋、太平洋部分海域。合作领域在保留海洋与气候变化、海洋环境保护、海洋生态系统与生物多样性、海洋防灾减灾、区域海洋学研究、海洋政策与管理6个方面之外，新增海洋资源开发利用与蓝色经济发展合作领域。2017年11月，第20次东盟-中国（10+1）领导人会议通过了菲律宾提出的《未来十年南海海岸和海洋环保宣言（2017—2027）》。各方愿在落实《宣言》和“准则”磋商框架下，在南海开展海上搜救、海洋环保等领域的合作，表明东盟国家在开展南海务实合作方面采取了更加主动和建设性的姿态。2018年11月，我国与东盟共同提出《中国-东盟战略伙伴关系 2030 年愿景》。该愿景是中国东盟合作的最高纲领。关于海洋科技合作，提出继续发展中国-东盟蓝色经济伙伴关系，促进海洋生态系统保护和海洋资源可持续利用，开展海洋科技和海洋观测合作。这为双方海洋科技合作提供了长期保障和方向指导。2018 年 9 月，自然资源部第四海洋研究所正式成立。第四海洋研究所加挂“中国-东盟国家海洋科技联合研发中心”牌子，承担中国与东盟国家海洋科技合作与交流工作，将与东盟国家合作开展海洋安全、海洋生态保护、海洋资源开发、海洋新兴产业、海洋规划等方面的研究。

APEC 海洋可持续发展中心 该中心系我国在 APEC 框架下设立的首个海洋合作机制，2011 年 11 月在厦门成立，依托单位为国家海洋局第三海洋研究所。APEC 海洋中心旨在通过政策研究、决策咨询、研讨培训、对话磋商以及开展示范项目和技术援助等活动，促进 APEC 各成员之间海洋领域的务实合作，加强海洋可持续管理，深化海洋防灾减灾，推动海洋经济合作，实现亚太区域海洋的可持续发展。主要研究领域包括海洋经济可持续发展与区域协调、海洋生物资源利用与粮食安全、基于生态系统的海洋管理、应对气候变化及海洋防灾减灾等。

中国-太平洋岛国发展论坛 针对太平洋岛国在海洋环境保护、气候变化应对、海上搜救等领域普遍存在的共性需求，着力构建“蓝色伙伴关系”，得到小岛屿国家的积极响应。经过多年努力，已初步形成以“中国-太平洋岛国发展论坛”为主体，以“中国-小岛屿国家海洋部长圆桌会议”为辅的合作组织体系。基于“中太合作论坛”等组织机制，我国与小岛屿国家在环保、旅游、立法、教育、农渔业和卫生等领域已经形成较完备的合作机制。合作领域不断拓展，合作层面不断深化。目前，我国正在酝酿在已有的合作机制基础上，积极构建更紧密的合作组织，为海洋科技合作提供新载体。此外，我国还针对小岛屿国家需求设立了专项基金，如 2010 年我国出资设立“中国-太平洋岛国合作基金”。我国还以提供无偿与低息贷款、减免债务与关税以及捐赠的方式对小岛屿国家提供资金援助。上述机制安排都为深化我国与小岛屿国家海洋科技合作营造了良好环境。

2. 海洋科技双边合作成效显著

近年来，我国相继与印度尼西亚、马来西亚、泰国和柬埔寨等国签署了政府间或部门间海洋领域合作协议，在海洋科研、海洋环保、防灾减灾等领域开展了一系列合作，产生了一批富有成效的合作成果。

印度尼西亚 2007年11月，国家海洋局与印度尼西亚海洋渔业部部长共同签署了《中国国家海洋局与印度尼西亚海洋渔业部关于海洋领域合作的谅解备忘录》。2010年5月，中国-印度尼西亚海洋与气候联合研究中心正式挂牌运行。该中心由国家海洋局第一海洋研究所和印度尼西亚海洋渔业部海洋与渔业研究局共同出资运行，由国家海洋局和印度尼西亚海洋渔业部共同指导，中心办公地点在印度尼西亚雅加达。此外，中国科学院海洋研究所与印度尼西亚科学院海洋研究中心、印度尼西亚技术评价与应用局（BPPT）、中苏拉威西省相关大学和企业等建立了良好合作关系。

泰国 2008年9月，国家海洋局第一海洋研究所和泰国普吉海洋生物中心中泰签署了海洋领域所际合作协议，并就安达曼海季风爆发监测及其社会和生态影响展开合作。2009年双方开展海洋环境预报示范系统合作研究，同年首届中泰海洋科技合作研讨会在青岛召开。2010年双方组织实施泰国湾第一次海洋地质联合调查航次。2011年，中泰签署《中华人民共和国国家海洋局与泰王国自然资源与环境部关于海洋领域合作的谅解备忘录》。2012年，国家海洋局与泰王国自然资源与环境部做出《中泰建立气候与海洋生态系统联合实验室的安排》。2013年6月，我国与泰国在海洋领域的第一个联合研究实体——中泰气候与海洋生态联合实验室在泰国普吉正式挂牌启用。该实验室由中国国家海洋局和泰王国自然资源环境部主管，由国家海洋局第一海洋研究所和泰国普吉海洋生物研究中心承担运行。从2013年起，中泰海洋濒危生物合作研究、海洋环境预报系统研究列入中国-东盟海上合作基金第一批资助项目。

马来西亚 2009年6月，我国和马来西亚政府签署了《中华人民共和国政府与马来西亚政府海洋科技合作协议》。该协议是我国与南海周边国家签署的第一个政府间海洋科技合作协议，内容涵盖了海洋政策、海洋管理、海洋生态环境保护、海洋科学研究与调查、海洋防灾减灾、海洋资料交换等众多领域。2010年3月召开了中马海洋科技合作联委会第一次会议，到2017年，双方已经召开了4次联委会会议，推动了联合研究中心建设以及在海洋观测、海洋生物资源开发利用、海洋空间规划等领域的合作。2017年12月，国家海洋局与马来西亚科技创新部共同建立的中-马海洋科技联合中心成立。中心设于马来亚大学万捷海洋站内，主要任务和职责定位于规划拓展中-马在海洋领域的合作，管理和协调目前已有的联合项目。

斐济 斐济作为南太平洋的政治经济中心，是我国海洋科技合作的重点。目前来看，中国与斐济之间以援助式合作为主，合作领域包括成套项目、一般物资、人力资源开发合作、技术合作、医疗卫生援助等。其中，基础设施建设是中方对斐济援助合作的重点。

巴布亚新几内亚 巴布亚新几内亚位于太平洋西南部，是太平洋岛国地区面积最大、人口最多的国家，在太平洋岛国中具有重要的影响力。目前，巴布亚新几内亚已经成为我国在太平洋岛国最大的贸易伙伴和投资合作对象，双方的合作领域广泛，涉及基础设施、农业、工业、教育、医疗卫生、海洋科技等领域。主要项目有投资 6.5 亿美元的瑞木镍钴矿项目、莱城水产品加工厂和冷库项目、金枪鱼加工厂和太平洋渔业工业园等。

萨摩亚 在海洋领域的合作主要集中于基础设施建设与海洋人才培养基础设施建设合作方面，包括渔业、农业、教育等。我国还援建了阿皮亚公园综合体育设施、政府办公大楼、国家游泳馆、残疾人培训中心、妇女儿童活动中心、萨摩亚国立大学海洋学院以及 9 所小学等，其中大部分为无偿援助工程项目。

除上述国家外，我国还与越南、柬埔寨、文莱、菲律宾、缅甸、新加坡等国开展了海洋科技合作相关访问、会谈与磋商，为进一步开展海洋科技合作奠定了基础，但实质性合作开展较少。

3. 海洋科学研究合作全面推进

南海周边是我国在“海上丝绸之路”沿线海洋科学研究合作开展最为深入的区域。我国与印度尼西亚、泰国等东盟国家的海洋科研合作已经持续了多年。自 2007 年起，我国与印度尼西亚每年均有合作科研活动，2012 年起国家海洋局下属研究机构与印度尼西亚相关机构合作开展了“爪哇上升流变异及其对鱼类洄游的影响”“南海-印度尼西亚海水交换及其对鱼类洄游的影响”以及“海洋微生物和大型生物活性物质研究”等研究项目。中国科学院海洋研究所与印度尼西亚科学院海洋研究中心、印度尼西亚技术评价与应用局（BPPT）、中苏拉威西省相关大学建立了良好的科技合作关系，已经在联合实施航次、共同海洋观测、共享科学设施和数据资料、人才联合培养、海洋生物资源调查和高值化利用、联合申请中国-印度尼西亚海上合作基金等方面开展了卓有成效的合作。我国与泰国的海洋科研合作从2008年开始，国家海洋局第一海洋研究所和泰国普吉海洋生物中心签署海洋领域所际合作协议，就安达曼海季风爆发监测及其社会和生态影响展开合作。从2010年起，国家海洋局第一海洋研究所与泰国普吉海洋生物中心每年在安达曼海泰国经济专属区内完成一次安达曼海季风爆发监测及其社会和生态影响项目的联合航次调查，每年完成一次泰国海岸带脆弱性合作调查。从2013年起，国家海洋局第三海洋研究所、中国海岛研究中心与泰国矿产资源局合作开展“热带海洋综合观测和海洋环境评价”研究。2013年6月，中、泰两国在海洋领域的第一个联合研究实体——中泰气候与海洋生态联合实验室在泰国普吉建成，双方合作开展了东南亚海洋预报与海洋防灾减灾系统（OFS）、海岸带脆弱性研究、热带海洋生态系统合作研究（TiME）、热带海洋环境综合观测与评价、季风爆发监测及其社会与生态影响（MOMSEI）、联合国教科文组织/政府间海洋学委员会—海洋动力学与气候培训中心（UNESCO/IOC-ODC）、海洋保护区的生态管理网络（EM-PA）、海洋濒危物种研究（MERS）等。我国与马来西亚共同开展了马来西亚海洋环境预报系统建设、马来西亚海域海洋环境对气候变化的响应合作研究、近岸海域特别是三角洲海域海洋沉积动力学研究、赤潮对比研究、海洋生态环境研究、海洋生态站合作建设、海洋工程环境与海洋能评估合作研究、海洋遥感应用研究等合作。2016年，马来西亚登嘉楼大学与中国水产科学研究院黄海水产研究所达成《共建水生动物健康国际协作网络（INAAH）的合作协议》，积极开展水生动物健康、水产养殖和渔业资源等领域的合作。此外，我国与越南、柬埔寨、缅甸、孟加拉国等海上丝路沿线国家也开展了海洋科学合作研究，取得了明显成效。

在与太平洋、印度洋小岛屿国家的海洋科学研究合作也取得较大进展。近年来，我国与太平洋岛国在应对海平面上升、海啸、海岸侵蚀、海洋酸化等方面逐步开展合作，在海洋观测预报、海洋环境监测、灾害预警、灾后评估和基础能力建设等方面取得显著进展。2016年，由国家海洋局第二海洋研究所牵头实施的中国-莫桑比克和中国-塞舌尔大陆边缘海洋地球科学联合调查航次圆满完成。该航次自6月1日从毛里求斯起航，共历时55 d，来自国内9家科研单位的32名中方专家和来自莫桑比克的4家单位的6名科学家组成的科考队对东非大陆边缘地质构造特征开展调查研究。两国调查队员团结合作，进行了一系列海上作业，获得大量宝贵数据。2018

年9月1日，国家主席习近平在人民大会堂会见了来华出席2018中非合作论坛北京峰会的塞舌尔总统富尔。在两国元首见证下，两国大使共同签署了《中华人民共和国自然资源部与塞舌尔共和国环境、能源和气候变化部关于面向蓝色伙伴关系的海洋领域合作谅解备忘录》。根据此备忘录，双方将成立海上合作联委会，共同举办研讨会、培训班、建设海洋合作平台，加强在海洋科学研究、海洋经济发展、海洋生态保护和修复等领域的合作。中国自然资源部与塞舌尔环境、能源和气候变化部建立了良好的合作关系，两国海洋研究机构和专家学者多次互访交流，推动海洋领域合作。自然资源部第二海洋研究所曾与塞方科研机构开展联合航次调查，研究海洋在气候变化中的作用；塞方官员和学者应邀出席国家海洋局举办的厦门国际海洋周、海洋空间规划国际论坛等活动，双方就发展蓝色经济，海洋综合管理等领域合作达成共识。

4. 海洋产业技术合作走向深入

在南海周边地区，我国与文莱以海洋油气开采应急安全技术为重点，就海上溢油监测与评估技术、溢油鉴别技术的培训及方法共享、海上溢油漂移预测、应急辅助决策系统及溢油搜索和救援技术、海洋石油平台和巡逻船对溢油的监测技术等方面开展了合作。我国与菲律宾主要在海洋传统捕捞及渔业养殖、滨海旅游等方面，以及相关防灾减灾、海洋监测预报和生态环境保护等方面加强了合作。2018年11月习近平主席访问菲律宾，中菲双方签署《共建“一带一路”合作谅解备忘录》和《关于油气开发合作的谅解备忘录》等，为双方各领域合作及在有关海域的油气勘探和开采提供便利。自然资源部（原国家海洋局）第二海洋研究所与缅甸能源部合作，开展了“缅甸近岸深水AD-1和AD-8区块海洋气象研究”。我国与新加坡共同提出了共建东盟热带海洋能测试试验场的动议，正在开展可行性研究，这将为相关装备制造、海洋能开发等关联产业发展提供有力保障。

太平洋、印度洋小岛屿国家多拥有广袤的专属海洋经济区，蕴藏丰富海洋资源。斯里兰卡、马尔代夫、塞舌尔、毛里求斯这些国家渔业大多数是自给性沿岸渔业，由于捕捞技术不成熟，导致该区域的渔业资源开发利用率较低。该海区分布着重要的大陆架渔场和金枪鱼渔场，主要捕捞的经济品种为小型中上层鱼类、底层鱼类、虾类和金枪鱼。2011年以来，我国派出专家到这些国家担任渔业和水产养殖方面专家顾问，指导当地水产养殖发展。我国先后从斯里兰卡、塞舌尔成功引进马氏沼虾等新品种，为促进中国水产养殖新品种的开发打下了良好的基础。2013年，我国与毛里求斯签署了《中华人民共和国国家质量监督检验检疫总局与毛里求斯共和国渔业部关于毛里求斯向中国出口水产品合作谅解备忘录》，双方就进一步加强渔业合作等事宜交换了意见。毛里求斯渔业资源丰富，我国具有先进的水产养殖技术，中毛两国具有很强的互补性。双方愿在远洋捕捞和水产养殖等领域开展务实合作，进一步丰富合作方式和内容，并鼓励中方企业赴毛里求斯投资。毛里求斯是我国远洋渔业冷链物流产业链的前沿，当前大连海洋渔业公司、大连市水产公司、市远洋渔业办在当地水域都有吊船作业，我国也在这里建立了配套的专用码头、冷库、海产品加工厂和滩涂养殖场等产业载体，并在毛里求斯、塞舌尔等环印度洋小岛屿国家进行网围金枪鱼捕捞作业。我国的中水集团、上海远洋渔业公司等多家企业以斐济为基地，发挥技术和设备优势，在南太平洋上进行金枪鱼捕捞作业，带动斐济渔业提高人员技能和升级设备。我国与巴布亚新几内亚合作建成莱城水产品加工厂和冷库项目，提供优惠贷款资助马当省海洋渔业工业园10个金枪鱼加工厂和太平洋渔业工业园的建设。此外，清洁能源产业合作逐渐成为我国与小岛屿国家合作的新热点。2015年10月，我国宣布出资200亿人民币建立“中国气候变化南南合作基金”，以此为基础在能力建设、政策研究、项目开发等领域为广大发展中国家应对气候变化提供更多的支持。

5. 北极海洋科技能力显著提升

北极科学考察常态化推进。我国于1996年成为国际北极科学委员会成员国，1999年起以“雪龙”号科考船为平台，开展了9次北冰洋科学考察。经过持续化的北极科考活动，我国实现了对北极绝大部分海域的到达和观测，以及对东北航道、西北航道有关水文冰情的观测，对北极冰情、水文、地质、生物资源等情况有了初步了解。培养了北极科学家团队、技术服务团队和航行保障队伍。这为下一步推动北极海洋科技合作奠定了良好的技术与人才基础。

基础设施不断完善。我国在北极地区的科研基础设施主要包括科考船、基地、观测台站。总的来说，经过20多年的发展，我国已经形成了“两船、两站”的北极科考基础设施格局，即“雪龙”号和“雪龙2”号科考船、北极黄河站和中国-冰岛北极科学考察站。借助船站平台，我国在北极地区逐步建立起海洋、冰雪、大气、生物、地质等多学科观测体系。

北极科学研究水平稳步提高。近年来我国北极科学的多个领域取得了重要进展。在极地生态学方面，我国科学家提出的极地生态地质学理论为研究极地海洋生物及生态环境演变及其对全球气候变化的响应提供了新的研究方法，在全新世极地古生态领域保持国际领先。在海洋和大气研究方面，我国建立了覆盖海冰快速消退期浮游动物群落的完整数据库和北极科考海冰漂流自动气象观测站，发现北大西洋和南大洋的深层热汇作用增强是21世纪初全球变暖减缓的重要原因，以及最近20年来全球海平面加速上升的主要原因是格陵兰冰盖融化加剧。我国在北冰洋的科研中取得重要进展。如在水团与环流变化、陆架-海盆水交换、冰架下海洋过程、温室气体收支、海洋酸化、生物地球化学、海洋生物多样性与生态系统演化、冰-海耦合模式与数据同化等方面取得重要成果。在极地海洋地质方面，发现北冰洋锰元素的输入规律，反映了高纬度冰盖与低纬度过程对北极的影响。

极地技术开发取得新突破。围绕极地战略新疆域的研究不断深入开展，研发了一批重大技术和装备，包括全球首艘双向破冰技术的极地科考破冰船“雪龙2”号、全球首艘极地重载甲板运输船、全球首艘极地冷凝析油轮和我国首座适合北极海域作业的深水半潜式钻井平台，为我国极地考察提供现场保障和支撑能力，填补了我国在极地科考重大装备领域的多项空白，展示了中国装备和中国制造的实力。

合作平台建设初显成效。为了更好地推动北极科技创新活动，降低各研究团队开展北极研究的成本，我国一方面积极参加国际北极科研组织；一方面大力组建国内联合平台，取得了明显成效。在国际合作方面，自2013年中国海洋大学加入“北极大学”联盟后，我国已有4家大学（科研机构）加入联盟，使联盟成为我国科学家开展北极科研的重要平台。在国内平台建设方面，由教育部牵头组建的极地联合研究中心目前已经拥有25家成员单位，在极地科教体系建设、极地平台建设和国际合作网络建设等方面发挥了重要作用。

（二）存在的问题

1. 海洋科技合作的顶层设计薄弱

从目前“海上丝绸之路”海洋科技合作实践来看，海洋科技合作不同项目分别由科技、海洋、经济等不同部分管理，其职能及指导范围各有侧重但又有所交叉。部分合作领域存在管理重叠交叉；部分合作领域存在管理缺位的现象。部门之间、国内外之间如何统筹协调、分工合作以形成合力是今后应当解决的问题。由于缺少统筹部门，目前海洋科技合作比较零散，项目间系统性、协调性比较差，各部门、各项目各行其是的现象比较突出。顶层设计缺失的现象在“冰上丝绸之路”海洋科技合作中的表现最为明显，受我国科技管理部门化和科技资源“碎片化”的影响，我国始终未能凝聚共识形成国家北极科技战略。由于没有统一的战略部署和明确的发展目标，容易形成一盘散沙的推进模式，甚至可能出现部门间由于利益冲突相互干扰的情况。

2. 海洋科技合作机制不完善

（1）合作主体比较单一。我国与沿线各国开展海洋科技合作的主体，主要是政府部门、大学和科研院所，企业合作还比较少。这与当前海洋科技合作与有关产业发展结合不密切、合作机制与合作平台发展不够充分有关。未来应进一步丰富完善合作机制，为企业层面的海洋产业技术和工程技术合作提供良好平台，支撑合作主体广泛化、合作层级下沉和合作领域扩大。

（2）区域间发展不平衡。我国与东盟国家的海洋科技合作机制相对完善，双边和多边合作平台已经发挥作用。但在其他地区还相当薄弱。以太平洋、印度洋小岛屿国家为例，我国与小岛屿国家的海洋科技合作仍然以援建为主要形式。这种直接的“输血”虽然能在短期内使受援国家的海洋科技和海洋产业得到较大发展，但从长期来看，会使其过度依赖国外援助，甚至丧失经济和科技发展的自主性。在“冰上丝绸之路”沿线的海洋科技合作机制则更加薄弱。

3. 海洋科技合作领域比较狭窄

当前海洋科技合作以公益性导向为主，主要限定在海洋基础研究、海洋观测、海洋污染治理、渔业、海洋工程等方面，其他领域的合作缺失或进展较慢，深海资源开发、海洋新兴产业方面的合作基本未能展开。此外，尽管我国与一些国家签订了一些海洋科技合作协议，但由于种种原因，一些合作项目未能得到实质性推进，一些项目因难于开展而取消。存在若干薄弱环节和空白之处：①海洋空间规划合作范围较小，主要在柬埔寨开展，与其他各国合作的巨大潜力尚未挖掘；②随着我国海洋经济从近海向深远海拓展，对深海的认知需求不断增加，深海科技能力正在增强。南海周边地区濒临太平洋和印度洋，能够作为深海科学活动的基地。但我国与相关国家的深海科学合作还相当薄弱；③现代信息技术正在向海洋领域渗透，在海洋航运、海洋观测、海洋资源开发和环境保护等领域存在很大发展潜力，但我国在海洋信息技术方面的合作开发工作尚未实施。此外，随着以“互联互通”为基础的经济合作不断拓展深化，对海洋科技与海洋产业相结合的需求不断增加。“海上丝绸之路”海洋科技合作与经济结合不紧密的问题更加突出。

4. 海洋科技合作平台建设有待进一步加强

经过多年的努力，我国已经在相关国家建设了若干海洋科技合作平台，包括中泰气候与海洋生态系统联合实验室、中马海洋联合研究中心、中印尼海洋与气候中心等。这些平台在南海周边海洋科技合作中发挥了重要支撑作用，但存在一些问题。①平台主要针对具体科学领域合作，功能相对单一；②目前合作平台仍以双边合作为主，缺乏区域带动性；③合作平台数量仍然较少，难以发挥支撑作用；④平台之间协调机制较弱，在项目支持、人员交流、信息共享等方面难以形成合力，区域海洋科技合作网络远未形成；⑤平台建设发展不平衡，我国与东盟国家之间的平台建设相对较好，但与其他地区的平台建设则相对滞后，一些地区甚至尚未建立有效的科技合作平台。由于平台建设的薄弱，目前，在公海大洋实施的具有显著影响的海洋科学计划仍主要由发达国家主导，我国提出的计划难以得到广泛认同和支持。

5. 一些地区的海洋科技合作投入不足

这一现象在“冰上丝绸之路”海洋科技合作中表现最为明显。由于受国家实力和观念的制约，我国北极科技创新活动起步较晚，在很长时间里未受到足够的重视。在相当长的时间里，一直未能建立起系统化的科技资助渠道。对北极科研项目的资助分散在相关各个部门设立的各类项目之中。项目资助的系统性、延续性均不强。近年来，随着国家加大对北极的重视，以及“冰上丝绸之路”建设的开展，科技部对北极相关科技创新活动的资助力度不断加大。但由于基础设施薄弱、历史欠账较多等原因，目前，我国对北极相关科技创新的投入仍显不足。这对我国在北极科技合作中发挥主导作用带来了极大制约。

6. 安全问题凸显

南海周边国家经济社会发展水平不均衡，宗教信仰各异，一些地区受到极端势力和恐怖主义的威胁。民族冲突、宗教冲突、毒品犯罪、海盗等非传统安全问题仍广泛存在。印度尼西亚、菲律宾、缅甸、斯里兰卡等国的安全问题较为突出。这为我国沿线国家开展科技合作带来了潜在危险。2019 年 4 月斯里兰卡恐怖袭击中，我国多位海洋科技人员伤亡，造成重大损失。

四、发展目标和重点任务

（一）战略目标

1. 总体目标

以习近平新时代中国特色社会主义思想为统领，遵循“一带一路”倡议的基本理念和原则，基于我国海洋科技创新和合作方经济社会发展的需求，以南海周边国家、太平洋和印度洋小岛屿国家、北极周边国家为重点，以海洋认知、海洋资源开发、海洋环境保护、海洋防灾减灾、海洋规划与管理为重点领域，立足我国与合作方能力与资源互补性，坚持共商、共建、共享原则，找准定位发挥大国作用，通过加强政府间合作、共建科研平台、共同发起推进北极大科学计划、共同举办学术论坛、强化人员交流与培训等方式，促进我国“海上丝绸之路”海洋科技创新能力与水平的全面提升，使我国在全球海洋认知、保护、开发与治理中发挥更大的作用，推动“一带一路”共建向纵深发展，促进全球海洋命运共同体建设的顺利推进。

2. 阶段目标

2025 年 21 世纪“海上丝绸之路”沿线，与支点国家的海洋科技合作伙伴关系基本建立，区域性海洋科技合作组织建设初见成效。双边/多边合作科研机构不断增加。合作科研机构制度建设完善，运行良好，科研领域稳定，科研成果丰富。有关信息平台和大数据网络初步建成。海洋科技合作科研（项目）管理体制不断完善，多元化合作研究经费保障体制逐步建立。包括海洋科学、海洋渔业、海洋生态系统、海洋环境、海洋及海底观测、海洋空间规划等领域在内的海洋科学研究能力明显提升，海洋资源开发利用、海洋工程等领域的科技合作产业技术合作取得进展，在若干国家建成海洋（科技产业）合作园。“冰上丝绸之路”沿线，建成3~5个联合北极海洋科研平台，实施5~10项联合海洋科学观测与研究项目，建成若干地区性海洋科技论坛，建立海洋科技人员交流与培训机制，牵头发起至少一项北极海洋大科学计划。

2030年　21世纪“海上丝绸之路”沿线，与支点国家的海洋科技合作伙伴关系稳固，成为双边友好合作的重要基石。南海周边海洋科技合作网络基本建成，为我国在该区域的海洋科技创新活动提供完备保障。双边/多边合作科研机构数量持续增长，基本覆盖全部重要海洋科技领域，开展前瞻性海洋科技研发工作，科技创新能力达到国际领先水平。海洋科技信息平台基本建成，数据共享机制比较完善。海洋科学、海洋渔业、海洋生态系统、海洋环境、海洋及海底观测、海洋空间规划等领域科研达到国际一流水平。海洋工程、海水淡化、海洋生物医药、海洋新能源等新兴领域产业技术开发和产业化成效显著，带动形成若干海洋战略性新兴产业聚集。海洋（科技产业）合作园示范效应充分显现，成为当地经济增长的重要动力。冰上丝绸之路沿线，在北极海洋科技多边合作中发挥重要作用，牵头筹建重要北极海洋科技多边合作平台和若干国际大科学计划。

2035年　我国在“海上丝绸之路”沿线重点地区的海洋科技合作网络基本形成，科技合作平台在区域海洋科技创新中发挥核心作用，重点合作领域科技合作项目取得显著成果，合作项目的数量和规模不断扩大，对当地经济社会发展起到显著促进作用。“海上丝绸之路”沿线成为我国海洋科技创新的重要舞台，相关海洋科技创新体系在海洋强国建设中发挥重要的、不可替代的作用。

（二）合作关键领域

1. 海洋渔业科技合作

（1）海水养殖技术。根据各国的资源环境状况，培育主导养殖种类优良品种，提高良种覆盖率；加强生物与遗传育种、养殖技术和养殖幼苗技术开发，重点开展热带、亚热带海水鱼类苗种早期养殖研究、海洋贝类养殖、海洋珍珠养殖技术研究、海藻繁育、虾类健康养殖和重点鱼种开发。加快高效饲料、安全渔药和免疫制剂研发。开展主要养殖鱼类疫病区域化防控技术研究与示范，开展鱼类规模化繁育与健康养殖技术集成示范。建立环保、优质的养殖模式和技术体系，大力推动工业化养殖、深远海养殖网箱技术开发，促进养殖方式向工业化、深远海转变。加强集约化养殖设施开发和相关技术研究。与斯里兰卡、塞舌尔、毛里求斯等小岛屿国家共同开展遗传育种试验，联合建设种质资源库，并以养殖关键技术联合攻关、海水养殖场投资建设、输送水产养殖管理和技术人才、提供养殖技术指导等多种方式推进海水养殖领域科技合作。

（2）海洋捕捞技术。合作开展海洋生态系统调查、深远海渔业资源调查。开展生态环境对鱼类生长的影响研究，加强跨界生态系统调查与保护技术合作，推动外来物种监测与风险评估技术开发，合作创建中国-东盟海洋渔业资源库。开展海洋保护区规划研究与合作，加强海洋保护区政策绩效评估。加强“海洋牧场”、人工鱼礁区、海草床等的科技研发与建设。在沿线热带海域，围绕渔业资源探查、渔场探测、新品种开发和渔业资源高值化利用，开展大洋生态系统变动与资源分布规律、金枪鱼等主捕鱼种种群变动规律及中心渔场形成机制、渔业资源可持续产出过程及其调控机制、热带海洋生物活性物质功能解析等基础理论研究合作，开展大洋渔业资源探查与渔场评估、主捕对象立体监测与渔场鱼汛预报、节能高效捕捞、渔获物加工与品质控制、废弃物高值化利用、微生物及功能活性物质综合开发利用等关键技术合作，并联合攻关渔场精准探测、节能高效捕捞、精深加工与高值化利用装备研发。借助南太平洋小岛屿国家临近南极地区的区位优势，开展全球变化影响下极地典型海域生态系统演变机制、南极磷虾等极地生物资源生活史及其环境适应机制、极地鱼种关键产出过程与渔场形成机制、极地鱼种保鲜与品种保持机制等基础理论研究合作，开展极地鱼种资源探测评估、生态高效捕捞、渔情鱼汛预报、渔获物精深加工等关键技术合作。

2. 海洋能源淡水开发合作

（1）油气开发技术。与沿线海洋油气资源丰富国家广泛开展海洋钻井、管道、LNG 设施、终端炼厂等工程建设技术以及油田开发技术合作。依托我国聚合物驱油等化学驱油完整配套技术的独有优势和世界领先地位，与印度尼西亚、文莱等东盟主要产油国开展老旧油井提高采收率技术创新合作，提高二次三次采油率。推进深水油气勘探开发工程技术创新合作，包括深水油气勘探、深水油气开发工程、深水环境立体监测及风险评价、深水施工作业及应急救援、深水工程重大装备研制及配套作业、深远海工程基地建设。探索推动深海天然气水合物勘探与试采关键技术合作，包括海域天然气水合物目标勘探与资源评价技术、海域水合物钻探取芯技术、天然气水合物试采工程关键技术，开展海域天然气水合物钻探和试采合作工程示范。

（2）海水利用技术。针对沿线部分国家海岛经济社会发展对淡水资源的迫切需求，围绕研发、设计、制造、施工、测试、运维等海水利用上下游环节开展协同创新，在小岛屿国家实施以解决海岛居民饮用水和船舶补给为目的的海水淡化工程，大力推进海岛和船舶海水淡化自主技术装备的推介与应用。围绕我国海水利用工程服务能力建设，依托具有行业竞争优势的海水利用技术和产品，在小岛屿国家开展工程总体设计、加工、建设、运营、管理、技术支持、技术咨询、培训等海水利用工程服务，并在不同国别地区研究确定差异化的推进方式和实施路径，在帮助小岛屿国家发展海水利用业的同时，带动自主海水利用技术装备转移输出。

（3）海洋新能源技术。开展海洋能资源调查与评估合作，逐渐摸清小岛屿国家海洋能资源总量与分布状态，助其完成海洋能开发选址工作，并对拟重点开发区的潮汐能、潮流能、波浪能资源进行科学评估。开展适宜小岛屿国家的高效、稳定、可靠海洋新能源技术装备以及利用工艺的联合开发与协同创新，提高海洋能装置转换效率，降低建造与运行成本，具体包括潮流能机组整机、叶片、高可靠传动、水下密封、安装基础等技术优化，波浪能装备整机、能量捕获、动力输出、锚泊系统等技术优化，以及低水头大容量潮汐能发电机组设计与制造等。围绕海洋新能源开发服务能力建设，为小岛屿国家提供研发、设计、示范、测试、施工、运维等海洋新能源开发全产业链服务，带动海洋新能源自主创新技术装备转移输出。协同开展小型化和模块化海洋能发电装置研发。

3. 极区海洋工程技术合作

（1）极区海洋装备制造技术。围绕北极观测网建设和北极油气、渔业资源勘探对相关装备的需求，加快开发高纬度海域适用观测（探测）技术装备。根据北极气象水文特点，研制开发具有自主知识产权的极地海域专用温湿压、风浪流、温盐密声、海冰等极区环境参数测量仪器设备，并根据观测需求逐步开发谱系化装备。研制开发高纬度海域适用的长航程、抗恶劣环境、自动化观测运载装备，打造满足科学研究和资源开发要求的观测（探测）平台。以极地卫星为核心，研制开发极地观测通信技术，开发极地观测组网技术。

（2）极区高性能船舶技术。围绕服务冰上丝绸之路建设，针对北极多浮冰、低温、多雾、多风暴等特点，以保障船体结构安全、船舶稳定性、机舱设备正常运行、船上人员与货物安全等方面为重点，加大技术研发力度，提升极区船舶建造技术水平。针对低温降低钢材承载性问题，优化船体结构设计，开发极区船舶专用特种钢材冶炼技术，提升极地船舶运动性能和结构特性。针对低温下船舶重要部位易结冰等问题，进行结构优化和专用加热除冰设备开发。推动“智慧航运”技术在冰上丝绸之路船舶航行中的应用，研发具有自主知识产权的极地航行安全智能决策辅助系统。

（3）北极资源勘探与利用技术。在油气勘探环节，针对北极海底凹凸不平和非均质性特征，开发控源电磁（CSEM）等高纬度深海油气勘探技术。在油气钻采环节，加快开发适合极区海域恶劣环境钻井作业的钻井船和钻井平台技术，包括耐低温材料、加热系统、抗厚冰层和风暴海浪冲击结构和锚泊技术等。在油气运输环节，加快开发具有破冰能力的 LNG 船建造技术和高纬度海域水下油气管道设计铺设技术。开发极区海域海洋平台事故的应急处理技术，研发溢油等紧急事故预警、应急和决策系统，研制极区海域平台应急救助装备。加快设计建造具有较强破冰能力和续航能力的北极海域渔业资源调查船，开展北极主要渔业资源调查。

（4）极区海洋通用技术。重点发展极地导航、通信、低温材料等通用技术。研究开发适用于极地严寒、抗磁暴的高可靠性通信技术，开发极地卫星通信系统。研究开发极地导航装备，联合“冰上丝绸之路”沿线国家制定统一极区导航标准，研发适用于高纬度地区的惯性罗经和惯性导航设备。开展极地声学参数获取与应用、极地冰层波导及冰下声学特性、极地声学反演等方面研究，开发冰层覆盖下通信、探测、定位、导航技术。研究开发极地适用低温钢、低温涂层技术，研发耐低温、耐磨、耐腐蚀、易焊接的极地适用新材料。研究开发极地工程建筑设计建造技术，开发成套技术装备。

4. 海洋观测探测技术合作

（1）热带海洋观测技术。以东盟国家为重点，合作构建海、陆、空一体化的海洋立体观测系统，建设海洋大数据中心。合作构建海洋观测系统，包括近海海洋观测系统、深远海观测系统、水下移动观测系统等。构建星-空-海、水面-水中-海底智能组网立体观测系统，重点开展海洋及海岛生物多样性、海岸带侵蚀、海洋动力环境、海洋气象和海洋卫星、海洋多尺度过程、海-气相互作用、海洋巨灾、海洋生态系统、海洋环境观测技术、海洋垃圾和碎片等方面的海洋观测合作研究。大力开展我国自主新型海洋观测技术与装备的适用性研究并进行推广，合作研制区域性的国际海洋观测技术、试验技术标准和规范，发展系列化海洋探测装备，提升开展国际海域资源调查与开发的技术保障水平。合作开展海洋观测支撑系统技术开发，包括海洋通用技术与装备、海上试验场建设工程、海洋仪器设备检测评价体系、数字海洋工程建设等。

（2）极区海洋观测技术。加强我国北极考察站、船、飞机等基础条件平台建设，增强北极数据获取能力。强化与北极国家的合作，推进海（冰）、陆基和空基的北极观测网建设，实现基础环境参数的长期无人值守自动观测。重点发展北极太平洋扇区观测组网技术，支持太平洋入流水及其对北冰洋环境和生态系统影响的研究和预测。增强北冰洋中央区生态探测手段，支持北冰洋中央区生态变化评估和预测。加强与俄罗斯、德国等北极科研机构的合作，建设空、天、水面和水下一体的观测网络。以北冰洋中央区为重点，开展对大气-海冰-海洋的一体化观测，了解大气-海冰-海洋间相互作用的影响。重点开展浮冰观测和过程研究，参与国际北极浮标计划，搜集海冰数据，研究影响海冰覆盖动力学和热力学的北冰洋过程、相互作用和反馈机制。大力发展卫星遥感和数据处理技术，研发和形成一系列有自主知识产权、有国际影响力的极地关键要素遥感产品。提高我国北极观测的天基数据获取能力，将之作为我国与北极国家及近北极国家合作的重要技术支撑。构建天-空-地一体化观测系统。强化对北极海冰、北冰洋初级生产力和格陵兰冰盖的观测和基础科学研究。

5. 海洋生态环境科技合作

（1）海洋生态环境监测。充分发挥我国在雷达探测、定点平台观测、海洋遥感等领域的技术基础，以及处于较快发展阶段的海底观测网、水声传感网、移动平台观测技术，与沿线国家开展海洋生态环境监测技术合作，助力沿线国家构建海洋环境立体实时监测网络，为实现海洋生态环境早期预警、动态保障和应急处置提供信息支撑。围绕构建国家海洋环境安全保障平台原型系统，开展应用示范。合作构建从海岸带、港湾、近海到专属经济区的监测体系，对海洋生态系统进行长期持续的监测，重点开展海洋塑料垃圾防治、陆源污染治理等领域合作研究。开发适应性海洋生态系统评价、景观评价、工程环境影响评价等环评技术。实现环境污染事件的实时动态监测，及时发布海洋环境灾害预报和警告。提升突发性海洋环境事故技术能力，提高应急处置效率和效果，提高海洋溢油现场治理能力，减轻突发性海洋环境灾害对海洋生态环境及海洋产业造成的破坏。加强北极海洋环境背景调查，建立海洋环境数据库，发展环境多介质污染物监测、新兴污染物筛查等技术方法，开展极区典型污染物的观测。研究典型污染物在北极大气和海洋中的时空分布和迁移转化特征；研究全球变化对北极海洋污染物再释放的影响，污染物在北极海洋生态系统中的积累及其毒理效应。

（2）海洋生态环境修复。开展水生生物资源种群动态、种群衰退机制、栖息地演变过程与机理等基础理论研究合作，岛礁生态系统保护与珍稀物种保育、重要水生生物种群重建、栖息地人工生境营造、塑料制品与幽灵捞捕网等关键污染物生态学效应及其治理、生态环境污染修复等关键技术合作。重点开展海洋生态系统修复/恢复技术研发，包括海洋生物种群恢复、海草床、海藻场、沙滩、红树林、人工鱼礁的保护恢复，海岛保护与管理，海岸带侵蚀整治与修复技术研发等。开发滩涂、废弃物再利用技术和深层海水开发技术等海洋资源开发利用技术。开展海洋保护区网络建设、气候变化及其影响、海洋酸化对珊瑚礁群生态系统的影响等基础性研究。发展海洋垃圾处理技术，重点发展海洋垃圾回收再利用技术。开展北极海洋环境治理技术开发，评估航运、油气开发、捕捞渔业等人类活动对北极海洋环境的影响，研发北极海洋污染物去除技术。

6. 防灾减灾技术合作

（1）海洋灾害监测预报技术。重点推进海岛动态监测及多能互补、海洋环境及自然灾害监测预警、空-天-地-海一体化监测、高时空分辨率海洋环境和气候预报、海洋与海岸带灾害和突发事件预报与应急处置、地震及火山爆发监测预警、风暴潮及海啸等早期预警技术等领域合作研究。发展水文地理导航系统、水面及水下信息系统、气象导航系统和海洋状况信息系统等。建立海洋生态环境监测系统，通过形成区域化海洋生态环境监测网络，协调海洋生态环境监测工作，进行收集资料和数据，并做出科学分析。建设海洋环境信息综合服务平台和基于预测预报和专家知识的智慧海洋系统。联合开展“海上丝绸之路”重点海域和通道科学调查与研究、季风-海洋相互作用观测研究以及异常预测与影响评估等项目。

（2）气候变化影响评估及治理技术。积极应对热带岛屿国家面临的气候挑战和灾害威胁，利用现有合作机制与沿线岛屿国家在应对海平面上升、海啸、海岸侵蚀、海洋酸化等方面开展务实合作，为太平洋小岛屿国家提供海洋灾害观测预报、灾害预警、防灾减灾、灾害评估以及灾后重建等方面的公共服务。开展全球气候变化对北极海洋影响研究，利用各国对北极大气、冻土、冰川观测数据，结合海洋和海冰观测数据，开展全球气候变化的北极海洋影响研究。研究极地海冰、水团与环流变化，明确其与全球翻转环流变化和气候增暖的关系。全面认识北极陆-海-冰-气能量和物质交换过程，发展北极区域耦合数值模式，提高气象预报精确度。研究极地冰盖、冰川动力过程对海平面的影响。分析全球气候变化对北极海洋及其生态变化过程的影响，预测全球变暖背景下北极海洋生态环境和生物多样性趋势。

（三）重大工程与科技专项

1. “南海粮仓”专项

需求与必要性 东盟国家多为海洋国家，其海岸线长、海域辽阔，渔业资源丰富，但整体而言渔业科研水平相对落后。我国南方与东盟国家的自然条件接近，海洋渔业资源相同，所积累的渔业科技在东盟区域内有很好的适用性。针对东盟国家海洋渔业需求开展合作，可帮助东盟国家解决海洋渔业产业发展中的苗种、养殖、病害、饲料、水产品加工及设施配套等诸多“瓶颈”问题，实现东盟国家海洋渔业产业技术提升和结构优化，建立以高效、健康和高产为特征的现代海洋渔业产业，对促进民众就业、提高收入、增加政府税收具有重要作用。对我国而言，这种合作可提升我国海洋渔业有关领域科研能力，带动海水养殖及饲料、种业、设备、技术服务等产业“走出去”，推动有关技术标准为海上丝绸之路沿线国家所接受，分享南海周边国家渔业产业快速发展的收益。

预期目标　至2035年，适宜南海及周边地区增养殖的优良水生生物品种及养殖技术研究取得突破，石斑鱼、鲍、红鲷、银鲳和宝石鲈等良种不断涌现，种苗繁育和健康养殖技术趋于完善，得到推广。由我国研究机构或企业主导合作建设的工厂循环养殖、生态立体化养殖、海洋牧场工程等广泛发展，业绩显著。适用于优良品种的海水养殖膨化饲料及加工技术、水产品精深加工技术、蛋白质与不饱和脂肪酸等各类高附加值物质提取利用技术、水产加工副产品综合利用技术等不断发展完善并得以广泛应用。水产加工园区、合资企业、合作科研机构等方面建设取得良好成效，成为双边产业与技术合作的基石。濒危物种保护、珊瑚礁、海草床建设、污染防治等生态系统保护工作成效显著，有力支撑海洋渔业的发展。

重点任务

（1）“南海粮仓”工程科技研究合作的基本导向是，科学技术研究合作与产业技术研究合作并重，以科学技术研究支撑产业技术研究，同时以产业技术研究带动科学技术研究。在研究着力点上，以海水养殖技术、海洋牧场、海洋渔业资源增殖养护、水产品加工技术及装备等为重点，以捕捞装备及技术、远洋渔业资源探查等领域为补充。在科技合作方式上，以合作研究和各类（产业）技术转移为基本方式，以人员培训交流等方式为补充。

（2）“南海粮仓”科学技术合作研究。①对适宜南海及周边地区增养殖的优良经济水生生物种类进行品种研究及养殖技术研究。包括针对不同地方性动物种类及藻类，以及不同国家滨海水体和岸线情况，在优良品系（种）开发、亲本培育与规模化繁殖等方面开展新技术、新模式的研发、集成与创新，为实践技术推广打下基础。重点开展石斑鱼、鲍、红鲷、银鲳和宝石鲈等的种苗繁育和健康养殖。②研究开发适应南海周边地区的绿色生态化立体繁育养殖综合技术体系，创新与优化加工关键技术，改进生产工艺及提高质量标准，开展病害防控、饲料生产等技术研究。发展工厂化循环养殖、生态立体化养殖、海洋牧场工程设计与建造技术。此外，对盐分、水温、污染等生态环境因子对水生经济生物的生长影响以及相应的管理措施开展研究。③捕捞技术及规范化管理研究。完善海上捕捞和后勤基地的协调管理模式，以及从捕捞生产到产品保鲜、加工、储运、销售等整套管理规范和操作技术规程。④海水养殖膨化饲料研发及加工技术、水产品精深加工技术、蛋白质与不饱和脂肪酸等各类高附加值物质提取利用技术、水产废弃物综合利用技术等的合作研发。⑤海洋渔业生态系统保护及生态系统服务的可持续利用研究。主要包括合作进行南海渔业资源保护区体系及规章制度研究，保护南海及周边区域自然生态系统和珍稀、濒危鱼种及自然遗迹。着重加强海龟、珊瑚、海草床、软底湿地及红树林群落等海洋生态系统保护研究，不断提升自然生态环境和生物多样性保护水平，加强渔业增殖放流方面的研究与合作。

（3）“南海粮仓”产业技术合作。①在南海海洋科技合作网络的基础上，构建完善以各国政府（合作）为主导，以各国公立科研机构为主体，以有关企业为合作伙伴的专业化“中国-东盟渔业科技合作新平台”，通过合作研究、技术开发、技术培训和产业化示范，实现产、学、研一体化，解决渔业资源评价与增殖、生态安全、品种选育、育种、养殖、病害、饲料、质量安全、冷链运输、加工等产业链中的诸多“瓶颈”实践问题。②以我国或区域内大型水产养殖、饲料、水产加工等企业为主体，构建自主研发体系及网络，建立开放实验室，吸引各类科研机构参与，实行开放式研发合作，以市场化需求为主导进行合作研究及产业技术创新。③通过双边政企合作，建立海水养殖及水产加工产业园。通过建立独资企业、合资企业、技术投资及股权参与等各种方式，输出资本、技术、管理、标准等，实现我国向有关国家的技术转移，分享各国发展机遇。可重点以渔业产业园区为主体，建立并完善公共研发平台和技术服务体系，提供品种开发、养殖技术、运营管理等各类技术服务咨询。在此基础上，培育大型跨国水产养殖企业，鼓励和支持有关企业开展国际认证认可，扩大我国水产品及标准影响力，促进水产品国际贸易稳定发展。

2. 小岛国海水淡化示范工程

需求与必要性 马尔代夫、毛里求斯、塞舌尔等环印度洋小岛屿国家由于陆地所蕴含的淡水资源非常有限，成为海水淡化的重要市场，发展潜力巨大。同时，近些年我国海水淡化技术实现了长足进步，相关技术达到或接近国际先进水平。为更好地推进我国与环印度洋小岛屿国家在海水利用领域的技术合作，面向小岛屿国家海岛经济社会发展和保护性开发以及船舶作业生产对淡水资源的迫切需求，充分发挥我国在海水淡化技术以及海水淡化工程服务方面的优势，在环印度洋小岛屿国家选取适宜的岛屿建设海水淡化示范工程。通过示范工程建设，一方面检验我国现有海水淡化技术与装备在小岛屿国家具体岛屿环境中的适用性，从而有针对性地改进技术工艺，提高我国海水利用工程服务能力；另一方面，为我国与环印度洋小岛屿国家海水利用领域的技术合作提供样板、标准，增强我国海水利用技术、装备以及工程服务在小岛屿国家的影响力，更好地推动海水利用走进环印度洋小岛屿国家，带动自主海水利用技术装备转移输出。

预期目标 至2035年，建成大中型海水淡化示范工程、海岛居民饮用水、船舶补给、度假酒店内部用水以及可再生能源与海水淡化技术耦合示范工程各1项，核心技术工艺趋于成熟，形成与小岛屿国家主要环境类型相匹配的海水淡化技术和装备标准。海水淡化综合示范园建设基本完工并运营良好。

重点任务

（1）因地制宜布局海水淡化示范工程。依托我国在海岛开发与海岛淡化产业发展方面的经验，围绕研发、设计、制造、施工、测试、运维等海水利用上下游环节开展协同创新，在马尔代夫实施以解决海岛居民饮用水、船舶补给和度假酒店内部用水为目的的小型海水淡化工程，选取地理位置偏远、人口少但具有旅游开发价值的海岛，大中型渔船或旅游船，以及具有较高知名度的独家酒店分别布局海水淡化示范工程1项，进行研发、设计、制造、施工、测试、运维等全产业链设计，大力推进小型海水淡化自主技术装备的推介与应用。针对小岛屿国家多数岛屿常规能源与淡水资源同样紧缺的现状，与马尔代夫合作开展对太阳能、风能、海洋能等可再生能源与海水淡化技术耦合的探索及示范。充分发挥我国在可再生能源领域积累的技术优势，与马尔代夫协同开展可再生能源资源调查与评估，在摸清资源总量与分布状态的基础上，综合考虑可再生能源资源禀赋、区位条件、环境特征、淡水供求状况等开展适宜性可再生能源与海水淡化技术耦合研发创新，致力于增强技术装备的高效性、稳定性和可靠性，提高海洋能装置转换效率，为海水淡化提供新型能源支撑。

（2）建设集展示、推介与旅游功能于一体的海水淡化综合示范园。依托中国在马尔代夫海水淡化示范工程建设，在首都马累或其他重点旅游岛屿投资建设海水淡化综合示范园，以展馆、实用模型等形式集中展示中国在马来西亚大中型及小型海岛、船用、度假酒店、可再生能源与海水淡化技术耦合示范项目成果，以及在其他不同国别地区所实施的差异化的海水淡化项目推进方式和实施路径，向环印度洋小岛屿国家推介我国的海水淡化技术装备、工艺和理念，使其成为小岛屿国家了解中国海水淡化事业进而推动项目合作的平台，帮助中国海水淡化企业在小岛屿国家开展工程总体设计、加工、建设、运营、管理、技术支持、技术咨询以及培训服务等海水利用工程服务。海水淡化综合示范园兼具旅游功能，以体验旅游形式吸引游客的关注。

3. “冰上丝绸之路海洋防灾减灾”工程

需求与必要性 “冰上丝绸之路”沿线海岸带地区是受北极变化影响最为显著的地区。气候变化已经对北极沿海地区造成了严重灾害。气候变化使风暴潮的危害更加显著；降水变化造成了海岸带地区的洪水；陆地冰川和海冰融化加剧了一些地区的海岸侵蚀。这些变化都对北极沿海地区的食物安全、建筑安全、交通安全带来了巨大影响。北极防灾减灾一直是北极各国推动北极海洋科技创新的一个重要方面，也引起了北极理事会的高度关注。多年来，在北极理事会的指导下，各国政府均致力于构建多元主体参与的科技创新体系，开展对海洋灾害的监测和科学研究，并将之纳入当地社区管理框架。将防灾减灾作为北极海洋科技合作的落脚点，符合北极各国经济社会治理需求，有利于争取当地原住民的支持。以北极认知深化为基础，加强相关工程技术开发，提高对有关灾害、事故的预测、应急处置与防控能力，对于增强我国北极开发与保护能力、提升北极治理话语权等方面，都具有重要意义。

预期目标 至2035年，“冰上丝绸之路海洋防灾减灾”国际科技创新工程全面启动。以双边合作为主要模式，依托“冰上丝绸之路”重大项目建设，实现关键海域（海岸）的全面覆盖。对海冰、潮汐、降水、冻土和生物监测取得长期稳定的数据序列，成为北极海洋重大工程防灾减灾的重要参考。基本具备风暴潮、洪水、海平面上升等气象灾害预报预测能力。对海上油气开采和航运等北极海洋开发活动带来的事故灾害风险进行科学评估，构建可行的应急处置方案，相关基础设施建设基本满足需求。

重点任务

（1）结合亚马尔等重点项目建设和运营，依托周边社区开展海洋（海岸）监测。一方面了解北极海洋和海岸的基本气候水文情况；另一方面，监测北极变化对项目周边气象、水文等带来的影响（如风暴潮和低地洪水）。设立海洋（海岸）监测科学项目，鼓励当地沿海社区居民参与日常测量与研究工作。研究风暴潮、盐渍化对海岸基础设施和居民安全的影响，以及对海岸带古代文化遗迹的侵蚀。

（2）开展对海岸带地区生态系统的监测。通过对海岸带物种的丰度、分布和变化过程的监测，了解气候变化对生物多样性的影响，以及由之带来的生物入侵和野生动植物疾病状况，提升北极海岸带生态管理水平。开发生态风险分析工具，研究气候变化带来的海平面上升、海洋酸化等对海岸带生态系统和居民社区的影响。研究海岸带和近海生态系统变化对沿海原住民社区食物产出的影响，及其对原住民传统劳作生活方式的改变。

（3）研究北极变化对近海和海岸建筑工程的影响。加深对海岸侵蚀沉积的认识，研究冻土退化引起的相关地貌变化，及其对堤坝、码头、房屋等海岸基础设施的影响。开展海岸带土壤湿度和温度监测，了解河流、湖泊、雪和永冻层等海岸带淡水水文的变化。在重点合作项目所在地开展潮汐、降水和风暴潮预报。

（4）采用模拟仿真模型，对北极海洋油气开采和运输过程中可能出现的原油泄漏等事故灾害进行模拟，推演事故灾害的过程和后果，为针对性构建应急管理机制和建设应急救援基础设施提供技术支撑。模拟原油事故灾害对近海和海岸生态系统的影响，以及对沿海原住民社区生产生活的影响，提早制定防灾减灾方案。

（5）评估“冰上丝绸之路”东北航线和西北航线开通后，通行船舶数量增加带来的海事事故灾害的概率。结合航道情况分析识别高风险海域，为提前建立应急救援机制和建设相关基础设施提供技术支持。

五、政策建议及保障措施 

（一）强化海洋科技合作的顶层设计

（1）建立跨部门的海洋科技合作委员会，统筹对外海洋科技合作。该委员会可由科技部、自然资源部、教育部、工信部、外交部、能源局、财政部等相关部委派员组成。其主要职责应是，根据国内（海洋）经济、海洋科技发展与国际国内形势，辨析合作需求，统筹决策、协调海洋科技合作的长期根本性问题和重大事宜，发布海洋科技合作的纲领。为支撑经济合作的进一步发展，应在长期以来注重科学研究合作的基础上，注重海洋产业技术合作的发展。为此，可针对产业合作与发展需求，在不同时期建立分领域的合作分委会。应当说明的是，设立该组织并不应当仅限于对与南海周边国家海洋科技合作进行统筹管理，而是针对全国性海洋科技合作问题加以统筹。

（2）建立区域间海洋科技合作协调机制。结合“海上丝绸之路”共建中各区域的差异性需求，加强与东盟、欧盟、太平洋岛国论坛等地区性组织的合作，搭建我国与组织成员海洋科技合作的协调机制，推进海洋科技多边合作。可参照政府间海洋学委员会组织模式和运行机制，结合各区域条件和基础，建立海洋科技合作委员会及各层次具体合作机制。主要职能包括：规划域内海洋科技合作重点领域与发展方向，建立有关的制度与标准；设立、统筹管理、审议域内重大海洋合作计划；为域内海洋科技、人员、信息、知识产权的交流提供组织制度基础和交流平台。随着“海上丝绸之路”建设的逐步推进，可在各地区结合实际分步推进机制建设。

（二）健全海洋科技合作的管理体制

（1）以我国不同层级、领域官方机构为主体的管理体制。如国家层面布局“海上丝绸之路”海洋科技合作研究，可在“十四五”国家重点研发计划专项中，设立“海洋科学技术海上丝路示范应用”专题，以国际合作的方式联合开展研究。沿海省、市、自治区层面也可根据自身区域特点和发展规划，自主设立并管理区域海洋科技研发项目。

（2）以其他国家不同层次和区域官方机构为主体，设立并管理研发项目。由域内外海洋科技研发机构联合申报，主要服务于各国自身发展需求。

（3）以双边或多边合作机构/机制为主体，联合设立并管理研发项目，主要服务与双边或多边的共同需求。

（4）就产业科技合作而言，可以企业为主体，采取委托开发、科技服务采购、建立合作研究机构、建立开放式研究平台等多种灵活方式，开展与各类机构展开科技研发合作。

（5）积极参与更广泛的多边海洋科技合作。如组织合作网络内各科技机构，积极参与国际大洋发现计划（IODP）。由于我国经济实力不断增强，可更多实施以我为主的钻探航次，推动我国成为第三个平台提供者。除以上各方面外，还应当建立合理的基础条件、要素资源、技术水平、装备等级和研发条件等的综合评估机制，以保证展开海洋科技合作项目在实施过程中能够吸引更多的资源，顺利实施，取得有效成果。

（三）优化海洋科技合作项目管理模式

（1）建立多样化的项目管理机制。基于项目特点，对于周期短、任务型的科研项目，可采用项目制管理方式。对于周期长、事业型的科研项目，尤其是涉及观测监测类工作的科研项目，由于需要长期连续进行，不适合采用项目制管理方式。应当采用固定经费、固定人员（机构）、固定任务、固定装备的长期支持方式。

（2）建立多元化合作研究经费保障体制。当前及拟开展的海洋科技合作项目多为公益性与学术性，本身不产生经济收益，因此需要大量外部经费投入。建立多元化经费保障体制，采取谁设立合作科研项目，谁承担经费的原则，由科研项目设立主体承担经费投入。即对于不同国家政府机构及企业自主设立的海洋科技合作研发项目，应由各管理主体自主筹集经费。考虑到合作研究的公益性较强，财政经费投入仍是主要来源。对于双边多边合作设立的研发项目，应由参与各方联合承担项目经费。合作中可采用我国提供技术人员、技术设备、运行经费，对方提供场地、设施、海域支撑保障人员及物资等经费投入合作形式。此外，对于援助性科技研究合作及相关培训，可由中国-东盟海上合作基金等国家层面基金提供。

（四）加强海洋科技人才培养合作

（1）根据“海上丝绸之路”海洋科技合作实际发展情况，依据《推进“一带一路”建设科技创新合作专项规划》等规划，尽快制定的《海上丝路科技合作人才发展专项规划》，以推动专职、兼职科技合作交流人才体系建设，建立双边互动的人才队伍，加大科技人员及管理干部队伍培训力度，提升科技管理与交流的国际化能力。

（2）探索建立涉海大学教育联盟。以中国海洋大学、上海海洋大学、广东海洋大学等一批国内海洋院校及涉海院校为基础，广泛联系南海周边国家涉海高校，建立海洋人才合作培养与交流体系。发挥涉海联盟大学学科范围广、学术水平多和相关人才多的优势，加强在高校紧缺专业学科点设置、学生联合培养、科研机构设立、分校及校区建设、项目研发合作方面的双边多边交流与合作。重点围绕新兴海洋产业推进有关学科专业建设，与沿线国家合作共同培养海洋领域科技人才。继续实施中国政府海洋奖学金计划，扩大沿线国来华人员的研修与培训规模。

（3）针对“海上丝绸之路”沿线国家的需求，合作建设一批不同类型的海洋领域培训中心和培训基地，广泛开展海洋生物技术、监测预报、应对气候变化、海洋生态保护与修复、海洋空间规划、海岸带灾害预测预警、海水养殖等技术方法与应用培训，强化沿线国家海洋业务人员的技术能力。

（4）积极引进国际海洋科技机构及相关人才。依托大学及研究院所、企业研发机构、企业博士后流动站等载体建设，结合海洋科技合作研发项目，重点引进行业领军人才和高层次科技创新团队，提供优质资源进行合作，扩大杰出青年科学家来华工作计划规模。

（5）大力开展各类海洋教育与文化交流。推动实施海洋知识与文化交流融通计划，支持中国沿海城市与沿线国城市结为友好城市，加强与沿线国海洋公益组织和科普机构的交流与合作。针对海洋领域，建立长期的人员交流机制和人才联合培养计划，组织专业技术人员赴境外开展科技服务，解决技术问题，满足技术需求。在“海上丝绸之路”沿线国家积极开展海洋科普宣传，举办高水平海洋论坛，提高沿线国家公众的海洋意识，增强中国的影响力。

（五）强化海洋科技合作服务支撑

（1）构建和完善海洋科技合作平台。深入发展城市间经济合作伙伴关系，推动建立多层次蓝色经济国际合作机制。大力提升东亚海洋合作平台建设水平，扩大平台汇聚高端智慧、引领发展议题的作用。持续提升中国“海上丝绸之路”国家投资贸易对接会、东亚海洋合作平台、国际海洋科技展、国际海洋工程技术与装备展、国际石油石化装备与技术展、中国国际渔业博览会、世界海洋大会、中国海洋博览会等各级各类海洋国际展会影响力，大力推进各层次海洋经济技术国际交流。此外，规划建设专业化的“海上丝绸之路海洋科技合作智库”，为海洋经济合作提供战略咨询服务和智力支持。

（2）深化科技与金融合作。①鼓励我国各类金融机构和科技中介服务机构合作，建立面向“海上丝绸之路”及南海周边国家的区域性科技金融服务平台和投融资机制，为海洋产业技术合作提供融资。加强与亚洲基础设施投资银行、丝路基金、南海合作基金等金融机构合作，重点支持面向沿线国家的科技基础设施建设和重大科技合作攻关项目。②加强相关配套法律体系的建设，填补国际科技合作与产业技术合作法律规范，保护各科技合作主体的各项合法正当利益，为我国科技“走出去”的各类机构和个人做好保障工作。

（3）建立并完善科技“走出去”战略项目相关的咨询体系。包括东道国国情咨询、技术资源支持、法律咨询、人才储备等，为各战略主体保驾护航。考虑到国际恐怖主义在南海周边区域的蔓延，安全情报及安全保障应得到重视。

（4）加强战略研究。加强科技创新合作战略研究，打造战略人才智库，积极发挥科技智库评估与决策咨询作用，针对南海周边有关国家科技创新合作重点方向开展长期跟踪研究，定期发布科技创新合作研究报告。

（六）加强海洋产业技术交流

（1）建立完善有利于技术合作的经贸合作机制。包括倡导推动产业技术合作与转移，完善知识产权保护，通过统一标准、完善制度等，便利化知识产权的估值及交易。促进区域知识产权生态系统建设，通过及时的知识产权认证、保护以及知识产权跨境商业化和适用，支持和促进创新。

（2）依托经济合作（外商直接投资等）承载产业技术引进和输出。一方面，可通过优势企业到对方国家建立独资企业、合资合作企业等方式，转移我国先进适用的海洋产业技术到“海上丝绸之路”沿线国家应用，以扩大市场输出产能；另一方面，应主动吸引“海上丝绸之路”沿线国家具有领先海洋产业技术的产业到我国境内投资，提升我国海洋产业技术水平。就前者而言，主要合作领域包括海水养殖、海洋牧场建设、海上风电、海工装备、海水淡化等。就后者而言，目前“海上丝绸之路”沿线域内相对我国具有较高海洋产业技术水平的国家主要是新加坡，可重点引进其先进的海工装备、物流航运和港口服务等产业。

（3）依托园区建设推动产业合作。结合沿线国家的技术需求，引导鼓励我国高新区、自主创新示范区、可持续发展创新示范区、农业科技园区和海洋科技产业园区等与海上丝绸之路沿线国家主动对接。发挥政府、企业和科研机构的积极性和主动性，鼓励其与沿线国家共建海洋产业合作园区，探索多元化建设模式。

（4）不断加强产、学、研合作。支持我国沿线国家企业、高校、科研院所等之间建立合作研发中心、联合实验室，主动加入南海周边海洋科技研究合作网络。充分发挥我国与东盟、南亚等国家级技术转移中心等作用，进一步完善技术转移协作网络和信息对接平台建设，鼓励各技术转移中心构建国际技术转移服务联盟，共同推动先进适用的海洋技术转移，加强我国的海洋产业科技及人才、信息等资源与沿线国家的需求相结合，深化产、学、研合作。

主要执笔人：

管华诗，中国海洋大学，院士
李大海，中国海洋大学，研究员
梁　铄，中国海洋大学，副教授
于会娟，中国海洋大学，副教授
孙　杨，中国海洋大学，讲师
韩立民，中国海洋大学，教授
潘克厚，青岛海洋科学与技术试点国家实验室，教授
高艳波，国家海洋技术中心，研究员

第七章　海洋安全保障领域中长期科技发展战略研究

一、海洋安全保障领域发展需求

海洋不仅涉及国家安全和主权，还蕴藏着巨大的经济利益。2003 年，中国首次提出逐步“建设成为海洋强国”的战略目标；2011 年，国家“十二五”规划纲要要求“制定和实施海洋发展战略”；2012 年，党的十八大报告提出，“提高海洋资源开发能力，发展海洋经济，保护海洋生态环境，坚决维护国家海洋权益，建设海洋强国”；2016 年，国家“十三五”规划纲要要求“加强海洋战略顶层设计”；党的十九大提出“坚持陆海统筹，加快建设海洋强国”的发展目标。中国以建设海洋强国作为战略目标，强调发展海洋经济、保护海洋环境和维护海洋权益，中国的海洋意识进入新的阶段。在当前的国际形势下并结合自身的实际，中国的海洋安全保障发展思路需要有全局和长远的战略眼光。

我国与东南亚地区的越南、菲律宾、马来西亚、文莱等国围绕南沙群岛的岛屿和领海、大陆架和专属经济区的领土和海洋划界所有权划分存在大量争端，岛礁被侵占、海域被分割、资源被掠夺、渔民被侵扰。域外国家中，美国经常性介入他国的边缘地带，与边缘地带其他国家和地区结盟并且驻军，对我国海洋安全保障领域产生较大威胁。2016 年，美国主导南海仲裁案，借此契机对中国发动攻势，压制中国的发展，2016 年 7 月 12 日，中美海军在南海开展 21 世纪以来首次的大规模正面对峙。随着中美贸易战的持续，导致未来中美在技术和经济上部分脱钩，在核心技术领域，对我国技术特别是核心技术独立自主的要求进一步加强。

在此情况下，我们需要明确我国海洋安全保障领域的发展战略，判明我国海洋国土安全面临的现实威胁，明确海洋综合管理面临的严峻挑战，分析保障我国海洋安全面临的重要问题，从而实现建设海洋强国的根本目标，科学、合理规划我国海洋安全保障装备、管理等方面的发展，做出符合国家利益的战略选择。

目前，我国海洋安全保障领域战略有 3 个重要目标。

（一）完成国家统一和解决岛礁争端

维护国家主权和领土完整是我国最根本的核心利益。在海洋方向，我国维护国家主权和领土完整的主要体现是完成国家统一和收归岛礁主权以及与之相关的海洋划界。我国以制海权为主的海洋战略，主要集中在我国近海方向，控制属于我国合法利益范围内的海洋区域，这是我国作为海洋强国的重要目标。

解决岛礁争端是我国海洋战略的重要内容之一。根据《联合国海洋法公约》，以领海基点作为计算领海、毗连区和专属经济区的起始点。其中，海岛是划分一国内水、领海和专属经济区等管辖海域的重要标志。也就是说，通过一个岛屿或者岩礁就可以确定一大片管辖海域。这样就突出了岛礁对于维护一国海洋权益的意义。

目前，我国面临的岛礁争端自北而南主要包括苏岩礁、钓鱼岛、黄岩岛及南沙群岛争端等。这些岛礁争端主要是我国与一些海洋邻国的争端，特别是南沙群岛争端，是涉及六国七方的问题，加上域外大国的介入，形势复杂，需要进行统筹考虑和谋划。近些年，我国主要突出谋求解决钓鱼岛和南海问题。通过多年的努力，一定程度上使钓鱼岛成为国际社会公认的存在主权争议的地区。

为解决南海问题，2002 年，我国与东盟各国签署《南海各方行为宣言》；2013 年，“南海行为准则”磋商正式启动，2017 年 5 月，该准则框架获得通过；2014 年，我国提出解决南海问题的“双规思路”。从目前形势来看，南海形势总体稳定，我国正有意稳步推进与南海沿岸国的合作。

（二）开发海洋资源发展海洋经济

在陆地资源濒临枯竭的情况下，国际社会把海洋作为重要的资源来源地进行重点开发。可以说，开发海洋资源是陆地需要在海洋的延伸。我国海洋战略的实质是利用海洋，核心要义是发展海洋经济，其中的重点是进行海洋资源开发；有关的海洋产业也是以开发和利用海洋资源作为重要的依托。因此，开发海洋资源是发展海洋经济的重要载体之一，也是保障我国海洋安全的重要支点。与一些海洋资源利用强国相比，我国还存在资源利用质量、效益、效率不高的问题，海洋资源开发核心技术与先进国家差距较大，关键技术受制于人。对此，我国需要通过发展海洋科技来实现海洋资源开发利用能力的提升，实现海洋经济的可持续发展。

（三）掌控海上战略通道

海洋是世界经济运行的“蓝色大动脉”。海运至今仍然是人类最便捷、经济和无可替代的交通运输方式，是国际贸易中最主要的运输方式。我国国际贸易的开展也主要以海运为主，中国经济的对外依存度已高达 60%，对外贸易运输量的 90%通过海上运输完成。因此，保障海上通道安全在中国战略全局中具有突出的重要地位。其中，尤其要把握对中国经济发展和国家安全具有重要战略意义的海上通道。基于现实的需要，同时考虑未来的战略需求，保障中国的战略安全空间，中国需要对重点海上战略通道具有掌控能力。

二、海洋安全保障领域装备技术发展趋势

（一）先进技术

1. 海上执法船标准化和系列化

根据我国海上执法的特点，建议以尺度吨位为主，功能分类为辅的原则，统一执法船型，包括主要船用设备的选用，初步考虑可根据近、中、远海执法区域环境的特点，以及长期巡航值守及快速拦截的不同需求，分为万吨级、3 000 吨级巡航执法船，1 000 吨级快速执法船以及大、小两型高速拦截艇等 3 个系列 5 型船。巡航执法船具有较长的续航能力和自持力，适航性高，可全天候在全海区长期执行值守任务，具备低烈度对抗能力；快速执法船具有 25 kn 左右的高航速，能够高海况下应对 200 海里专属经济区的应急任务，具有一定的对抗能力；大型高速拦截艇应为 200 吨级以内，以在近海追击和拦截高速艇为主要任务，航速应达 35 kn，而小型高速拦截艇应在 25 kn 以下，主要用于港口、狭窄航道和岛礁区域。

2. 专用执法新船型的开发

为满足不断变化的海上维权执法需求，实现我国中、远海区域的长期

值守，应对低烈度执法对抗事件，我国海上安保船舶发展重点是大型化的维权执法船新船型，具有优良的总体性能。

3. 保障船型的研发

目前，由于我国海洋监管部门还承担着搜救、溢油清污、测量、清障、沉石打捞等任务，保障船同样面临不断增长的工作任务。这些保障船通常对搜索目标、自我定位能力和噪声振动指标要求较高，所使用特种设备国产难度较大，维护成本高。各类新型保障船的研发已经在相关院所陆续展开，但缺乏系统性和综合性，应针对现有的救助船、测量船、航标船、监视监测船、溢油回收船等执法保障船舶，进行多功能多作业模式的综合集成，实现系列化的多功能综合执法保障船舶，提高保障船的使用效率。

4. 综合集成推进技术

目前美、日等国在执法船舶动力方面主要采用燃气动力、柴油机动力和电力推进几种形式，以及这几种动力的综合应用。执法船根据巡航和快速响应的不同要求，以及船上不同执法装备对能量的需求，对动力系统的要求也各有不同，而保障船舶由于其作业特点对动力系统也提出更灵活的配置要求，因此，必须具备灵活应用各种动力推进技术的能力，根据不同使命任务，不同系列船型的需要采用不同的集成推进技术，发展具备柴燃联合动力、燃电联合动力和综合电力推进等综合集成推进的设计技术，从而提高和促进我国执法船舶的发展。

5. 大型浮式保障基地体系研究

根据我国海上安全保障以及海上资源开发的需求，结合我国执法船舶体系的建设，以远海需求为核心，开展大型浮式保障基地的体系研究，明确保障基地应具备的基本功能和扩展功能，明确保障基地在我国海上安全保障体系中的定位以及远海安全保障体系的定位，并对不同的功能需求进行整理分类，论证现有技术条件和资源下的实现方案，最终形成清晰明确的大型浮式保障基地整体概念。

6. 深海系泊技术

大型浮式保障基地需长期海上定位，应充分分析和研究其应用海域的环境特点，根据各种海况下的风标特性、载荷响应等特点，通过计算和模拟，研发可靠合理的深海系泊技术，提高保障基地的服务和生存能力。

7. 外载荷及结构强度评估技术

根据大型浮式保障基地所处的海洋环境，分析环境载荷的类型及特点，结合海上平台等现有环境载荷（包括波浪载荷、海流载荷、风载荷、扭转载荷、摇摆惯性力等）计算方法和结构强度校核方法，确定大型浮式保障基地外载荷计算方法。在此基础上，研究分析大型浮式保障基地的结构形式，并提出合理有效的结构强度整体评估技术。

（二）在研前沿技术

1. 海上核动力平台技术

海洋核动力平台是海上移动式小型核电站，是小型核反应堆与船舶工程的有机结合，可为海洋工程和偏远岛屿提供安全、有效的能源供给，也可用于大功率船舶和海水淡化领域。海上核动力平台技术的成熟应用，能够改善我国远海的能源供给问题。

2. 水下安保网络技术

水下安保技术涉及声学、光学、无线电等多学科的交叉融合与综合应用，已经逐步成为非传统安全保障领域里的一个重要的新生研究方向。对于攻击者而言，水域具有易于隐藏的优点，对于防守者来说，水域又具有难于防范的弱点，因此不断推出新的水下安保技术对于保障社会经济和人民财产显得尤为重要。未来几年需要进一步研制水下安保所需的各种设备，形成完整的水下反恐网络，并与陆地和天空的监控系统对接，形成从水下到天空一体的反恐警戒网络。

3. 高精度卫星技术

海洋卫星能够对全球海洋大范围、长时期的观测，为人类深入了解和认识海洋提供了其他观测方式都无法替代的数据源。海洋遥感卫星通过搭载各类遥感器来探测海洋环境信息，按照功能可分为海洋水色卫星、海洋动力环境卫星以及海洋目标监视监测卫星。目前，我国已初步建立起海洋卫星监测体系，为完善海洋环境立体监测体系的建立奠定了坚实的基础。

4. 无人巡逻艇技术

无人巡逻艇（USV）可实现对潜在冲突海域的 24 h 巡逻监测。美国、以色列、英国、法国和德国等国已将无人巡逻艇作为重要项目进行研究和开发，典型的有美国的“斯巴达人”“海洋猫头鹰”和“水虎鱼”，以色列的“保护者”和“黄貂鱼”等。“斯巴达人”（SPARTAN）无人艇项目特别关注验证标准化组件和多功能无人艇的探测效用，拟作为一种扩展的传感器平台，执行侦察、反恐、走私、搜索和情报保障任务等，以支持有人监测系统。“斯巴达人”无人艇是一种由标准组件构成，可进行重新配置的多功能、高速、半自动无人水面舰艇，艇长约 7~11 m，有效载荷达到 3 000~5 000 磅，综合装备了远程传感系统和探测系统。“斯巴达人”无人艇原型机的配置包括：电光/红外搜索转塔，水面搜索雷达，电子成像传输装置以及无人艇指挥控制装置，它能够提供区域侦察搜索能力，对海岸警卫队来说，该无人探测船具备维护海港和海岛基地的安全能力。

当前，我国有大量海洋国土被他国侵占，需要我们长期保持巡航存在以宣示主权，保障我国的海上权益，但有人执法船长期覆盖难度大、费用高，可实现性较差，借助于无人监测巡逻技术，有助于提高执法效率，保障国家海洋权益。

（三）未来颠覆性技术

1. 人工智能

人工智能可用于远海无人值守，只能识别外部侵扰，并且自动做出相应的决策，未来人工智能的应用，能提高海洋安全保障能力和效率。

2. 增强现实

增强现实的低成本大规模应用，可即时提供驻守再远海的海洋装备信息，远程监测控制深远海相关设施。

3. 5G+IOT

通过 5G 及物联网的应用，大幅提高远海数据传输的效能，为装备数据采集、传输、控制及决策提高重要的基础。

4. 氢能源及可控核聚变

通过氢能源和可控核聚变的应用，能彻底解决深远海能源的效率问题和清洁问题，从而使装备不依赖于陆地的补给，极大地提高作业能力。

三、我国海洋安全领域装备现状、优势与短板

（一）现状与优势

目前，我国海洋领域产业规模在教育研究、设计制造均为世界最大，从事海洋领域研究的人才最多，拥有丰富的科研基础设施和科研技术力量。随着国家经济的发展，对教育和科研投入的经费较多，对海洋科技的技术牵引较多，支持力度大，同时举国体制执行力较强。

（二）存在的短板

1. 缺乏核心关键技术

自主技术少，模仿跟踪多。多类高技术高附加值船舶设计仍未摆脱依赖国外的局面。有些出口船舶基于国外图纸进行二次开发，独立的原创性设计尚待扩展；一些新型高端产品的设计与建造尚未涉足。主要船用设备依靠引进国外专利技术，缺乏自主的核心关键技术。

2. 关键配套能力薄弱

我国海洋运载装备关键配套产品缺乏长期持久性的跟踪技术引进，特别是未及时适应船舶大型化和高技术化的发展趋势，没有对配套设备进行高起点的有针对性的科研开发。目前，在船舶方面本土化设备平均装船率仍停留在30%~50%，基本解决了船用动力装置的国产化问题，初步解决了甲板机械的国产化问题，舱室设备的国产化问题远未解决，导航通信自动化系统的国产化问题根本没有解决；在海洋工程装备方面配套能力更加薄弱。

3. 高端产品总体设计能力偏低

与国际先进水平相比，我国在高端海洋运载装备方面总体设计能力不足，水平不高。尤其是大型船舶、高技术船舶和高端装备的概念设计、基本设计严重依赖外国公司，我国企业仅具备详细设计、生产设计和工艺设计的能力。

4. 系统集成能力较差

我国船用配套设备各门类各领域发展不均衡，低端配套设备过度竞争，高端配套设备依赖进口，船用配套设备总体发展水平不高。船用设备仍局

限于单体供货，不适应国际船舶配套设备集成供货趋势，限制了市场开拓。

5. 自主知识产权的产品较少

尽管我国已具备规范化系列化生产与建造国际市场上大多数主流船型和设备的能力，但缺少具有自主知识产权的国际认可的品牌产品。国际市场份额大的品牌设计方案主要来自欧美设计公司，性能指标十分先进，而且还在不断升级换代，而我国自主设计开发的产品还不能完全适应国内外需求，大大削弱了我国海洋运载装备产品的国际竞争力。

四、发展战略目标与重点方向

（一）战略目标

1. 总体目标

解决目前我国维权保障装备分类界定不清晰、功能概念重叠、使用单位多和类型不明确的问题，对我国维权装备未来体系架构进行论证，形成体系化和有序化的发展规划，完成维权与保障装备体系化建设；完善组织机制和行动样式，具备我国所属全部权益地区常态管控和快速反应能力。

2. 阶段目标

2025 年，依托现有对地观测卫星系统和岸基各归口管理部门和海洋领域研究机构院所为基础，将信息平台有效整合，实现海洋环境信息、沿海周边国土自然环境信息、大洋观测信息、气象水文信息、通信、遥感信息、船舶平台信息等一站式互联互通，全面建成维权与保障装备信息体系；实现维权与保障船舶平台装备系列化、规模化、有序化发展；重点解决水下监控、防御能力弱的问题；有针对性地开展深海养殖、资源探采、岛礁建设等开发活动，扩大我国海域实际管控范围。

2035 年，构建比较完备的维权与保障装备体系，实现各个空间的信息互联，综合运用 5G、大数据、云计算、VR、AR、MR、量子通信、AI 等新兴技术，实现维权与保障装备之间的信息互联并向无人化、智能化发展。维权与保障装备规模、能力达到世界一流发达国家水平，能够全面、高效地管辖我国所有海域，并在国际海洋事务发挥重要作用。

3. 关键技术

信息数据融合与标准化技术；维权软武器技术；水下小目标监测技术；

深远海装备避台抗台技术；深远海高效能源技术。

（二）重点方向

1. 持续加大对各领域信息资源统筹整合的力度

各领域信息资源对全面提升维权效能具有十分重要的战略意义，信息资源整合是持续性和长期性的系统工程，目前虽然已有推动的趋势，但目前信息资源统筹和利用与国外先进国家相比仍然存在较大的差距，继续加大资金、管理等方面的投入，形成统一的管理机构和顶层的发展规划，全面整合航天、航空、船舶海洋等领域的信息资源，形成统一的数据结构和编码方式，促进信息资源向一体化、网络化、智能化和服务化的发展。

2. 推进维权船舶平台有序化和体系化发展

解决目前我国维权船舶平台型号、吨位繁多的历史遗留问题，基于任务需求，系统性规划新建船舶和改装船舶，拟定 2035 年乃至 2050 年维权船舶平台发展路线图，加强维权船舶与海军船舶在功能性和信息化方面的融通。加强体系建设，提高综合维权执法能力。

3. 重点解决水下监控、防御能力弱的问题

设立国家重点专项，解决船舶平台远距离设置、水下探测能力提升等问题。建设专用的水下潜器试验平台，系统性规划 AUV、ROV 及新概念装备的发展，提高我国深远海海域的监测能力。

4. 开展深海养殖、资源探采和岛礁旅游开发

制定深远海开发规划，在南海有争议区域开展海域勘探与开发，开放南海旅游，扩大南海的经济存在，提高南海海域的控制力。继续加固岛礁，在岛礁周围开展渔业资源开发；在南沙群岛投放保障平台，具备环境监测、补给保障等功能；在争议海域开展油气和矿产资源勘探与试验；在西沙海域开放旅游政策，打造中国的马尔代夫。

（三）重大工程与科技专项

1. 空-天-海-地一体化信息系统

（1）总体目标：通过信息网络集成作业/作战装备，包括深海感知设施、有人无人作业平台/作战平台、作业指挥调度/作战指挥系统、水面空

中信息系统等，满足人-机主导信息化海战需求。

（2）关键技术：立体化组网探测技术；空-天-海-地通信网络；深海导航定位技术；深海作业控制技术；深海大数据的智能技术。

2. 深远海大型浮式机场/港湾

（1）总体目标：我国南海建立大型浮式机场/港湾，具备飞机起降、船舶躲避台风、物资供给、旅游休闲等综合功能，维护海洋权益，未来也可以拓展到大洋，为国际海底采矿、大洋调查等提供港湾。

（2）关键技术：岛礁海域的非线性动力响应；多模块柔性连接动力学性能；复杂载荷下大型结构极限承载能力；近岛礁、变水深条件下复合系泊系统的耦合响应和动力学性能。

3. 南海岛礁扩建与新建工程

（1）总体目标：南海复杂形势要求未来岛礁建设任务大、速度快、安全性高、绿色环保要求高，亟须突破岛礁建设基础科学与技术问题，提升岛礁建设维护水平，打造远海区“家门口”优势。

（2）关键技术：南海风浪流、地质与生态环境探测；挖泥船高效切削与远距离输送；岛礁工程选址与填料场选择；岛礁工程抗沉降、抗冲刷与抗腐蚀；岛礁工程物资与能源供给。

五、政策建议及保障措施 

（一）结合需求长远规划，建立完善的海上安保体系

为满足日益发展的海上安全保障需要，应将海上军事力量、海上执法力量、海上群众力量相结合，突出海上执法力量的中间作用，以此为基础开展海上安全保障与科技发展体系的规划工作，提出岸、近、中、远 4 个层次的海上安全保障装备建设，从现阶段主要矛盾和冲突点的实际需求出发，立足长远，明确总体发展目标、阶段发展目标和发展重点，最终建立起完善的海上安保体系。

（二）加大科技投入，促进安全保障装备与科技的研发和建设

按照规划确定的目标和任务，多渠道、多元化、多层次加大海洋安全保障装备与科技发展的投入。合理配置中央财政和地方政府财政资金。实

施分类支持政策，确保重点领域与重点项目的投入，有针对性地进行装备建设。稳定支持新装备、新技术的研究与开发，加大支持节能减排、新能源等代表绿色发展方向的技术研发，持续提高对海洋安全保障装备科技的基础科学投入。

（三）走系列化和标准化发展道路，促进装备的可持续性发展

由于以前的部门分散及缺少长远规划，我国当前的装备建设较为随意，装备发展呈现出断断续续的特点，导致装备研发建造费用比较高昂，后期使用维护保障等极不方便，制约了装备的长远发展。

针对这种情况，我国当前应推进装备建设的系列化和标准化，即各型装备之间特征相似，发展具有可延续性，装备成系列发展；各种装备之间接口统一，设备可交叉使用，如船型标准化，船上的设备配备标准化，同类型设备的接口标准化。此举可降低装备的研发、建造、后期保障使用费用，而且可增加各种设备的通用性，减少对某些设备的需求，可大幅降低整体设备的采购成本，有利于促进装备的可持续性发展。

（四）营造创新环境，激励成果转化

有效整合内部现有研究资源，壮大技术研发和战略研究力量，并为之提供适宜场所和必要设备。依托行业内科研院所，通过建立长效的科研合作机制，进行海上安全技术跟踪研究、管理政策研究和应用系统技术研发。定期筛选研究课题，通过专题攻关或工程配套等形式，解决实际工作的难点问题，提高海上管理的科技含量。在开展课题研究的基础上，加大成果转化力度。

鼓励企业、科研机构、高校对重点项目和重大工程进行联合攻关。加大装备研发投入和创新成果产业化的投入，按照企业所得税法律法规和有关政策规定，落实企业开发新技术、新产品、新工艺发生的研究开发费用在计算应纳税所得额时加计扣除的优惠政策。推动建立由项目业主、装备制造企业和保险公司风险共担、利益共享的重大技术装备保险机制。

（五）加强国际间技术交流合作，提高消化吸收再创新能力

应主要依靠国内力量，以自力更生为主，同时应充分利用国际间合作机会，与发达国家合作，提高消化吸收再创新能力，鼓励国内企业开展海外并购，与有实力的国际设计公司合资合作。推动国际海洋工程装备技术

转移，鼓励境外企业和研究开发、设计机构在我国设立合资、合作研发机构。通过对国外技术的引进、消化和吸收，逐渐形成自己的产品，缩短与国际先进技术水平的差距。

主要执笔人：

朱英富，中国船舶集团有限公司第 701 研究所，院士
康美泽，中国船舶集团有限公司第 701 研究所，高级工程师
杨　萌，中国船舶集团有限公司第 701 研究所，高级工程师
王　磊，中国科学院声学研究所，研究员
许社村，钱学森空间技术实验室，高级工程师
王传荣，中国船舶集团有限公司第 714 研究所，主任，研究员
师桂杰，上海交通大学，高级工程师

第八章　海陆关联领域中长期科技发展战略研究

海洋与陆地之间相互联系，互相影响，存在着广泛的物质能量交换关系。伴随着人类物质文明的发展，陆海之间的资源互补性、经济互动性、环境联系性进一步增强。海洋的大规模开发与保护离不开陆域经济的支持，陆域人口、资源、环境问题的解决也要依托海洋的支撑。

海陆关联工程是人类基于陆地经济、社会、文化、军事发展，开发海洋资源、利用海洋空间、防御海洋灾害、保护海洋环境而实施的重大涉海工程项目，主要包括围填海、人工岛、海堤、港口、跨海桥梁、海底隧道等大型工程，是人类陆地与海洋活动联系与互动的桥梁和纽带。通过海陆关联工程，人类活动从陆地延伸到海洋，由近海延伸到远海，使海洋成为人类活动的重要舞台。

随着海陆关联工程实践经验的不断积累，陆海统筹思想逐渐形成。党的十八大报告提出"坚持陆海统筹，加快建设海洋强国"。陆海统筹思想是指根据海、陆两个地理单元的内在联系，运用系统论和协同论方法，综合考虑海、陆资源环境特点以及经济功能、生态功能和社会功能，统筹规划海洋与沿海陆域两大系统的资源利用、经济发展、环境保护、生态安全和区域政策，实现海陆区域协调发展。坚持陆海统筹思想，以海陆关联工程为抓手，推动海陆共同高质量发展，加快建设海洋强国。

一、海陆关联工程与科技的发展需求

（一）增强深海远洋开发能力的需求

深海远洋开发能力是检验一国海洋实力的重要标志，也是我国海洋强国战略的重要发展方向之一。我国是一个资源相对稀缺、经济对外依赖度较高的发展中大国，面对国际深海大洋资源的开采、关键海域航道通航安全、海外权益维护任务日趋繁重等崭新课题，加快启动深海远洋基地建设的重要性正在不断增强。

（二）推动海岛开发保护的需求

海岛作为人类进军海洋、实施海洋开发与保护的基地，在现行国际海洋法框架内，对于国家海洋权益维护意义重大。一些重要岛屿在领海基线划定、专属经济区确定等方面地位突出，其归属已经成为权益维护的焦点。只有开发保护好这些岛屿，才能为巩固国家海洋权益、开发海洋资源创造条件。完善海岛基础设施建设，强化科技支撑，实施以资源开发和空间利用为主的海岛综合开发工程，积极开展生态保护与修复，保持海岛及周边海域良好生态环境，是推动海岛开发与保护、维护国家海洋权益的重要保障。

（三）科学利用近岸空间资源的需求

海岸带和近岸海域空间是海洋经济发展和海陆关联工程建设的重要载体。我国正处在经济快速发展的时期，沿海地区工业化、城市化进程加快，以城市扩张和重化工业发展为特点的新一轮沿海开发热潮席卷全国，近岸空间开发强度逐渐加大。未来一段时期，在人口自然增长、城市化和新一轮全国性沿海开发等多种因素共同作用下，人口趋海移动的趋势将长期持续，沿海地区日益成为城市中心区、人口聚居区和产业聚集区，对近岸空间资源的需求不断提升。科学规划利用海岸线和近岸海域空间资源，有利于缓解我国土地供给压力、促进沿海经济可持续发展。

（四）优化海陆关联交通体系的需求

海洋是重要的国际贸易通道，海上运输占全球货物运输量的90%，在远程运输中的比例接近100%（以货物重量计）。港口是海陆联运的重要节点，在全球物流体系中发挥了关键作用。此外，跨海大桥、海底隧道等重大海陆通道工程在区域交通体系中的作用也在不断提升，成为区域性海陆交通的重要支撑。随着我国现代化进程的加快，大型深水港和跨海通道建设的必要性与经济可行性都大大提高。在大力推动海陆关联交通体系发展的同时，也必须高度重视各类大型交通工程建设的科学规划与有序实施。

（五）强化沿海安全管理与防灾减灾的需求

海岸带是各种动力因素最复杂的区域，同时又是经济活动最活跃的区域，易受风暴潮、海浪、海冰、海啸、赤潮及海岸侵蚀等多种海洋灾害的影响。一旦重要海陆关联工程设施（如海洋平台、人工岛、输油管道、核电站等）结构在地震中遭到破坏，引发的次生灾害后果极其严重。海洋防灾减灾工程在沿海经济社会发展中发挥着重要作用。通过有针对性地设计和实施一定的工程结构，能够减轻海洋自然灾害、人为事故以及次生灾害对沿海设施和居民生命财产的损害，保障沿海地区经济社会持续稳定发展。

（六）控制陆源污染保护海洋环境的需求

海洋是陆地领土的自然延伸，两者紧密关联、相互影响，是不可分割的有机整体。陆源污染主要通过入海河流、直排口等形式进入海洋，占各类入海污染物质的 80%~90%，解决影响海洋环境矛盾的主要方面在陆地。因此，只有遵循陆海生态系统完整性原则，才能从根本上控制陆源污染，改善海洋环境，为公众提供优质的海洋环境公共服务和产品。

二、世界海陆关联技术的发展趋势

（一）当前先进技术

1. 港口信息化和网络化技术

信息时代的到来使港口对数字技术、定位技术和网络技术的依赖不断加深。信息化、网络化已成为现代港口作为国际物流中心的重要发展方向。港口正在成为所在城市公共信息平台的重要节点。世界大港加大信息化投入，以更好地适应信息化社会的快速发展。

比利时的安特卫普港设计了现代化的信息控制系统和电子数据交换系统，港务局利用信息控制系统引导港内和外海航道上的船舶航行，私营企业则利用电子数据交换系统来进行信息交换和业务往来。新加坡政府建成了 Tradenet、Portnet、Marinet 等公共电子信息平台，为港口物流相关用户提供船舶、货物、装卸、存储、集疏运等各类信息，实现了无纸化通关。

2. 跨海大桥设计与施工技术

跨海大桥的作用在于打通受海洋阻隔而产生的陆地交通“瓶颈”，从而大幅提升区域交通物流效率，推动经济社会加快发展。①与内陆桥梁相比，跨海大桥具有以下特点：桥梁跨度长，工程量大；施工建造条件复杂；桥梁维护困难，强度耐久性要求高；设计施工受近海航道和海洋环境影响；

需要量身制作采用全新技术。②跨海大桥的关键技术包括：跨海大桥混凝土结构耐久性，高风速区域跨海大桥抗风性能，地震高烈度区跨海大桥抗震特性，跨海悬索桥钢箱梁安装技术，跨海特大跨径悬索桥缆索系统关键材料，跨海大桥结构分析技术及施工控制方法等。其设计和施工往往需要因地制宜，根据所在地自然环境和交通要求进行创新。当前，在跨海大桥大型化、深水化发展过程中，桥梁跨度、抗风能力、耐久性、新材料应用等技术发展迅速，重要指标不断被刷新。

3. 海岛开发与保护技术

在联合国和沿海各国政府的推动下，海岛开发与保护工程建设在全球范围内迅速推进，取得巨大成效。通过对外开放、发展旅游等措施促进海岛开发工程建设，同时提升海岛作为军事、科研基地的独特作用。重点攻克海岛生态环境修复与保护技术、海岛基础设施的现代化技术、海岛旅游低碳化技术等。

4. 沿海重大工程防灾减灾技术

海陆关联工程防灾减灾的主要任务是：一方面最大限度地减少风暴潮、海啸等海洋自然灾害的损失；另一方面又要避免核电站、油气开采平台及管道等人工设施造成的海洋环境灾害。重点攻克自然灾害预测预报技术、自然灾害监测预警技术、灾害风险评估技术、重大工程设施抗灾冗余度等。

5. 海洋环境灾害预测预报预警技术

海洋环境灾害主要包括赤潮、绿潮、溢油、危化品泄漏、放射性污染等近海生态灾害，风暴潮、极端天气事件、洪水、海平面上升等海洋环境气象水文灾害，海水酸化、缺氧、温度上升等海水介质蜕变灾害，珊瑚礁消失、珍稀动物灭绝等海洋珍稀生物衰变消失灾害，外来入侵生物导致的海洋环境生态灾害等。重点攻克海洋环境安全评价技术、海洋环境灾害预测技术、海洋环境灾害预报技术、海洋环境灾害预警技术、海洋环境灾害预测预报预警业务化管理系统构建技术等。

（二）在研前沿技术

1. 国际跨海通道技术

随着各国大型跨海通道的不断建成通车，跨海通道设计建造技术已经日臻完善，由跨海通道为两岸经济生活文化沟通带来优势已广为人们所接受。接下来进一步增加跨海大桥建造范围，在更深海域，建设更长距离的跨海通道已经逐渐提上日程。选择合适地理位置建设国家间、洲际跨海通道逐渐达成共识。如构想中的中、韩、日跨海大通道，主要目的是跨海连接国家之间的公路和铁路系统，长度为百千米级，投资规模在千亿级以上。

跨海通道建设面临水深大、地质条件特殊、环境恶劣、投资巨大、维护养护困难等挑战，这对设计和施工技术水平提出了较高的要求。重点攻克：跨海大型结构工程综合防灾减灾理论、技术及装备；超大跨桥梁结构体系与设计技术；远海深水桥梁基础施工技术及装备；跨海超长隧道结构体系、建造技术及装备；海上人工岛适宜结构体系、修筑技术及装备等重大技术难题。

2. 水下悬浮隧道技术

悬浮隧道是继跨海大桥、海底隧道后一种新型跨海结构，世界范围内还未有建设工程，是未来解决峡湾跨越、深海通道等交通工程的重要方式，对引领我国未来交通运输发展、建设交通强国具有重要战略意义。突破长跨度悬浮结构流固耦合机理、深水环境下悬浮隧道结构承载力特性、恶劣海况下结构支撑系统稳定性等重大核心科学难题，以及结构设计标准体系制定、高韧性高强度特殊结构新材料研发、深水复杂条件施工工艺、工法、装备制造和风险评估等一系列工程技术问题。

（三）未来颠覆性技术

空-天-海-地一体化信息网络系统技术。通过信息网络集成作业/作战装备，包括深海感知设施、有人无人作业平台/作战平台、作业指挥调度/作战指挥系统、水面空中信息系统等，满足人-机主导海洋信息化需求。重点突破深海组网探测技术、深海立体通信网络技术、深海高精度导航定位技术、深海作业控制技术等关键技术。

三、我国海陆关联科技能力和产业结构的现状、优势与短板

（一）现状与优势

工程建设进入快速发展的新阶段。伴随着新一轮沿海开发浪潮的兴起，我国海陆关联工程出现了新的建设高潮，新建工程数量和规模都达到了空

前水平。城市沿海新区综合开发、区域港口和临港工业区建设，推动了海陆关联工程在全国范围的大发展。在空间分布上，表现为从中心城市向周边城市，再沿海岸线不断扩展延伸的发展趋势。开发建设模式从沿海陆域开发向海岸线改造、围填海和海岛开发等方面扩展，海岸带开发明显加速。

工程技术总体水平达到新高度。随着各个领域一批重大工程的实施，我国海陆关联工程技术水平实现大幅提升，突破和掌握了大型涉海工程一系列关键技术，与国际先进水平的差距迅速缩小。目前，我国在大规模填海工程、大型深水港、跨海大桥、海底隧道、深水航道疏浚、沿海核电站、石油储运设施等领域的综合工程技术正在向国际前列跨越，一些代表性工程的规模与技术已经接近国际领先水平。

沿岸空间开发成为发展新热点。近年来，海岸带地区日益成为城市发展和产业、人口聚集的新空间。在中央批准的一系列沿海经济发展战略中，各省（自治区、直辖市）纷纷将滨海地区作为加快发展海洋经济的主战场，设立了天津滨海新区、浙江舟山新区、广州南沙新区、横琴新区等多个沿海经济新区。很多沿海城市也将新城区和产业园区规划在滨海地区。同时，海岛在海洋开发中的重要作用逐渐引起广泛重视，海岛开发与保护力度明显加大。这使围填海工程和海岛工程成为海陆关联工程发展的一个新热点。

在沿海经济发展中发挥新作用。沿海城市化、工业化进程加快，促进了我国海陆关联工程的发展。作为沿海重大基础设施，海陆关联工程的布局、规模和实施进程在很大程度上取决于沿海区域经济社会发展的需求；由于重大基础设施对所在区域在地缘特性、资源禀赋、交通物流等造成的巨大改变，海陆关联工程在实施后又会对沿海经济社会发展的长期趋势带来深远的影响。各地海陆关联工程与沿海产业和区域发展互动的案例充分说明了海陆关联工程在沿海区域经济发展中发挥的重要推动作用。

海洋环境保护制度体系基本建成。经过30多年的努力，海洋环境调查、海洋环境监测监视、海洋环境科学研究、海洋环境教育、海洋环境信息服务、海洋环境执法以及海洋环境管理体制等多方面的工作从无到有，从相对薄弱到相对完善，取得了很大的发展。《中华人民共和国海洋环境保护法》于1983年3月1日起施行，随后在1999年、2012年和2016年对该法进行了修订，注重对海洋环境与海洋生态的监督与保护，加大各种污染损害的防治。2016年2月我国公布了《中华人民共和国深海海底区域资源勘探开发法》，深海环境保护措施不低于《联合国海洋法公约》以及国际海底管理局标准，初步构建深海环境保护法律制度。

（二）存在的短板

与国际先进水平比较，我国海陆关联工程发展的主要不足表现在以下几个方面。

1. 沿海产业与涉海工程布局协调性较差

涉海重大工程在一定程度上存在功能重复、布局散乱等问题，对沿海地区可持续发展造成了不利影响。海洋空间开发布局不科学，海岸带开发趋于饱和，对近岸海域生态环境带来较大压力，而深远海空间开发工程发展滞后。

2. 海岛开发与保护的总体水平亟待提高

海岛开发基础设施不完善，海岛供水、供电、交通、市政等公共设施建设相对滞后。海岛生态环境保护技术及经验缺乏，海岛生态环境保护工程投入不足。深远海岛礁工程发展不能满足国家海洋权益维护的需求。

3. 港口建设发展较快，但综合配套相对薄弱

港口发展空间不足问题比较突出，影响港口长期的竞争力。海陆联运集疏体系不完善，铁路、公路和水路运输协调发展的格局尚未形成。港口规划和经营管理水平不高，以分工合作为主要特点的区域化港口体系尚未形成。离岸深水港建设还不能满足未来发展的需求。

4. 沿海防灾能力总体上仍比较低，防灾减灾任务更加艰巨

沿海重大工程防灾减灾科技基础性工作薄弱，综合防灾减灾关键技术研发与推广不够，灾害风险评估体系不完善，沿海重大工程防灾减灾经验相对不足。

5. 我国海洋健康指数差距较大

我国海洋健康指数（OHI）评分为 53 分，低于全球海洋健康指数的平均评分，与世界上评分较高的国家在海洋渔业资源和特有海洋环境的保护上存在显著的差距。

综合来看，当前国内的涉海工程规划体系、涉海安全管理、海洋防灾减灾和海岛保护工程相对落后，仍处在或略高于国际 2000 年的发展水平；

海洋空间开发工程、海岛开发工程与当前国际领先水相差 5~10 年，只有涉海桥隧工程、海洋港口工程接近或达到国际先进水平。

四、发展战略目标与重点方向

（一）战略目标

1. 2025 年目标

根据全面建设小康社会和海洋强国战略初级阶段要求，初步建立全国性、多层次的海陆关联工程规划体系。涉海重大工程规划框架基本形成，沿海重要交通基础设施建设取得阶段性进展，重点海岛开发与保护工程发挥示范性作用，南海岛礁权益维护和资源开发取得一定成效，沿海核电站等重大设施防灾减灾体系建设启动。

2. 2035 年目标

海陆关联工程规划体系进一步优化，在陆海统筹发展中的作用开始凸显。面向海洋专属经济区开发与保护的信息化、工程化网络基本建立，开始在深海远洋资源开发中发挥重要作用。涉海产业布局持续优化，涉海重大工程建设有序推进，海岛开发与保护工程在全国范围内由点及面向纵深推进，涉海交通网络基本形成，沿海重大设施安全和防灾减灾水平全面提高。

（二）重点任务

1. 海陆联运物流工程

（1）促进沿海港口体系协调发展。继续强化主要港口的骨干地位，有序推进港口基础设施建设，大力拓展现代物流和现代航运服务功能。完善港口布局规划，加强公共基础设施建设。组织开展港口集疏运体系专项规划编制。依托主要港口建设国际及区域性物流中心，构建以港口为重要节点的物流网络。推进港口节能减排。完善公共资源共享共用机制，坚持节约、集约利用港口岸线、土地和海洋资源。

（2）重点推进深水港建设。提供优良的口岸环境和优惠政策，加大深水港陆域面积，增加深水泊位数量，提高港口整体通过能力。积累大型深水港建设的工程技术经验，在实践中解决技术难题，掌握关键技术。

（3）推进跨海通道技术研究。重点攻克跨海大型结构工程综合防灾减灾理论、技术及装备；超大跨度桥梁结构体系与设计技术；远海深水桥梁基础施工技术及装备；跨海超长隧道结构体系、建造技术及装备；海上人工岛适宜结构体系、修筑技术及装备等重大技术问题。

（4）加快重大跨海通道建设进程。着力推动琼州海峡跨海通道、渤海跨海通道建设，做好台湾海峡跨海通道建设前期准备工作，建立省际跨海通道体系，加强大陆与海南岛、台湾岛的交通、交流。研究与周边国家合作建设国际跨海通道的可行性。

（5）探索积累河口深水航道工程技术经验。在完成长江口南港北槽深水航道治理后，继续实施其他分汊河道航道治理工程。适时启动珠江口和其他较大河流河口深水航道工程。在工程实践探索中积累深水航道整治经验，突破深水航道整治关键技术，强化清淤处理、整治装备设计生产等相对薄弱环节。

2. 海岛开发与保护工程

（1）建立海岛工程建设规制体系。针对海岛生态环境脆弱的特点，以最大限度减轻海岛工程对环境的负面影响为出发点，建立海岛工程建设规制体系。从法律法规和标准规章层面促进海岛开发与保护工程建设标准的制度化和规范化。

（2）设立国家海岛基金，全面推进海岛基础设施建设工程。制定全国海岛基础设施建设规划，以国家财政投资为主体，以陆岛交通工程和海岛水电供给工程为重点，加快推进港口工程、桥隧工程、空港工程以及岛内配套工程建设，大力支持海岛新能源利用技术和海岛淡水供给技术的开发。

（3）实施海岛生态修复和环境保护试点工程，维护海岛生态环境健康。制定重点有居民岛生态环境保护行动计划，大力支持海岛污水处理工程、垃圾处理工程、节能环保工程和海岛自然保护区建设，通过海岛生态环境调查、监视和监测工程以及受损海岛生态修复工程的实施，加快恢复海岛生态系统。

（4）围绕国家海洋权益维护，以南海岛礁海防基础设施建设为核心，持续推进海岛防御工程、海洋权益维护工程、海上通道与海洋安全保障工程，以及海洋资源开发基地建设，构建以海岛为节点的国家海洋权益维护保障工程体系。

3. 沿海重大工程防灾减灾

（1）科学分析评估滨海核电站、石油战略储备库、大型油港及附属仓储设施、滨海石化产业区等特殊滨海功能板块对环境和安全的潜在重大影响，以预防、减轻灾害和事故不利影响为目标，制定沿海重大工程安全和防灾减灾规划，高标准建设沿海安全和防灾减灾工程，构建沿海重大工程安全和防灾减灾标准体系。

（2）坚持“以防为主，防、抗、救相结合”的基本方针，全面开展沿海重大工程的防灾减灾工作。增强对各种灾害事故的风险防控能力，完善灾害和事故应急机制，降低灾害事故损失。

（3）提高重大工程的综合抗灾能力。加强工程灾害科学研究，提高对防灾减灾规律的认识，促进工程技术在防灾减灾体系建设中的应用，为防灾减灾工作提供强有力的科技支撑。建立与我国经济社会发展相适应的综合防灾减灾体系，综合运用工程技术及法律、行政、经济、教育等手段提高防灾减灾能力。

4. 海洋污染控制工程

实施海洋环境污染控制工程，进行“山顶到海洋”的陆海一体化全过程控制，包括管理营养物质，控制海域氮磷总量，控制农业面源污染物排放和入海量，在沿海地区建设绿色基础设施，控制城市的面源污染，加强海洋垃圾污染控制，完善国家海洋保护区的网络。研发海洋塑料和微塑料垃圾的拦截和处理技术，制定和强化塑料及微塑料管控的法律法规和政策措施。建立完善的海洋塑料垃圾污染公共环境意识教育体系，从源头减少海洋垃圾。

（三）重大工程与科技专项

1. 面向深海大洋开发的综合性海洋基地工程

需求与必要性 海洋经济从海岸带向深海大洋延伸是我国海洋经济可持续发展的必然要求。国际公海和南北极是目前地球表面仅存的未明确主权的公共空间。近50年来，随着全球性人口、资源和环境问题的加剧，深海大洋和南北极蕴藏的丰富资源逐渐引起了世界各国的关注。美、欧、日等海洋强国加大了对深海和极地科研的投入，在有关基础研究和技术开发领域取得了领先优势。从近50年来的发展趋势来看，随着一系列国际条约的签订，未来不能排除通过构建有关国际法框架将公海（包括海底）和南北极逐步纳入一定的国际管辖秩序的可能性。在这样一个管辖体系中，海洋科技和产业优势将成为一国谋取更大权益、控制更多资源的重要支撑因素。

我国拥有 300 万 km^2 的海洋国土，专属经济区面积广阔。特别是南海、东海专属经济区，油气、渔业等自然资源丰富，存在巨大的潜在经济价值，而且地处海洋权益斗争的前沿。发展海洋经济、实施资源开发，具有宣示主权和获取经济利益的双重价值，是维护我国海洋权益的有效手段。在当前形势下实施深远海开发战略，不能单纯理解为获取资源的经济行为，更是在为中华民族未来生存和发展谋求更大的战略空间。

因此，进一步强化陆海统筹能力，对海洋经济布局实施战略性调整，通过明确战略、加大投入等方式，加快我国海洋专属经济区、三大洋和南北极（以下简称深海大洋）资源开发进程，扩大开发规模，应当成为我国海洋强国战略的一项重要内容。与海岸带开发相比，深海大洋开发对陆海统筹的要求更高，需要更加有力的来自陆域的产业配套、技术装备、管理模式等多方面的综合性支撑。

工程目标　至 2035 年，综合性海洋基地体系建设取得初步成效，发挥明显作用。面向海洋专属经济区的三大基地群建设初具规模，在专属经济区资源开发和权益维护中发挥重要作用。面向三大洋和南北极的基地群建设全面铺开，在深海资源勘探开发、海洋探测等重要领域发挥关键性功能。海洋开发综合性示范基地基本建成、运转良好，在深海大洋开发事业中发挥示范作用。借鉴示范基地一期建设经验，在全国再建设 2~3 个示范基地。

工程任务　根据海洋专属经济区、三大洋和南北极科研和开发的不同要求，有针对性地规划和建设相关综合性海洋基地，形成体系化、网络化的空间格局。在黄海、东海、南海专属经济区侧重于资源开发，在太平洋、大西洋、印度洋兼顾科学研究与资源开发，在南北极侧重于科学研究。根据上述要求选取沿海城市，通过设定发展目标和路线图，集中力量重点突破关键海洋技术，发展相关海洋产业，为海洋事业的发展提供有力支撑。按照分布实施原则，采取“示范-推广”的发展路径，逐步建设和完善海洋开发综合性基地体系，推动我国海洋经济从海岸带向深海大洋发展，推动海洋强国战略的实施。

（1）建设面向海洋专属经济区开发的海洋基地。我国在黄海、东海和南海拥有海洋专属经济区，且都存在与周边国家的海洋权益争端。海洋专属经济区范围内拥有较大开发价值的资源有油气资源和渔业资源。海洋可再生能源、海洋金属矿藏、可燃冰等资源具有较大的开发潜力。此外，我国南海传统海疆范围内有大量岛礁有待开发。综合上述资源分布特点，建议选取青岛、上海、广州3个沿海城市作为黄海、东海和南海海洋专属经济区开发的核心基地，辅以周边港口城市作为补充，重点予以规划建设。

（2）建设面向三大洋开发的海洋基地。国际公海拥有丰富的渔业资源、油气资源、金属矿产资源和可再生能源，但除渔业资源外，大部分处于待开发或开发起步阶段。在太平洋、大西洋、印度洋科学研究和资源开发方面，我国与发达国家存在一定的差距，但近年来发展较快。针对我国在三大洋的活动特点，建议从大洋科学技术、资源开发、贸易航运3个领域分类规划海洋基地，建立综合性基地体系。一是大洋科学技术综合服务基地；二是大洋资源开发综合服务基地；三是贸易航运综合保障基地。

（3）设面向南北极科研和开发的综合性基地。南极洲是目前唯一一块尚未明确主权的大陆，拥有丰富的矿产、生物、淡水资源和广阔的未开发土地。各海洋强国通过科学考察等方式，加强了对南极洲权益的争夺。我国业已建成了南极科学考察站，并将继续加强南极科学考察事业。北冰洋除蕴藏丰富的自然资源外，近年来其潜在的航道资源日益引起有关各国的关注。我国已经进行了9次北极科学考察活动，未来将继续强化有关科学研究。当前在南北极地区的科学研究，是未来开发利用南北极资源的基础，可以看做是我国海洋开发事业向南北极挺进的前奏。有必要根据南北极自然条件和资源禀赋状况，应用科学研究成果开展资源开发和权益维护的计划、准备工作，并依托具有一定基础的城市先期开展科技和产业准备，做到未雨绸缪，抢占南北极开发的先机。

2. 南海岛礁综合开发工程

需求与必要性 在当前复杂紧迫的国际海洋形势下，南海作为我国海疆重要的一环，在确保国家海洋权益条件下，推动海洋资源和平利用具有重大价值，同时对国家海洋权益的维护也具有重大意义和政治价值。南海岛礁建设是短期内快速提升我国对南海控制能力的重要举措。目前，仍有60余座灰沙岛和明礁露出水面，为南海岛礁新建选址的后备场所。附近海域礁灰岩和钙质砂作为良好建筑材料，可就地取材用于岛礁建设。已建成的 7 座岛礁面积较小，岛上设施功能依然单薄。未来寻找合适时机，仍需大规模开展南海岛礁新建与扩建工程，用于构建南海强大威慑力、稳定南海周边局势、建立深远海发展的战略支点。

稳定的淡水与能源供给是海岛可持续发展的重要基础。受到海岛特定的自然地理条件的制约，多数偏远海岛缺乏淡水资源和能源供给，很多海岛只能依靠有限的雨水、地下水，以及煤炭、汽柴油等一次性能源来提供海岛生产和生活保障。海岛新型能源开发，特别是海洋可再生能源的开发为海岛能源供给提供了一个新的替代来源。同样，海水淡化与综合利用技术的发展为海岛提供了一个长期稳定的淡水来源。整合海洋可再生利用和海水淡化综合利用技术的研发和综合供给工程的建设为海岛的能源与淡水需求提供一体化方案，对于解决制约多数海岛开发的淡水与能源问题具有重要价值。

生态脆弱性是海岛最基本的属性特征之一，也是影响其开发与保护决策，以及海岛工程建设的主要因素。不合理的海岛工程建设不仅直接对海岛自然景观造成破坏，也削弱了海岛生态系统的生态服务价值，降低了海岛发展的可持续性。海岛生态修复与治理工程的实施一方面对已遭到破坏的海岛生态系统进行整治和修复，最大限度地恢复海岛原有的生态系统功能；另一方面，也对海岛生态系统的运作机理和演化路径进行深入的探索，为后续的海岛开发与保护工程建设提供科技支撑。

工程目标　南海岛礁主要为珊瑚岛礁，岛礁陆域面积狭小或完全没有永陆面积，建立健全南海区域基础设施体系，研发高效环保岛礁建设装备、技术和工艺，建设诸多合理分布、面积足够的南海岛礁，为维护国家海洋权益和开发利用南海资源提供保障。通过联合技术攻关和能源、淡水一体化工程建设，大幅度降低单位生产成本，为中小型海岛，特别是偏远型的中小型海岛提供一个可行的水电一体化解决方案，满足海岛以旅游开发为重点的经济发展需求。深入研究海岛生态系统机理，把握不同类型海岛开发与建设工程对海岛生态环境的影响，开发适合不同海岛特征的工程治理与生态修复技术，为海岛生态系统的维护提供工程技术保障。

工程任务　围绕岛礁建设的环境特性、装备性能、工程选址、工程安全、工程宜居五大方向，突破岛礁建设快速化、绿色化与智能化面临的基础科学问题，组建海洋地质、海洋工程、海洋生物、土木工程、港口工程等多学科联合攻关团队，加强多学科交叉协同，为后续岛礁新建与扩建提供理论指导与技术支持。

从不同类型海岛稳定的水电保障出发，重点研究项目包括：①海岛中小型海水淡化装备；②海岛波浪能发电装备；③海岛潮流能发电装备；④海岛风电智能电网；⑤海岛水处理系统等。

海岛生态修复与治理工程研究范围覆盖海岛陆域、海岸带及近海三方面，重点研究领域包括：①海岛植被恢复；②海岛土地与自然景观整治；③海岛岸线整治；④海岛滩涂与湿地修复；⑤海岛近海生物多样性资源恢复；⑥海岛保护区选划与建设运营等。

五、政策建议及保障措施 

（一）完善海陆关联工程统筹和协调机制

（1）优化海陆关联工程决策机制。强化海洋强国战略的顶层设计，从中央层面对各类海洋规划进行整合与优化，制定符合国家海洋强国建设需要的中长期规划与国家行动计划。协调涉海各方利益，建立规划实施监督协调机制，对各类规划的制定与实施进行有效监控。从根本上保证涉海重大工程决策的科学性。

（2）明确海陆关联工程发展战略。突出国家海洋权益导向，分区域制定管辖海域发展战略、深海大洋资源开发战略、极地研究与开发战略、国际海上通道战略等国家海洋战略。明确国家涉海重大工程发展目标，准确定位和科学制定各层次、各领域、各地区涉海重大工程发展计划和实施路径。

（3）健全海陆关联工程法律体系。全面梳理现有涉海工程建设法律与各类部门规定、条例和规章，对不符合海洋强国要求的法律法规予以修订。制定实施《海岸带开发法》《涉海工程管理条例》等法律法规，对各类涉海工程项目进行规范，严格各类海陆工程与开发活动的评估、立项、审批、监督与管理。

（二）创新海陆关联工程管理体制

（1）健全海陆关联工程管理体系。合理调整涉海管理机构职能和分工，优化涉海部门的管理结构，建立协调高效的管理体系，陆海统筹规划和实施海陆关联工程项目。海洋工程建设要考虑陆域基础与保障条件，沿海陆域工程建设要考虑海洋产业关联及海洋环境影响。

（2）优化海陆关联工程管理流程。本着适应性管理原则要求，科学评估国家海洋开发与保护需求、经济社会发展水平和各类涉海工程的特点，通过规划调控与政策引导，优化海陆关联工程规划、建设和管理流程，确保海陆关联工程建设有序推进。建立事前、事中与事后多层次的项目评估与管理监测体系，减轻海陆关联工程项目的潜在负面影响。

（3）加强海陆关联工程综合管理。统筹经济、社会、环境等多方面因素，科学确定涉海工程管理目标和手段，实施综合管理。根据海洋资源潜力科学预测开发规模，合理规划海洋开发布局，避免涉海工程领域的盲目投入和过度开发。将海域承载力评估纳入涉海工程项目决策过程，严格控制生态敏感区涉海工程规模。加大以海洋资源恢复和生态系统修复为主要功能的涉海工程建设，强化海洋生态文明建设的工程技术支撑。

（三）提升国家涉海工程技术水平

（1）设立国家涉海工程重大技术研究专项，在中国工程院和国家自然科学基金建立专项研究基金，以涉及国家海洋安全与权益维护、深远海资源开发、海洋生态环境修复的重大工程技术研究为重点，支持符合国家海洋强国建设需要，与陆域工程技术相结合的海陆关联工程技术研究，确立海陆关联工程技术研究的国家战略导向。

（2）突破深远海资源勘探与开发技术，拓展海洋经济发展空间。结合国家深潜基地建设，由中国工程院、科技部和自然资源部合作设立国家深远海技术与工程项目，加快推进大洋金属矿产、深海生物资源、深水油气和天然气水合物资源的勘探与开发技术研究，尽快提升国家深远海资源勘探与开发技术水平，为深远海资源产业化开发奠定基础。

（3）加快海洋权益维护与后勤保障工程建设。针对重点海域和争议岛礁，选择性地开展海洋权益维护工程与后勤保障工程技术研究，开发适宜不同类型岛礁和海域的关键工程技术。加快推进海岛可再生能源、海岛综合水电供给系统及海岛环保技术开发，加快实施各类人工岛、海上平台、浮岛等新型技术的试验与建设，为国家海洋安全和权益维护提供工程技术保障。

（4）加强防腐技术推广和应用。加强浪花飞溅区构筑物防腐技术标准化研究，以现有浪花飞溅区构筑物复层矿脂包覆防腐技术为基础，起草海洋浪花飞溅区构筑物防腐技术标准。推广钢筋混凝土构筑物高性能涂层防护技术。提高构筑物异型部位的防护技术水平，引进、吸收国外先进技术，加快实现国产化步伐，在我国海陆关联工程构筑物中的螺栓、球形节点等异型部位上进行工程示范，检测评价其防护效果，实现关键部位重点保护，保证主体结构的安全耐久。加大防腐蚀宣传，推行防腐蚀标准，做到在海洋环境下使用的所有构筑物都进行防腐蚀保护，确保安全运营。

（四）启动深海大洋开发综合支撑体系建设

（1）将陆海统筹作为深海大洋开发和综合性海洋基地建设的根本原则，把强化陆域综合支撑作为提高我国深海大洋开发能力的有效路径，把建设海洋开发基地体系作为我国深海大洋开发战略的重要内容。对海洋经济布局实施战略性调整，通过明确战略、加大投入等方式，加快我国海洋专属经济区、三大洋和南北极资源开发进程，扩大开发规模。针对深海大洋开发对陆海统筹的更高要求，加强对其产业配套、技术装备、管理模式等多方面的综合性支撑。

（2）针对我国在深海大洋开发方面产业基础相对薄弱、技术装备相对落后、开发经验相对不足的实际情况，集中人才与科技资源，依托具有一定产业基础、科技基础的沿海港口城市，有针对性地建设面向专属经济区、深远海和南北极开发的综合性海洋基地。

（3）依托沿海港口城市，通过明确定位、设立专项的方式，推动有关基础设施、科技平台、组织体系和配套产业实现跨越式发展，从而大大提升对深海大洋开发的综合支撑能力。结合不同区域、不同产业、不同阶段深海大洋开发活动的需求，以及我国各沿海城市地缘特点、资源禀赋和科技产业基础情况，突出特色和优势，有针对性开展建设。

（4）针对深海大洋开发活动投入大、周期长，不同类型开发活动发展不均衡的特点，根据深海大洋开发进展分步推进综合性海洋基地建设。采取“示范-推广”的发展路径，通过设定发展目标和路线图，集中力量重点突破相关海洋科技，发展相关海洋产业，逐步建立海洋开发综合性基地体系，推动我国海洋经济从海岸带向深海大洋发展。

（五）加快海岛基础设施建设

（1）设立国家海岛基金。明确海岛基础设施建设的政府责任，由财政部负责，在海岛保护专项资金的基础上，以政府投入为主体，多方筹集资金，设立不少于100亿元的国家海岛基金，主要用于海岛国防和权益维护设施，海岛交通、水电、环保、教育等公共基础设施建设，提升国家对边远海岛的管控能力和海岛社会经济发展潜力。

（2）编制全国海岛基础设施建设规划。由国家发改委牵头，国家海洋局协调相关国家部委和沿海省、市、自治区政府，在全国海岛调查的基础上，结合国家与地方国民经济与社会发展规划、海洋经济发展规划，编制国家海岛基础设施建设规划，明确不同类型和区域岛屿的发展定位与基础设施建设需求，按照海洋权益维护、海岛经济发展与海岛生态保护等类型，分区域、分阶段制定相应的海岛基础设施建设行动计划。

（3）完善基金管理办法和配套实施政策。成立国家海岛基金管理委员会，在自然资源部设立国家海岛基金常设办公机构，负责国家海岛基金的日常运作管理。编制国家海岛基金管理办法和投资指南，规范基金申报和评估程序，明确基金重点扶持领域，健全基金项目评估与风险监控体系，提高基金管理和利用效率。出台基金配套政策，鼓励企业和个人投资海岛基础设施建设。对于重点海岛和无人岛开发，可由国家海岛基金给予一定补贴。

（4）加大对海岛高新技术应用的扶持力度。在国家海岛基金设立海岛高技术开发专项，重点支持海水淡化、海洋新能源开发、海洋环保、生态修复及新型船舶装备等新技术的研发与产业化项目，从根本上提升海岛交通、水电及环保等基础设施保障水平。同时，加快海岛基础设施标准化建设进程，探索符合我国海岛发展需求的海岛基础设施建设新技术、新方法和新理念，树立国家海岛基金品牌效应。

（六）推动沿海港口协调发展

（1）加快上海、天津等国际航运中心建设，充分发挥主要港口在综合运输体系中的枢纽作用和对区域经济发展的支撑作用。积极推进中小港口的发展，发挥中小港口对临港产业和地区经济发展的促进作用。有序推进主要货类运输系统专业化码头的建设。在长三角和东南、华南沿海地区建设公用煤炭装卸码头，提高煤运保障能力。在沿海建设大型原油码头。加快环渤海和长江三角洲外贸进口铁矿石公共接卸码头布局建设。稳步推进干线港集装箱码头建设，相应发展支线港、喂给港集装箱码头，积极发展内贸集装箱运输。相对集中建设成品油、液体化工码头，提高码头利用率和公共服务水平。继续完善商品汽车、散粮、邮轮等专业化码头建设。形成布局合理、层次分明、优势互补、功能完善的现代港口体系。

（2）加大结构调整的力度，走内涵式的发展道路。结合国家区域发展战略、主体功能区规划、城市发展及产业布局的新要求，深化和完善港口布局规划，统筹新港区与老港区合理分工，统筹区域内新港区的功能定位，注重形成规模效应，带动和促进临港产业集聚发展。提升港口专业化水平和公共服务能力。积极推动老港区功能调整，适应专业化、大型化和集约化的运输发展要求。依托主要港口建设国际及区域性物流中心，构建以港口为重要节点的物流服务网络。

（3）提高港口集疏运能力。加强疏港公路、铁路、内河航道、港口物流园区等公共基础设施建设，加快主要港口后方集疏运通道的建设，与国家综合运输骨架有效衔接，充分发挥沿海港口在综合运输体系中的枢纽作用。通过在内陆城市设立无水港、发展海陆-陆空-陆陆多式联运体系建设，有效增加沿海港口的集疏运能力和运输效率。通过无水港扩大沿海港口腹地，缓解港口压力，保证供应链整体通畅。充分发挥无水港在报关、检验检疫、货物装箱整理等方面的作用，打造港口内陆节点，提高货物进出口效率。利用多式联运机制，建立立体通关输运体系，增加港口物流效率，形成多节点、多通道集疏运体系。

（七）夯实沿海重大工程防灾减灾基础

（1）加大投入，建立多渠道投入机制。持续增加国家在防灾减灾领域的科技投入，引导带动地方加大投入，吸引社会各界力量，开拓多种投融资渠道，主动探索引进风险投资基金、保险基金等新型投融资模式。

（2）整合科技资源。瞄准国家战略目标，明确重大科技需求，突出重点，统筹运用国家科技计划、示范工程、基础平台建设等科技资源，提升防灾减灾科技综合能力，特别注重引导和带动企业参与防灾减灾创新体系建设。

（3）加强学科建设和人才培养。改善学科软硬件条件，加强防灾减灾相关学科建设。加强防震减灾重大科技问题的基础研究和关键技术研究。加强防减灾人才培养，推动防灾减灾知识普及。立足工程防减灾工作实际，推进专业人才队伍建设。整体规划、统筹协调，优化人才队伍结构。组织开展形式多样的防灾减灾知识培训和应急演练，加大应急培训基地建设和科普宣传投入，通过建设防灾减灾示范社区等途径，全面提高国民自然灾害风险防范意识。

（4）积极开展国际合作。结合我国防灾减灾科技发展重点，实施重大国际科技合作计划，推进国际联合实验室和研究中心建设。积极吸收借鉴防灾减灾领域的国际先进理念和技术，缩小防灾减灾科技领域与国际先进水平之间的差距。

主要执笔人：

柳存根，上海交通大学，教授

赵　峰，中国船舶集团有限公司第 702 研究所，研究员

李　龙，中国船舶集团有限公司第 702 研究所，高级工程师

陈鲁愚，中国船舶集团有限公司第 702 研究所，高级工程师

管毓堂，中国大洋协会，主任科员

李大海，中国海洋大学，研究员

师桂杰，上海交通大学，高级工程师

第九章　主要项目建议

海洋是人类赖以生存的资源宝库，科学研究的新疆域，保障安全的主战场。“提高海洋资源开发能力，发展海洋经济，保护海洋生态环境，坚决维护国家海洋权益，建设海洋强国”是党的十八大提出的重大战略决策。为了“加快建设海洋强国”，尽快缩小我国在海洋工程科技领域与发达国家的差距，项目组的院士、专家们在海洋各重要领域中长期发展战略研究的基础上，又针对具有共性特点、“卡脖子”的关键技术 、能够夯实建设海洋强国关键基础的海洋工程科技中长期发展等问题进行了综合研究。

一、加快攻克海洋传感器器件研发与产业化难题

海洋传感器在海洋领域应用最为广泛。从遥感卫星、岸基雷达、水面船只、水下潜器、生物探测，乃至海底观测网等无不是集各种传感器于一体，处于认知海洋的最底端和经略海洋的最顶端，只有提升海洋传感器的研发和产业化能力，才能为建设海洋强国提供坚实的基础支撑。目前，我国从大型海洋工程技术装备到水下自主无人观测平台所用传感器，约 90% 为国外进口产品，部分核心传感器件被禁运，影响到我国的海洋战略安全和海洋开发。

因此，建议将海洋传感器发展列入中长期发展规划，作为重大任务把海洋传感器的发展提升至建设海洋强国支撑体系的国家战略层面。同时设立海洋传感器国家重大专项，重点支持国外对我国禁运而我国又有迫切需求的传感器关键技术，鼓励原始创新，制定产业激励政策，推进产业化进程。

二、大力发展海洋资源开发技术与装备

我国作为世界第二大经济体，已发展成为高度依赖海洋的外向型经济，对海洋资源和空间资源的开发利用程度大幅提高，2019 年，我国海洋生产

总值占国内生产总值比重接近 10%，发展海洋经济已成为拉动国民经济发展的有力引擎。

因此，建议将大力发展海洋资源开发技术与装备作为中长期发展规划的重大任务。包括深远海海洋生物资源开发与综合利用技术与装备，深海基因资源开发技术与产业化，深海油气资源勘探钻井平台，加快研发水合物资源勘探钻井平台与工程装备自主设计技术，深海安全开发技术，深海矿产资源开发技术与产业化工程装备，以及百万吨/日海水淡化和海水直接利用技术与装备，加大力度研究智能自主的各类专业科考船、海洋工程船等特种船舶设计技术和建造。通过规划重点强化和创新引领作用，提高海洋资源开发利用水平，为海洋经济持续发展提供强力的工程科技支撑。

三、系统研发深海运载潜器技术与装备

深海运载潜器技术与装备（包括水下潜航器、滑翔机、深潜器、深海空间站等）是国之重器。深海“无人运载平台”已成为近年国际上一个重要的发展方向，其发展趋势是谱系化和产业化。世界上 ROV、AUV 等无人潜器已实现了谱系化，并形成了定制、销售、租用、维修、培训等市场化服务机制和专业化服务企业。我国在此领域研发力量分散、研究乏力，所用产品多数依赖进口。尽管在部分深海潜器方面技术先进，但未谱系化，未形成专业企业，未占领市场。

在深海空间站方面，世界上开发的深海空间站的最大潜深为 1 500 m（航行式）~3 000 m（固定式），水下自持力 90 d，可操控 ROV、AUV 及配套工具进行水下生产系统及各类海底装置的水下作业并为水下生产系统提供能源等。我国 2016 年深海空间站已列入国家“科技创新-2030 重大项目”，深海空间站重大项目实施方案已经论证完成，但启动实施工作仍在推进过程中。

因此，建议强化深海运载潜器技术与装备的系统研发，推进深海运载潜器等重大项目的实施。

四、大力发展海洋信息网络化、智能化技术及装备

海洋内部空间的信息化问题，是制约海洋装备高效协同作业和智能化发展的瓶颈问题，也是根本改变未来海洋水下系统的作业模式、生产方式

和集群行为的革命性因素。长期以来，由于水下缺乏基本的导航定位、泛在的信息互联互通，从而极大地限制了人类对海洋内部空间的利用程度和活动水平。

建议将“大力发展水下空间信息化、智能化技术及装备”作为中长期发展规划的重要内容，包括应用新一代海洋信息器件、天基互联网、高端材料、人工智能等新技术，推进海洋内部空间（水下）互联网、信息网、能源网建设和三网融合；打通水上和水下信息连接，打造海洋智能系统和新基建工程，构筑海洋创新、交叉融合的综合信息基础设施和通用信息平台。彻底改变水下作业方式和作业能力，整体提升深海资源开发、环境安全保障、生态环境健康、海洋国际治理等重要领域的智能化和信息化，加快推动海洋传统产业转型升级。

五、政策建议

以上“建议”能够纳入国家中长期发展规划；国家发展改革委牵头，启动海洋工程技术强国专项规划，组织科技部、工业和信息化部、农业农村部、自然资源部、交通运输部等相关部委实施，出台培育和发展我国海洋工程科技与产业的政府指导意见，引领海洋工程科技与产业向高端、智能、绿色方向发展，力争我国在 2035 年进入世界海洋工程技术强国先进国家行列，加快建设海洋强国。

六、预期目标

力争到 2035 年，我国海洋科技实力显著提升，重要领域和关键技术、卡脖子技术的自主创新实现全面突破。全球海洋科学考察和立体观测、监测能力达到世界先进水平。在海洋生物、海洋能源、海洋矿产、海洋交通运输、滨海旅游、海洋工程装备、海水利用等产业领域，形成若干个世界级海洋产业集群。推动一批涉海企业全球布局，牢牢占据全球海洋产业价值链的高端。与世界主要海洋国家和重要经济政治共同体全面建立蓝色伙伴关系。参与全球海洋治理的能力显著提升，在国际海洋事务的规则制定和纠纷处理方面，发挥重要影响力。全社会海洋意识显著提升，海洋文化教育水平明显提高，海洋人才特别是高精尖人才的数量和质量均达到世界前列水平。

主要执笔人：

潘云鹤，中国工程院原常务副院长、院士
唐启升，中国水产科学研究院黄海水产研究所，院士
李家彪，自然资源部第二海洋研究所，院士
吴有生，中国船舶集团有限公司第702研究所，院士
周守为，中国海洋石油总公司，院士
张　偲，中国科学院南海海洋研究所，院士
管华诗，中国海洋大学，院士
朱英富，中国船舶集团有限公司第701研究所，院士
林忠钦，上海交通大学，院士
刘世禄，中国水产科学研究院黄海水产研究所，研究员